普通高等教育“十三五”规划教材

人工环境学

Built Environment Science

吴延鹏　主编

北　京
冶金工业出版社
2019

内 容 简 介

本书主要介绍了典型人工环境的需求参数、影响因素和营造不同人工环境的方法。全书分为 8 章，分别为 $PM_{2.5}$ 与健康建筑、交通人工环境、农牧业人工环境、食品储运环境、数据中心环境、科学实验与检测环境、矿井环境、载人航天器环境，涉及的人工环境参数主要包括温度、湿度、风速、污染气体、悬浮颗粒物、气体成分、光照、气压等，使读者对各类人工环境的形成机理和营造方法有一个比较全面的了解和掌握。

本书可作为建筑环境与能源应用工程专业本科生，供热、供燃气、通风及空调工程专业硕士研究生的教材，也可供土木建筑、环境、安全、能源与动力、电子、航空航天、食品、船舶、交通、农业等行业的工程技术人员参考。

图书在版编目(CIP)数据

人工环境学/吴延鹏主编. —北京：冶金工业出版社，2019. 8
普通高等教育“十三五”规划教材
ISBN 978-7-5024-8342-5

Ⅰ. ①人…　Ⅱ. ①吴…　Ⅲ. ①虚拟现实—高等学校—教材
Ⅳ. ①TP391. 98

中国版本图书馆 CIP 数据核字（2019）第 267036 号

出 版 人　陈玉千
地　　址　北京市东城区嵩祝院北巷 39 号　邮编　100009　电话　(010)64027926
网　　址　www. cnmip. com. cn　电子信箱　yjcbs@ cnmip. com. cn
责任编辑　高　娜　美术编辑　吕欣童　版式设计　禹　蕊
责任校对　石　静　责任印制　李玉山
ISBN 978-7-5024-8342-5
冶金工业出版社出版发行；各地新华书店经销；北京兰星球彩色印刷有限公司印刷
2019 年 8 月第 1 版，2019 年 8 月第 1 次印刷
787mm×1092mm　1/16；11 印张；268 千字；168 页
30. 00 元

冶金工业出版社　投稿电话　(010)64027932　投稿信箱　tougao@cnmip. com. cn
冶金工业出版社营销中心　电话　(010)64044283　传真　(010)64027893
冶金工业出版社天猫旗舰店　yjgycbs. tmall. com
（本书如有印装质量问题，本社营销中心负责退换）

前　言

20世纪80年代末，清华大学彦启森教授和江亿教授在国内率先提出人工环境学科的概念。30年来，人工环境学从理论到实践都得到了飞速的发展，成为多学科交叉的综合学科，使得传统的供热、供燃气、通风及空调工程学科的内涵和外延都得到了极大的拓展。本书主编2007年率先为北京科技大学供热、供燃气、通风及空调工程专业硕士研究生开设“人工环境学”课程，并在该专业研究生培养方案中将本课程列为硕士研究生的学位基础课，以区别于动力工程及工程热物理学科。该课程面向全校硕士研究生选课，选课人数曾经达到110人。该课程先后获得北京科技大学免检课堂、研究生教学优秀奖、北京科技大学教育教学成果一等奖等荣誉。12年来，本书主编在“人工环境学”课程教学方面积累了大量的资料和一定的经验，对本课程的教学有了自己的一些体会，因此联合国内人工环境领域的知名专家以及走上工作岗位、曾经上过本课程的研究生编写了此书。

人工环境包括的内容非常多，难以在一本书中全部体现，因此本书选取了8种典型的人工环境加以介绍，争取起到以点带面的效果。

本书第1章由谢洋旸编写，第2~5章、6.1节、7.2节、7.3节、7.5节、7.6节由吴延鹏编写，中国农业大学丁涛参编3.2节并对第3章提出修改意见，第6章6.2节由中国建筑科学研究院有限公司曹国庆编写，第7章7.1节、7.4节由河北工程大学张昌建编写，第8章由陆禹名、吴延鹏编写。全书由吴延鹏主编并统稿。北京科技大学研究生钟乔洋、栾珊珊、雷晓宇、郭宏皓、李阳等在本书编写过程中帮助查阅整理了大量资料，田东民、赵薇、刘承昊、宋园园、刘孟丹等同学参与了校对，在此表示衷心感谢！

感谢英国赫尔大学赵旭东教授、美国科罗拉多大学翟志强教授、中国建筑科学研究院有限公司建筑环境与能源研究院徐伟院长、宋波教授级高工对本书的编写提纲和内容提出的宝贵意见。

本书在编写过程中，参考了国内外有关专家学者的教材、专著和学术论文，谨向这些文献的作者表示感谢！

本书的内容吸收了国家重点研发计划“公共机构高效用能系统及智能调控

技术研发与示范”项目的研究成果，反映了最新的研究进展。同时，本书的出版得到了北京科技大学研究生教育发展基金、北京科技大学教育教学改革与研究重大项目、重点项目的资助，在此表示感谢！

由于编者水平和知识面所限，书中疏漏之处在所难免，恳请读者批评指正。

编　者
2019 年 5 月

目　录

1　$PM_{2.5}$与健康建筑 ······ 1

1.1　概述 ······ 1

1.2　$PM_{2.5}$浓度暴露限值与疾病负担评估 ······ 2

1.3　$PM_{2.5}$成分与健康效应机理 ······ 7

1.4　室内外 $PM_{2.5}$关系及室内 $PM_{2.5}$控制策略 ······ 9

参考文献 ······ 11

2　交通人工环境 ······ 14

2.1　铁路客车环境 ······ 14

2.1.1　列车环境与建筑环境的差别 ······ 14

2.1.2　列车环境参数 ······ 15

2.1.3　列车的气密性 ······ 16

2.1.4　列车空调动态负荷计算方法 ······ 18

2.2　地铁环境 ······ 20

2.2.1　地铁环境与建筑环境的差别 ······ 21

2.2.2　地铁通风空调系统 ······ 21

2.2.3　地铁区间隧道热环境 ······ 24

2.3　船舶环境 ······ 27

2.3.1　船舶环境与建筑环境的差别 ······ 27

2.3.2　船舶空调系统的组成 ······ 27

2.4　民航客机座舱环境 ······ 29

2.4.1　高空空气环境对人体的生理影响 ······ 29

2.4.2　飞机座舱环境的需求参数 ······ 30

2.4.3　飞机座舱环境传热机理 ······ 32

2.4.4　飞机座舱压力的影响因素 ······ 42

2.4.5　飞机座舱环境营造方法 ······ 43

2.4.6　飞机座舱环境的评价方法 ······ 44

参考文献 ······ 46

3　农牧业人工环境 ······ 49

3.1　日光温室和植物工厂环境 ······ 49

3.1.1　作物对环境的需求 ······ 49

3.1.2　日光温室光热环境的影响因素 …… 51
3.1.3　日光温室热湿环境 …… 55
3.1.4　日光温室热负荷 …… 57
3.1.5　日光温室人工环境调控 …… 62
3.1.6　温室节能技术 …… 64
3.1.7　植物工厂 …… 65
3.2　动物养殖环境 …… 69
3.2.1　养殖场环境参数 …… 69
3.2.2　养殖场环境传热传质分析 …… 73
3.2.3　养殖场环境降温措施 …… 80
参考文献 …… 82

4　食品储运环境 …… 84

4.1　食品变质机理 …… 84
4.1.1　水产品死后腐败变质机制 …… 84
4.1.2　果蔬采后腐败变质机制 …… 84
4.2　食品保鲜方法 …… 85
4.2.1　水产品保鲜方法 …… 85
4.2.2　果蔬保鲜方法 …… 86
4.3　食品冷冻方法 …… 87
4.3.1　用空气鼓风冷冻 …… 87
4.3.2　直接接触冷却食品 …… 88
4.3.3　利用低温工质 CO_2 和液氮对食品进行喷淋冷冻 …… 89
4.3.4　冷冻干燥 …… 89
4.4　冷藏库 …… 90
4.4.1　冷藏库的种类 …… 90
4.4.2　食品冷藏库的工艺流程 …… 91
4.4.3　冷库的组成 …… 91
4.4.4　冷库内部环境影响因素 …… 92
4.5　食品输送 …… 93
4.5.1　输送手段 …… 93
4.5.2　冷藏运输 …… 94
4.5.3　各输送手段应具备的环境控制标准 …… 95
4.5.4　输送、装卸中的环境控制 …… 95
参考文献 …… 96

5　数据中心环境 …… 97

5.1　数据中心热环境特点 …… 97
5.2　室内环境设计参数 …… 97

5.3　数据中心内热湿负荷计算 …… 99
5.3.1　数据中心热平衡模型 …… 99
5.3.2　数据中心负荷计算 …… 100
5.3.3　湿负荷 …… 102
5.4　数据中心冷却方式 …… 102
5.4.1　芯片级冷却 …… 102
5.4.2　机柜级冷却 …… 103
5.4.3　行级冷却 …… 104
5.4.4　房间级冷却 …… 105
5.4.5　自然冷却技术 …… 106
5.4.6　多能源驱动的数据中心冷却系统 …… 108
5.5　数据中心空调系统节能 …… 109
5.5.1　数据中心空调系统的能效指标 …… 109
5.5.2　数据中心空调系统的节能措施 …… 110
参考文献 …… 111

6　科学实验与检测环境 …… 113

6.1　环境模拟技术 …… 113
6.1.1　人工气候室 …… 113
6.1.2　人工气候室温度控制 …… 114
6.1.3　人工气候室实例——建筑材料耐久性实验 …… 115
6.2　生物安全实验室环境 …… 116
6.2.1　相关概念 …… 117
6.2.2　室内环境控制要点 …… 119
6.2.3　通风空调系统设计要点 …… 127
参考文献 …… 129

7　矿井环境 …… 131

7.1　矿井空气 …… 131
7.1.1　矿井空气成分 …… 131
7.1.2　矿井气候 …… 132
7.2　高温矿井热量计算 …… 134
7.2.1　相对热源 …… 134
7.2.2　绝对热源 …… 136
7.3　金属矿山热害 …… 137
7.3.1　开采工艺散热 …… 137
7.3.2　填充工艺散热 …… 137
7.3.3　无轨柴油设备散热 …… 138
7.3.4　矿物氧化散热 …… 139

7.3.5 新开采矿体散热 …… 139
7.4 矿井通风 …… 139
7.4.1 矿井通风方法 …… 139
7.4.2 矿井通风方式 …… 140
7.5 矿井降温技术 …… 141
7.5.1 地面集中制冷降温系统 …… 142
7.5.2 地表排热井下集中降温系统 …… 142
7.5.3 回风排热井下集中降温系统 …… 143
7.5.4 地面热电联产降温系统 …… 143
7.5.5 矿井涌水为冷源的降温系统 …… 143
7.5.6 冰制冷降温系统 …… 144
7.5.7 气冷系统 …… 144
7.6 矿井避难和救援系统 …… 144
7.6.1 煤矿井下避难硐室和救生舱建设原则 …… 145
7.6.2 降温与除湿 …… 145
7.6.3 供氧方式 …… 146
7.6.4 二氧化碳和一氧化碳的处理 …… 147
参考文献 …… 147

8 载人航天器环境 …… 149

8.1 航天器中人工环境及控制参数 …… 149
8.2 载人航天器中热湿环境的营造 …… 151
8.2.1 湿环境 …… 151
8.2.2 热环境 …… 154
8.2.3 载人航天器中热湿环境的评价 …… 160
8.3 载人航天器中气氛环境的营造 …… 160
8.3.1 二氧化碳净化技术 …… 161
8.3.2 空间制氧技术 …… 164
8.3.3 载人航天器中气氛环境的评价 …… 167
8.4 展望 …… 167
参考文献 …… 167

1 $PM_{2.5}$与健康建筑

2016年5月召开的第二届联合国环境大会，将“健康星球、健康人类”确定为25项具有里程碑意义的决议之一，大会指出全球每年约有1260万例死亡和环境问题有关。据世界卫生组织报告，健康的决定因素中遗传占15%、环境占17%、医疗服务占8%、生活方式占60%，人的一生中80%以上的时间在室内度过，因此建筑环境的质量很大程度决定着我们的健康水平。发展健康建筑，助力健康中国建设，是建筑环境与能源应用工程专业的历史使命。

健康建筑是改善民生、促进行业发展、助力健康中国战略引领下的多项政策落地的重要载体，涉及到方方面面，覆盖领域极广，除建筑领域外，还包括公共卫生学、心理学、营养学、人文与社会科学、人体工程学、体育健身等很多交叉学科，因此本书不面面俱到。鉴于近年来雾霾天气频发，影响范围广泛，成为健康建筑中的突出矛盾之一，因此本书以室内外$PM_{2.5}$为例阐述其健康影响。

1.1 概　　述

大气颗粒物是由多种物质组成的混合物，是目前影响大部分中国城市空气质量的首要污染物，按其粒径大小，悬浮于空气中的颗粒物可以分为以下几类：总悬浮颗粒物（total suspended particulates 或 TSP），是指悬浮在大气中的各种粒子的总称，空气动力学直径绝大多数小于100μm，其中又以小于10μm的粒子为主。总悬浮颗粒物中粒径大于30μm的颗粒由于重力作用会很快沉降下来，这部分颗粒物被称作降尘。其中对人体健康影响较大的主要是空气动力学当量直径在10μm以下的颗粒物，这个粒径范围能被人直接吸入呼吸道，又被称作可吸入颗粒物（inhalable particulates），我国在1996年颁布的《环境空气质量标准》（GB 3095—1996）中规定了PM_{10}的标准。空气动力学直径大于2.5μm的颗粒物被称为粗颗粒（coarse particle），不大于2.5μm的颗粒物被称为细颗粒（fine particle）或$PM_{2.5}$。最近的一些研究表明超细颗粒物（ultrafine particles，UFP），即空气动力学直径不大于0.1μm的颗粒物，对人体有潜在的健康危害，不过现有的流行病学研究证据还不足制定超细颗粒物的浓度准则值。颗粒物的空气动力学粒径决定其在呼吸道的沉积部位：10μm以下的可进入鼻腔，7μm以下的可进入咽喉，小于2.5μm的则可深入肺泡并沉积，进而进入血液循环。$PM_{2.5}$比表面积较大，更易成为其他污染物的载体和反应体，可吸附大量的有毒、有害物质，通过呼吸系统直接进入人的肺部并沉积下来，并破坏人体呼吸系统和心血管系统等，使人罹患各种急性和慢性疾病。颗粒越细，在空气中停留的时间越长，被吸入的机会越大；颗粒越细，比表面积越大，吸附的毒性物质越多，在人体内的活性越强，对心肺毒副作用越强。粒径越细的粒子能进入呼吸系统的深度越深，相应地对人体的危害也会越大。图1-1中形象展示了$PM_{2.5}$与砂石、头发丝等的粒径对比关系。我国于2012年发布，2016年正式实施的《环境空气质量标准》（GB 3095—2012）中规定了$PM_{2.5}$的标准，并且在空气质量监测中采用了$PM_{2.5}$指标。$PM_{2.5}$常见的浓度监测方法有激光散射法、称重法、β射线衰减法和微振荡天平法。

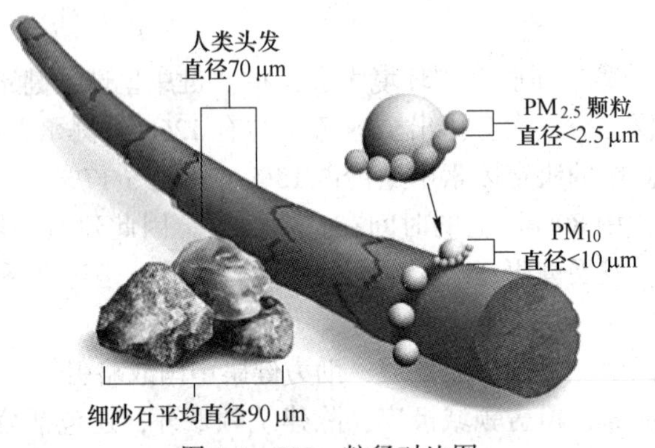

图1-1　$PM_{2.5}$粒径对比图

室外大气中的$PM_{2.5}$主要来源于人为源和自然源。人为源有化石燃料燃烧、机动车尾气排放、工业排放、农业活动排放、建筑产生的粉尘等；自然源包括火灾、森林排放、自然尘、海盐粒子、火山活动等。当二氧化硫、氮氧化合物和可挥发性有机化合物等燃烧产物在空气中发生化学反应时，也可产生二次源颗粒物。$PM_{2.5}$的主要化学成分包括元素碳、有机碳、硫酸盐、硝酸盐、氯化物、铵盐、地壳物质、痕量元素等。

室内的悬浮颗粒物可以分为来自于室外和来源于室内排放两类。室内颗粒物浓度与室外密切相关，室外颗粒物会经由不同途径进入室内环境。不同粒径的颗粒物进入室内的动力学特性差异极大。由于室外悬浮颗粒物穿透建筑围护结构的损失和室内沉积的消除作用，在室内源于室外的悬浮颗粒物主要是细颗粒。室内源则包括人体散发、炊事活动、化学喷雾、打印机散发等。去除室内悬浮颗粒物，对提高室内空气品质、保护人们身体健康具有重大意义。室内悬浮颗粒物控制的主要方法有三类：源控制、通风、净化。自然通风在室外环境较为干净的情况下最为方便，但是当室外污染比较严重的时候，需要有带过滤的新风系统来进行通风。源控制要做到室内禁烟、使用清洁燃料等。常见的净化设备主要使用滤材过滤，主要是采用高性能过滤滤材（HEPA），优点是高效易用，缺点是有噪音，需要定期更换滤材；无耗材的净化设备一般使用静电除尘技术和负离子净化技术，但是也有可能产生臭氧等二次污染。

1.2　$PM_{2.5}$浓度暴露限值与疾病负担评估

随着中国经济的快速发展，城市化进程的加速，能源消耗和大气污染物排放总量不断增加，中国空气质量也面临着严峻的挑战，尤其是大气中$PM_{2.5}$的污染，不仅可导致城市大气中出现灰霾现象，而且对人体健康的影响也日益明显。大气$PM_{2.5}$可以分为天然来源和人为来源，其中人为活动是主要的来源，特别是中国化石燃料消耗的持续增加，汽车保有量的快速上升，都决定了$PM_{2.5}$将是中国在很长一段时间内的重要空气污染物。当前我国大气颗粒物污染状况非常严峻，工业锅炉、冬季采暖、火电厂排放的烟尘以及汽车尾气排放的污染物均包含大量可吸入颗粒物和细颗粒物。$PM_{2.5}$对于机体健康的影响，主要受到其暴露浓度的影响，即颗粒物的质量浓度，它同时也可以反映一个城市$PM_{2.5}$的污染水平。如图1-2所示，$PM_{2.5}$是我国绝大多数地区的首要污染物。$PM_{2.5}$污染物对中国人民的健康构成了极大的威胁，国际权威期刊Lancet载文指出：大气颗粒污染位列导致我国人民死亡的20大因素第四位！基于已知的健康效应，需要制定$PM_{2.5}$的短期暴露（24h）和长期暴露（年平均）的准则值。

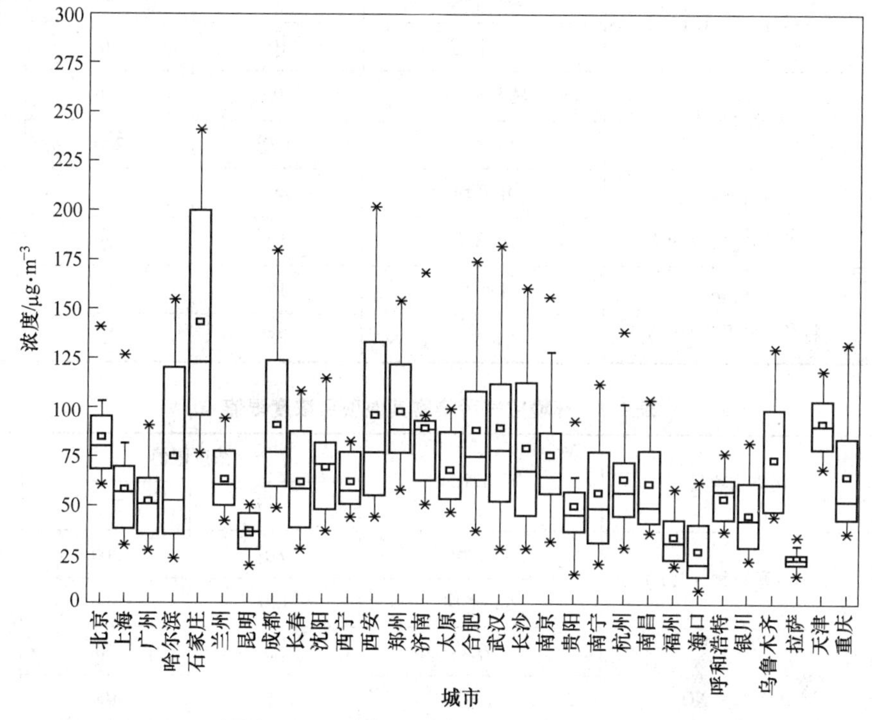

图1-2　2013~2014年中国主要城市$PM_{2.5}$月度平均浓度分布箱图

中国各个地区的空气污染状况、经济社会发展水平以及环境管理能力差异较大，《环境空气质量标准》（GB 3095—2012，见表1-1和表1-2）中已经增加了$PM_{2.5}$的污染项目，对$PM_{2.5}$的年均和24h浓度限值进行了规定。该标准执行分为四个步骤：首先，2012年年底于重点区域以及直辖市和省会城市等地实施；然后2013年，在113个环境保护重点城市和国家环保模范城市实施；2015年之后所有地级以上城市都实施；最后2016年1月1日，全国都实施新标准。

表1-1　环境空气污染物基本项目浓度限值

序号	污染物项目	平均时间	浓度限值		单位
			一级	二级	
1	二氧化硫（SO_2）	年平均	20	60	μg/m³
		24h平均	50	150	
		1h平均	150	500	

续表 1-1

序号	污染物项目	平均时间	浓度限值		单位
			一级	二级	
2	二氧化氮（NO_2）	年平均	40	40	μg/m³
		24h 平均	80	80	
		1h 平均	200	200	
3	一氧化碳（CO）	24h 平均	4	4	mg/m³
		1h 平均	10	10	
4	臭氧（O_3）	日最大 8h 平均	100	160	μg/m³
		1h 平均	160	200	
5	颗粒物（粒径不大于 10μm）	年平均	40	70	
		24h 平均	50	150	
6	颗粒物（粒径不大于 2. 5μm）	年平均	15	35	
		24h 平均	35	75	

表 1-2 环境空气污染物其他项目浓度限值

序号	污染物项目	平均时间	浓度限值		单位
			一级	二级	
1	总悬浮颗粒物（TSP）	年平均	80	200	μg/m³
		24h 平均	120	300	
2	氮氧化物（NO_x）	年平均	50	50	
		24h 平均	100	100	
		1h 平均	250	250	
3	铅（Pb）	年平均	0. 5	0. 5	
		季平均	1	1	
4	苯并［a］芘（BaP）	年平均	0. 001	0. 001	
		24h 平均	0. 0025	0. 0025	

但是对于室内$PM_{2.5}$的标准，国内还没有出台。由于我国居民经常使用煤炭、木材、秸秆等固体燃料进行烹饪和取暖，吸烟人群广泛，采用煎炸等油烟较重的烹饪方式，因此室内的$PM_{2.5}$污染也比较严重。室内$PM_{2.5}$污染同样可以对人体健康造成严重危害。Shimada 等对亚洲几个国家室内烹饪时$PM_{2.5}$暴露的研究中发现，中国室内$PM_{2.5}$暴露浓度最高，在烹饪时可以高达 427. 5μg/m³，是尼泊尔的 1. 5 倍，印度的 2. 1 倍。

研究表明，不论是在发达国家还是发展中国家，$PM_{2.5}$对公众健康有危害的结论都是一致的，即绝大多数人群所暴露的$PM_{2.5}$浓度水平，都会对身心健康产生有害影响。$PM_{2.5}$在许多方面对健康产生影响，但主要影响呼吸系统和心血管系统，并且所有人群都可受到$PM_{2.5}$的影响，其影响程度视人群中个体的健康状况和年龄而定。$PM_{2.5}$浓度越高，各种健康效应的风险也会越大，但已有的研究中很少有证据能提供颗粒物的健康效应阈值，即低于该浓度的暴露就不会出现健康危害效应。依据流行病学的研究，短期或长期$PM_{2.5}$暴露都会对人体产生健康危害。由于尚未确定$PM_{2.5}$健康效应的阈值，而且不同的个体在相同暴露水平和在特定暴露环境下产生的健康效应存在差异，因此制定任何标准或准则值都不可能完全保护人群中每个个体的健康不受$PM_{2.5}$的危害。制订标准的过程需要综合考虑各方面现实因素，以实现最低和健康危害最小的$PM_{2.5}$浓度为目标。近年来，美国和欧盟都修订了各自的$PM_{2.5}$空气质量标准。

世界卫生组织（WHO）提出了定量化的准则值和过渡期的目标值，以反映在某一浓度水平人群死亡率的增加与颗粒物空气污染之间的关系。表1-3是WHO的空气质量标准，由表1-1和表1-3可见，中国新标准已经逐步与WHO标准接轨，二级标准与一级标准年均$PM_{2.5}$浓度分别对应于WHO的过渡阶目标1和过渡目标2。根据世界卫生组织对年均颗粒物空气质量准则的制定依据的解释（见表1-3），在超过空气质量准测值（AQG）标准水平下（$10\mu g/m^3$）长期暴露，总死亡率、心肺基本死亡率和肺癌的死亡率会增加，当长期暴露于过渡期目标1浓度时，死亡风险会增加15%。

表1-3　WHO对于颗粒物的准则值和过渡期目标：年平均浓度

目　标	$PM_{2.5}$ /$\mu g \cdot m^{-3}$	PM_{10} /$\mu g \cdot m^{-3}$	采用该浓度的依据
过渡期目标1	35	70	相对于AQG水平而言，在这些水平的长期暴露会增加大约15%的死亡风险
过渡期目标2	25	50	除了其他健康利益外，与过渡期目标1相比这水平的暴露会降低大约6%的死亡风险（95%可信区间，2%~11%）
过渡期目标3	15	30	除了其他健康利益外，与过渡期目标2比这水平的暴露会降低大约6%的死亡风险（95%可信区间，2%~11%）
空气质量准则值（AQG）	10	20	对于$PM_{2.5}$长期暴露，这是一个最低水平，在这个水平，总死亡率、心肺基本死亡率和肺癌的死亡率会增加（95%以上可信度）

长期暴露将年平均暴露浓度$10\mu g/m^3$作为$PM_{2.5}$长期暴露的准则值。这一浓度值是美国癌症协会（ACS）开展的研究中所观察到对生存率产生显著影响的浓度范围的下限。此外，长期暴露浓度准则值的选取还参考了哈佛六城市研究的数据。

ACS和哈佛六城市研究都显示$PM_{2.5}$的长期暴露与死亡率之间有很强的相关性。依据以上文献，年均浓度$10\mu g/m^3$可以被认为低于最有可能产生健康效应的平均浓度。此外，观察$PM_{2.5}$暴露和急性健康效应关系的日暴露时间序列研究结果在确定$10\mu g/m^3$作为$PM_{2.5}$长期暴露的平均浓度中起了重要的作用。除了$10\mu g/m^3$的准则值外，WHO标准还确定了$PM_{2.5}$的3个过渡时期目标值，见表1-3和表1-4。通过采取长期坚持不懈的排放控制措施，这些过渡期目标值是可以逐步实现的。这些过渡时期目标值有助于定量评估评价在逐步减少人群颗粒物暴露的过程中所取得的效果。$PM_{2.5}$年平均浓度 35μg/m^3被作为过渡期目标 1 浓度水平。该浓度对应于长期健康效应研究中最高的浓度均值。在发达国家的研究中，在这一浓度水平下，$PM_{2.5}$与死亡率有显著的相关性。过渡时期目标 2 为 25μg/m^3，制定该浓度准则的依据是针对长期暴露和死亡率之间关系的研究。该浓度明显高于在这些研究中能观察到健康效应的平均浓度，且很可能与 $PM_{2.5}$的长期暴露和日暴露产生的健康效应有显著的相关性。要达到目标 2 规定的过渡时期目标值，相对于目标 1 浓度而言，将使长期暴露产生的健康风险降低约 6%。推荐的过渡时期目标 3 浓度是 15μg/m^3，研究颗粒物长期暴露的显著健康效应是确定过渡时期目标 3 浓度的主要依据。这个浓度水平接近于长期暴露研究中报道的平均浓度值，相对于过渡时期目标 3 浓度，可以降低大约 6%的死亡率风险。值得注意的是，单一的 $PM_{2.5}$准则值不能反映粗颗粒物（粒径在 10~2.5μm 之间的颗粒物）所导致的健康危害，因此 WHO 标准也推荐了相应的 PM_{10}空气质量准则（AQG）和过渡时期目标浓度（表 1-3 和表 1-4）。然而，粗颗粒物的定量证据还不足以制定单独的准则值。但是，前人有许多 PM_{10}短期暴露的研究，因此为制定 WHO 空气质量准则（AQG）和过渡时期目标的 24h 颗粒物浓度提供了依据。短期暴露空气质量准则无论是采用 24h 均值还是采用年平均值都趋于更为严格，但情况在各国都有所不同，需要区别去看。使用 WHO 空气质量准则值（AQG）和过渡时期目标值去评估时，通常优先推荐年平均浓度而不是 24h 平均浓度，这是因为在低浓度的暴露时，短期暴露产生的健康效应非常有限。但是，如果控制到 24h 平均浓度准则值，则可以避免短期的高污染浓度产生的超额发病和死亡。值得说明的是，WHO 颗粒物的空气质量准则（AQG）也可以用于室内环境。

表 1-4 WHO 对于颗粒物的准则值和过渡期目标：24h 浓度

目　标	$PM_{2.5}$ /μg·m^{-3}	PM_{10} /μg·m^{-3}	采用该浓度的依据
过渡期目标 1	75	150	以已经发表的多中心研究和 Meta 分析中得出的危险度系数为基础（超过 AQG 值的短期暴露会增加 5%的死亡率）
过渡期目标 2	50	100	以已经发表的多中心研究和 Meta 分析中得出的危险度系数为基础（超过 AQG 值的短期暴露会增加 2.5%的死亡率）
过渡期目标 3	37.5	75	以已经发表的多中心研究和 Meta 分析中得出的危险度系数为基础（超过 AQG 值的短期暴露会增加 1.2%的死亡率）
空气质量准则值（AQG）	25	50	建立在 24h 和年均暴露的基础上

由 $PM_{2.5}$引起的疾病负担主要包括缺血性心脏病（IHD）、脑血管疾病（缺血中风和出血性中风）、肺癌、慢性阻塞性肺疾病（COPD）和下呼吸道感染（LRI）。暴露于空气污染与这些疾病之间的因果关系已经被论证，这种因果关系可以用全球疾病负担风险因子来评估，因此需要一种综合的暴露-反应方程（IER）来评估由于年均 $PM_{2.5}$浓度暴露引起的每种疾病相对风险所造成的死亡案例。用于评估风险的 $PM_{2.5}$来自于大气污染、室内污染、二手烟和主动吸烟。综合的暴露-反应方程把各种赖于各种暴露途径的浓度折合成等

效暴露浓度（$\mu g/m^3$）并假设健康风险是由24h的$PM_{2.5}$吸入量决定的。二手烟的评估方法结合了每根烟的暴露、呼吸速率和不同地区的吸烟人数。

综合的暴露-反应方程数学形式如下：

$$IER(\beta, z) = 1 + a \times (1 - e^{-\beta(z-z_{cf})\gamma_+}) \tag{1-1}$$

式中，z为$PM_{2.5}$的浓度，$\mu g/m^3$；z_{cf}为理论产生额外风险的最小浓度值，假设低于这个浓度被认为不会产生额外等风险：

$$(z - z_{cf})_+ = (z - z_{cf}) \tag{1-2}$$

如果z要大于z_{cf}时式（1-2）成立，但是小于或等于时认为是没有风险的。在这里，$1 + \alpha$是最大的风险，β是低浓度与高浓度的比值，γ是$PM_{2.5}$浓度的影响因子。

1.3 $PM_{2.5}$成分与健康效应机理

由于$PM_{2.5}$的粒径很小，它与PM_{10}或直径更大的颗粒物比较，有更大的比表面积，更易富集空气中各种有害化学组分（重金属、酸性氧化物、有机污染物等）以及细菌、病毒等微生物，并能使有害物质有更快的反应和溶解速率。另外，由于$PM_{2.5}$不能被鼻孔、喉咙所完全阻挡，能通过呼吸系统被大量吸入，沉积到肺泡，对人体的呼吸系统造成损伤，甚至可通过肺泡吸收进入血液循环而到达体内其他器官，最终对肌体造成全身性的健康影响。因此，如果长期吸入含有$PM_{2.5}$的污染空气，会导致人体呼吸系统和其他器官系统组织结构的损害。大量的流行病学研究表明：大气中的$PM_{2.5}$可以引起暴露人群全死因死亡率、心脑血管和呼吸系统疾病死亡率明显增加。美国癌症协会在1982~1998年进行的一项队列研究表明，$PM_{2.5}$每增加$10\mu g/m^3$，全死因死亡率会升高4%，心肺疾病死亡率会升高6%，癌症死亡率会升高8%。生活在污染严重城市的人群，患肺癌的风险比清洁城市要高出10%~15%。美国、芬兰和中国多地区的研究表明，$PM_{2.5}$对心血管疾病的发病、急诊和死亡率也有显著影响，可使心肌缺血而导致心血管疾病（心血管系统动脉粥样硬化、心律失常和缺血性疾病等）。

$PM_{2.5}$进入体内后主要通过炎症反应和氧化应激两种机理对肺部造成损害。作为肺部保护的重要屏障，肺泡巨噬细胞将整个进入肺内的$PM_{2.5}$吞噬，在颗粒物的刺激下肺泡巨噬细胞会释放出细胞和前炎症因子，而前炎症因子又会进一步刺激肺成纤维母细胞、上皮细胞、内皮细胞等分泌黏附因子，这些因子使各中性粒细胞、巨噬细胞、单核细胞、多形核白细胞等炎症细胞聚集，从而导致炎症发生。同时，$PM_{2.5}$表面吸附的有机物，会诱发细胞氧化应激损害，产生自由基，最终导致细胞脂质、DNA和蛋白质的损伤。相应的，对巴西的309名6~15岁儿童的流行病学研究发现，$PM_{2.5}$浓度每增加$10\mu g/m^3$，无哮喘儿童的最大呼气流速峰值会降低0.38~0.53L/min，表明$PM_{2.5}$暴露对于处于发育期的儿童肺部功能会有显著的影响。

$PM_{2.5}$也可以通过多种途径危害心血管系统。第一，$PM_{2.5}$可以引起肺部的炎症反应以及氧化应激，从而进一步引发全身性炎症反应，从而可造成血液动力学改变、内皮损伤等心血管系统的损伤。第二，$PM_{2.5}$可直接通过刺激肺部神经的反射，破坏交感和副交感神经的平衡，从而使神经系统对心脏功能的调控出现问题。第三，$PM_{2.5}$的某些可溶性成分（例如硫酸盐等）以及其中的超细颗粒也可能通过肺泡上皮细胞最终进入血循环，对心脏产生直接作用。$PM_{2.5}$进入血液作用于心脏，对心脏频率的影响可能不仅由交感和副交感神经的紊乱引起，也可能由于$PM_{2.5}$对心脏本身的直接作用。第四，$PM_{2.5}$还可以引起血液中红细胞数上升，从而使血黏度增加，导致患心血管疾病的风险增加。已经有大量流行病学研究显示，$PM_{2.5}$的浓度上升可以增加心肺血管疾病发生的风险。动物模型研究发现大鼠短期暴露于$PM_{2.5}$后，发生心肌梗死的风险会上升，并发现这是$PM_{2.5}$可以由肺部进入血液循环系统所致。人群研究发现女性$PM_{2.5}$的接触量与红细胞、血红蛋白浓度有明显相关性，$PM_{2.5}$每上升 $10\mu g/m^3$，红细胞数和血红蛋白浓度分别上升 2.3%和 2.6%。

毒理学和流行病学的研究表明，$PM_{2.5}$中的化学成分是影响$PM_{2.5}$生物毒性的关键因素，颗粒物中的某些化学成分对人体有极大的危害，不同化学成分构成的颗粒物对气候、能见度亦有不相同的影响。同时，这些影响还与化学成分在$PM_{2.5}$内部和表面存在状态有关。$PM_{2.5}$是由多种化学物质组成的混合物，包括无机成分和有机组分，其中无机部分包括水溶性离子（硫酸盐、硝酸盐、氨盐等），微量重金属元素（铬、锰、铜、锌、铅、镍等）、元素碳，有机组分包含多环芳烃（PAHs）等。$PM_{2.5}$的成分构成和粗颗粒物有很大差异。粗颗粒物中主要含有硅、钙、铁等地壳元素，重金属成分主要分布在$PM_{2.5}$中。由于污染来源、类型和地理、气象条件的不同，$PM_{2.5}$的化学成分会有所差异，$PM_{2.5}$单位浓度的健康危害也有所不同，造成的健康效应也不尽相同。

$PM_{2.5}$表面吸附的重金属具有生物毒性效应，而重金属主要来源于人为活动。$PM_{2.5}$中过渡金属的氧化性损伤机制可能是由于促进自由基的生成而引发的。$PM_{2.5}$的自由基的产生与其表面过渡金属（例如铁元素）含量呈正相关。研究发现$PM_{2.5}$表面富集的铁复合物会产生羟基自由基，对肺部产生氧化性损伤，而当去除这部分铁复合物后，损伤效应就会减弱。富集在$PM_{2.5}$上的锌、镍、砷等元素会使小鼠细胞免疫功能受到抑制。多地区的研究表明大气颗粒物中金属元素浓度与学龄儿童最大呼气流速具有相关性，发现大部分金属元素，包括自然源金属及人为源金属都与最大呼气流速的下降存在相关性。

含碳组分是$PM_{2.5}$中最主要的成分，通常可以分为有机碳和元素碳。元素碳主要是含碳物质在燃烧过程中产生的不定型碳质，它对可见光和红外光都有强烈吸收，是影响大气能见度的主要因素之一；有机碳既可以是化石或生物质燃料燃烧一次排放形成，又可在大气中的有机气体通过物理/化学吸附或光化学反应形成，可以为大气化学反应提供氧化剂，对光有散射作用。研究发现，有机碳和元素碳可以占到了$PM_{2.5}$总质量的 42.8%~47.3%，同时二次有机碳又占到了有机碳总量的 56%。有机碳的构成比较复杂，其健康效应机理也比较复杂。比如多环芳香烃（PAHs），它是含有两个或者两个以上苯环并以稠合形式链接的芳烃类化合物的总称，对人体有长期毒性，能致畸、致癌。它的主要来源是各种含碳有机物的热解和不完全燃烧，例如煤炭、石油、薪柴等，其中以苯并［a］芘为代表的物质具有强烈的化学致癌性。一般而言，冬季由于低温和风速的影响，PAHs 不容易分解和扩散，因此浓度较高；反之，由于夏季温度较高，大气扩散条件好，有利于 PAHs 光化学分解，其浓度较低。PAHs 会促进机体产生过多的自由基和产生炎症反应，从而导致癌症。有文献研究表明北京市颗粒物中 PAHs 的含量要高于国家标准，并且诊断的癌症病例与大气中 PAHs 有关。也有研究表明如果中国奥运期间对$PM_{2.5}$排放的控制措施能一直持续下去，其中 5 种高相对分子质量 PAHs 吸入暴露致癌的风险能够降低 23%。美国一项队列研究显示，孕期暴露于 PAHs 和出生后暴露于烟草的情况下，可以诱发孩子 1 岁时的咳喘症状，并且部分儿童两岁时出现的哮喘也与此有关。德国的一项流行病学研究也表明颗粒物中的 PAHs 每增加 1.08ng/m^3，由于心血管问题无法参与活动的风险就会增加 5%。

1.4 室内外 $PM_{2.5}$ 关系及室内 $PM_{2.5}$ 控制策略

由于现代人 80%以上的时间是在室内度过，人体的 $PM_{2.5}$ 暴露大部分都发生在室内。控制室内 $PM_{2.5}$ 污染主要有三种途径，即源头治理、通风控制和空气净化。其中通风的一般意义是指室内外的空气交换，是保障室内健康和空气品质的重要手段，主要目的有三个：一是为室内人员提供所需的新鲜空气量；二是用以改善室内热环境；三是用以控制室内污染物浓度。这三种方法的最终目的都是为了营造一个健康舒适的室内环境。为了更好地实现这个目标，需要同时考虑室内空气品质、人体污染物暴露及热舒适。本节将重点介绍 $PM_{2.5}$ 室内外关系，现行空调设计、运行和控制中存在的问题及室内 $PM_{2.5}$ 控制的方法，下面将简要介绍其控制原理和方法。

首先建立室内外 $PM_{2.5}$ 浓度关系模型，假设房间内 $PM_{2.5}$ 浓度均匀，可以对房间内 $PM_{2.5}$ 浓度建立如下质量平衡动态方程：

$$V\frac{\mathrm{d}C_{\mathrm{in}}}{\mathrm{d}t} = \sum_{j} Q_j(C_j - C_{\mathrm{in}}) + R_{\mathrm{s}} - R_{\mathrm{c}} \tag{1-3}$$

式中 V——房间总体积，m^3；

C_{in}——房间内 $PM_{2.5}$ 物浓度，μg/m^3；

t——时间，s；

Q_j——第 j 股气流进入房间的风量，m^3/s；

C_j——第 j 股气流的浓度，μg/m^3；

R_{s}——房间的 $PM_{2.5}$ 污染源，μg/s；

R_{c}——房间 $PM_{2.5}$ 去除的汇，μg/s，包括了所有吸附表面和空气净化去除的污染量。

对室内 $PM_{2.5}$ 进行控制，实际上是保证 $PM_{2.5}$ 的参数值在任何时刻都不要超过预先设定值。影响室内 $PM_{2.5}$ 浓度的因素主要包括 $PM_{2.5}$ 源散发量、通风量、净化这三个方面。从上述控制方程（1-3）可以看出，对于一个实际的房间，控制其 $PM_{2.5}$ 的方法主要由以下三种：控制室内 $PM_{2.5}$ 源、用室外的空气稀释或室内净化设备去除 $PM_{2.5}$。但是，室外空气进入室内有可能把室外污染带入室内；净化设备会产生噪音，并不能去除所有污染，而且净化设备也涉及到初期投资，增加能耗和运维费用的问题。因此，进行源头治理才是控制室内 $PM_{2.5}$ 的根本方法。由此可见，控制室内 $PM_{2.5}$ 最有效的方法是进行排放源头的治理，然后才是空气净化，当然当室外 $PM_{2.5}$ 浓度较高的时候，新风的过滤或者室内空气净化器是必要的。控制室内 $PM_{2.5}$，既要控制室内 $PM_{2.5}$ 浓度水平，又要考虑节能运行。下面结合室内二氧化碳浓度和 $PM_{2.5}$ 浓度及气象条件提出房间通风控制策略，该策略同时考虑室内二氧化碳和 $PM_{2.5}$ 浓度的要求，同时保证两者浓度不要超过设定值，即要保证如下要求：

$$C_{\mathrm{in}} \leqslant C_{\mathrm{set}} \tag{1-4}$$

式中 C_{set}——房间内污染物浓度的设定值，μg/m^3。

(1) 房间送冷风时，当室外焓值小于室内焓值时采用最大新风（最大新风的值由送风系统的形式决定，例如最大新风值不能超过最大送风值等）。当室外焓值大于室内焓值时，采用最小新风，最小新风值应满足式（1-4）中关于房间最高浓度的要求。

新风量按下式计算：

$$Q_{sup} = \frac{R_s + V(C_{in} - C_{set})/\Delta t}{C_{set} - C_{sup}} \tag{1-5}$$

式中 Q_{sup}——送入房间的风量，m^3/s；

C_{sup}——送风的污染物浓度值，kg/m^3；

Δt——房间浓度达到设定浓度的时间，s。

(2) 房间送热风时，当室外焓值大于室内焓值时，采用最大新风（最大新风的值由送风系统的形式决定，例如最大新风值不能超过最大送风值等）。当室外焓值小于室内焓值时，采用最小新风，最小新风值应满足式（1-4）中关于房间最高浓度的要求。

(3) 在满足（1）、(2) 要求的前提下，当房间二氧化碳和 $PM_{2.5}$要求的新风量不一致时，按最大原则选用新风量，即用同一时刻两者当中所要求的新风量最大值作为最终的新风量。

(4) 在新风稀释污染物的系统中，当所关心的室外污染物如二氧化碳浓度高于标准值时，应采用最小新风。

(5) 系统中可以加入净化设备时，此时最小新风满足室内二氧化碳浓度的要求，多余 $PM_{2.5}$可以通过净化设备去除。

以上系统 $PM_{2.5}$质量平衡方程是基于均匀混合假设理论建立的。而在实际情况下，受局部排风状况影响，室内污染物混合不均匀，因此需要考虑分布问题修正。暖通空调系统和室内 $PM_{2.5}$浓度密切相关。现行空调设计、运行和控制方面存在一定局限性是造成目前室内 $PM_{2.5}$超标的原因之一。设计合理的通风系统不仅可以获得良好的舒适度和空气质量，同时还可以最大限度地节省能源。

对于 $PM_{2.5}$室内源而言，主要是吸烟和烹饪。目前的通风系统设计主要是用于保证热舒适和控制室内二氧化碳浓度以及人体气味，如何有效防止或者消除室内 $PM_{2.5}$并没有成为主要的设计指标。从保证室内空气质量和人员健康的要求出发，迫切需要改进当前的设计模式。首先是空调系统设计本身存在的问题：

(1) 新风口设计问题。新风入口选址靠近室外污染比较严重的地方，新风入口离排风口太近，发生排风被吸入的短路现象，同时要加装过滤系统。新风口设计不合理等常是造成室内 $PM_{2.5}$高的原因。

(2) 混合间的设计。混合间是新、回、排风三股气流交汇的地方，如果该空间受到 $PM_{2.5}$污染或者有关阀门气密性不好，压力分布设计不合理等，将直接影响室内 $PM_{2.5}$浓度。

(3) 室内负离子的浓度。由于在建筑中采用的空调系统会减少负离子，增加室内负离子浓度也可以有效降低室内的 $PM_{2.5}$浓度。

另外在运行管理和控制策略方面、空调系统运行管理方面，主要存在的问题有以下几点：

(1) 实际运行背离设计初衷，例如擅自关闭或者减少新风，不定期更换过滤器等。

（2）空调系统各设备的管理运维不当。例如风道系统内表面不清洁，消声器的吸声材料颗粒物沉积，微生物表面聚积、繁殖和扩散，使得空气通过风道后进入室内造成室内空气污染。另一方面，由于回风的大量使用可能造成 $PM_{2.5}$污染重新回到室内。还有室外严重污染天气，开新风系统把室外 $PM_{2.5}$引入室内。面对日益严重的室外 $PM_{2.5}$污染，尤其是在大中城市，传统的新风换气机一般采用粗网过滤结构去除空气中的颗粒物，这种结构可能产生除尘效果不佳和长期运行难以清洁等问题，需要加装高效过滤系统。

综上所述，空调系统的合理设计、妥善管理对于控制室内 $PM_{2.5}$有着重要意义，并且应从 $PM_{2.5}$源控制、通风以及室内净化等方面对室内 $PM_{2.5}$进行了综合控制。

参考文献

[1] 赖明．发展健康建筑，营造良好人居环境［J］．中国住宅设施，2016，8：20~21.

[2] 王清勤，孟冲，李国柱，等．我国健康建筑发展理念、现状与趋势［J］．建筑科学，2018，34（9）：12~17.

[3] Xie Y，Zhao B，Zhang L，et al. Spatiotemporal variations of $PM_{2.5}$ and PM_{10} concentrations between 31 Chinese cities and their relationships with SO_2，NO_2，CO and O_3［J］. Particuology，2015，20：141~149.

[4] Cohen A J，Brauer M，Burnett R，et al. Estimates and 25-year trends of the global burden of disease attributable to ambient air pollution：an analysis of data from the Global Burden of Diseases Study 2015［J］. Lancet，2017，389：1907~1918.

[5] Shimada Y，Matsuoka Y. Analysis of indoor $PM_{2.5}$ exposure in Asian countries usingtime use survey［J］. Science of the Total Environment，2011，409（24）：5243~5252.

[6] Dockery D W，et al. An association between airpollution and mortality in six U. S. cities［J］. New England Journal of Medicine，1993，329：1753~1759.

[7] Pope C A，et al.. Particulate air pollution as apredictor of mortality in a prospective study of U. S. adults［J］. American Journal of Respiratory and Critical Care Medicine，1995，151：669~674.

[8] Krewski D，Burnett R，Goldberg M，et al. Reanalysis of the Harvard sixcities and the American cancer society study of particulate air pollution and mortality：phase Ⅱ［J］. Sensitivity Analysis. Cambridge，MA：Health Effects Institute，2000.

[9] Pope C A，et al. Lung cancer，cardiopulmonarymortality，and long-term exposure to fine particulate air pollution［J］. Journal of the American Medical Association，2002，287：1132~1141.

[10] Jerrett M. Spatial analysis of air pollution andmortality in Los Angeles［J］. Epidemiology，2005，16：727~736.

[11] 世界卫生组织．空气质量准则．2005.

[12] Peters A，Dockery D W，Muller J E，et al. Increased particulate air pollutionand the triggering of myocardial infarction［J］. Circulation，2001，103（23）：2810~2815.

[13] Pekkanen J，Peters A，Hoek G，et al. Particulate air pollution and risk of ST-segment depression during repeated submaximal exercise tests among subjectswith coronary heart disease：the exposureand risk assessment for fine and ultrafine particles in ambient air（ULTRA）study［J］. Circulation，2002，106（8）：933~938.

[14] Guo Y，Jia Y，Pan X，et al. The association between fine particulate air pollution and hospital emergency room visitsfor cardiovascular diseases in Beijing，China［J］. Science of the Total Environment，2009，407（17）：4826~4830.

[15] Driscoll K E , Carter J M , Hassenbein D G , et al. Cytokines and particle-induced inflammatory cell recruitment [J]. Environmental Health Perspectives, 1997, 105 (suppl 5): 1159~1164.

[16] Hanzalova K, Rossner P, Jr. , Sram R J. Oxidative damage induced by carcinogenic polycyclic aromatic hydrocarbons andorganic extracts from urban air particulatematter [J]. Mutation Research, 2010, 696 (2): 114~121.

[17] Wang T, Chiang E T, Moreno Vinasco L, et al. Particulate matter disrupts humanlung endothelial barrier integrity via ROS and p38 MAPK dependent pathways [J]. American Journal of Respiratory Cell and Molecular Biology, 2010, 42 (4): 442~449.

[18] Jacobson L da S, Hacon S de S, Castro H A, et al. Association between fine particulatematter and the peak expiratory flow of schoolchildren in the Brazilian subequatorial Amazon: a panel study [J]. Environmental Research, 2012, 117: 27~35.

[19] 黄雪莲，金昱，郭新彪，等．沙尘暴 $PM_{2.5}$、PM_{10}对大鼠肺泡巨噬细胞吞噬功能的影响 [J]. 卫生研究，2004，33 (2)：154 ~ 157.

[20] 时宗波，邵龙义，Jones T P 等．城市大气可吸入颗粒物对质粒 DNA 的氧化性损伤 [J]. 科学通报，2004，49 (7)：673~678.

[21] Peters A , Liu E , Verrier R L , et al. Air Pollution and Incidence of Cardiac Arrhythmia [J]. Epidemiology, 2000, 11 (1): 11~17.

[22] 郑灿军，王菲菲，郭新彪．大气 $PM_{2.5}$对原代培养大鼠心肌细胞的毒性 [J]. 环境与健康杂志，2006，23 (1)：17~20.

[23] Geng H, Meng Z, Zhang Q. Effects of blowings and fine particles on plasma membrane permeability and fluidity, and intracellular calcium levels of rat alveolar macrophages [J]. Toxicology Letters, 2005, 157 (2): 129~137.

[24] Jia G, Wang H, Yan L, et al. Cytotoxicity of carbon nanomaterials: single wall nanotube, multi wall nanotube, and fullerene [J]. Environmental Science & Technology, 2005, 39 (5): 1378~1383.

[25] Gurgueira S A, Lawrence J, Coull B, et al. Rapid increases in the steady state concentration of reactive oxygen species in the lungs andheart after particulate air pollution inhalation [J]. Environmental Health Perspectives, 2002, 110 (8): 749~755.

[26] Donaldson K, Stone V, Seaton A, et al. Ambient particle inhalation and the cardiovascular system: potential mechanisms [J]. Environmental Health Perspectives, 2001, 109 (Suppl4): 523~527.

[27] Nemmar A, Hoet P H, Vanquickenborne B, et al. Passage of inhaled particles into the blood circulation in humans [J]. Circulation, 2002, 105 (4): 411~414.

[28] Nemmar A, Vanbilloen H, Hoylaerts M F, et al. Passage of intratracheally instilled ultrafine particles from the lung into the systemic circulation inhamster [J]. American Journal of Respiratory and Critical Care Medicine, 2001, 164 (9): 1665~1668.

[29] Nemmar A, Hoet P H, Dinsdale D, et al. Diesel exhaust particles in lung acutely enhance experimental peripheral thrombosis [J]. Circulation, 2003, 107 (8): 1202~1208.

[30] Creason J, Neas L, Walsh D, et al. Particulate matter and heart rate variability amongelderly retirees: the Baltimore 1998 PM study [J]. Journal of Exposure Analysisand Environmental Epidemiology, 2001, 11 (2): 116~122.

[31] Lu S, Zhang R, Yao Z, et al. Size distribution of chemical elements and their source apportionment in ambient coarse, fine, andultrafine particles in Shanghai urban summer atmosphere [J]. Journal of Environmental Sciences (China) 2012, 24 (5): 882 ~890.

[32] Prahalad A K, Inmon J, Dailey L A, et al. Air pollution particles mediated oxidative DNA based amage in

a cell free system and in human airway epithelial cells in relation to particulate metal content and bioreactivity [J]. Chemical Research in Toxicology, 2001, 14 (7): 879~887.

[33] Prahalad A K, Inmon J, Ghio A J, et al. Enhancement of 2′-deoxyguanosine hydroxylation and DNA damage by coal and oil fly ash in relation to particulate metal content and availability [J]. Chemical Research in Toxicology 2000, 13 (10): 1011~1019.

[34] Valavanidis A , Fiotakis K , Bakeas E , et al. Electron paramagnetic resonance study of the generation of reactive oxygen species catalysed by transition metals and quinoid redox cycling by inhalable ambient particulate matter [J]. Redox Report, 2005, 10 (1): 37~51.

[35] Schins R P, Duffin R, Hohr D, et al. Surface modification of quartz inhibits toxicity, particle uptake, and oxidative DNA damage in human lung epithelial cells [J]. Chemical Research in Toxicology, 2002, 15 (9): 1166~1173.

[36] Seaton A, MacNee W, Donaldson K, et al. Particulate air pollution and acute health effects [J]. Lancet, 1995, 345 (8943): 176~178.

[37] Hong Y C, Pan X C, Kim S Y, et al. Asian dust storm and pulmonary function of school children in Seoul [J]. Science of the Total Environment, 2010, 408 (4): 754~759.

[38] Zhang F, Zhao J, Chen J, et al. Pollution characteristics of organic and elemental carbon in $PM_{2.5}$ in Xiamen, China [J]. Journal of Environmental Science (China) , 2011, 23 (8): 1342~1349.

[39] Mohanraj R, Dhanakumar S, Solaraj G. Polycyclic aromatic hydrocarbons bound to PM 2. 5 in urban Coimbatore, India with emphasis on source apportionment [J]. The Scientific World Journal 2012, 2012: 980843.

[40] Li N, Nel A E. Role of the Nrf2-mediated signaling pathway as a negative regulator of inflammation: implications for the impact of particulate pollutants on asthma [J]. Antioxid Redox Signal, 2006, 8 (1~2): 88~98.

[41] Yu Y, Guo H, Liu Y, et al. Mixed uncertainty analysis of polycyclic aromatic hydrocarbon inhalation and risk assessment in ambient air of Beijing [J]. Journal of Environmental Science (China), 2008, 20 (4): 505~512.

[42] Liu L B , Hashi Y , Liu M , et al. Determination of particle-associated polycyclic aromatic hydrocarbons in urban air of Beijing by GC/MS [J]. Analytical Sciences, 2007, 23 (6): 667~671.

[43] Jia Y, Stone D, Wang W, et al. Estimated reduction in cancer risk due to PAH exposures if source control measures during the 2008 Beijing Olympics were sustained [J]. Environ Health Perspect, 2011, 119 (6): 815~820.

[44] Miller R L , Garfinkel R , Horton M , et al. Polycyclic aromatic hydrocarbons, environmental tobacco smoke, and respiratory symptoms in an inner-city birth cohort [J]. Chest, 2004, 126 (4): 1071 ~ 1078.

[45] Kraus U, Breitner S, Schnelle Kreis J, et al. Particle associated organic compounds and symptoms in myocardial infarction survivors [J]. Inhalation Toxicology, 2011, 23 (7): 431~447.

[46] 潘小川，李国星，高婷．危险的呼吸——$PM_{2.5}$的健康危害和经济损失评估研究 [M]. 北京：中国环境出版社，2012.

[47] 张寅平．中国室内环境与健康研究进展报告 2012 [M]. 北京：中国建筑工业出版社，2012.

2 交通人工环境

改革开放以来我国的交通运输行业取得了前所未有的巨大成就，尤其是近年来高铁的开发创新位居世界首位。C919大型客机是中国首款按照最新国际适航标准、具有自主知识产权的大型喷气式民用飞机，由中国商用飞机有限责任公司于2008年开始研制，航程4075~5555km，2017年5月5日成功首飞。汽车、火车、船舶、飞机等交通工具的安全可靠运行都离不开健康舒适的人工环境的营造，如C919座舱环境控制系统，即飞机的“呼吸系统”，具体空气分配设计方案的数值仿真和优化设计由天津大学团队完成。本章以列车、地铁、船舶、飞机为重点，阐述交通工具人工环境的特点、影响因素、营造方法，以民航客机为例说明人工环境的评价方法。交通人工环境内容广泛，汽车环境和汽车空调方面的书籍很多，感兴趣的读者可以参考相关文献。汽车站、火车站和航站楼等交通建筑环境本书也不再赘述。

2.1 铁路客车环境

我国的铁路列车不仅在速度上达到世界领先的水平，而且配备有铁路列车空调通风系统，通过这些设施为乘客提供安全舒适的乘车环境。据国家统计，我国铁路营业历程以及客运量逐年上升，如图2-1、图2-2所示。其中我国高铁里程已经超过2.5万公里，2016年国家发改委等部门联合发布了《中长期铁路网规划》（2016~2030年），到2025年，中国高速铁路通车里程将达到3.8万公里，并形成“八纵八横”的高铁网。

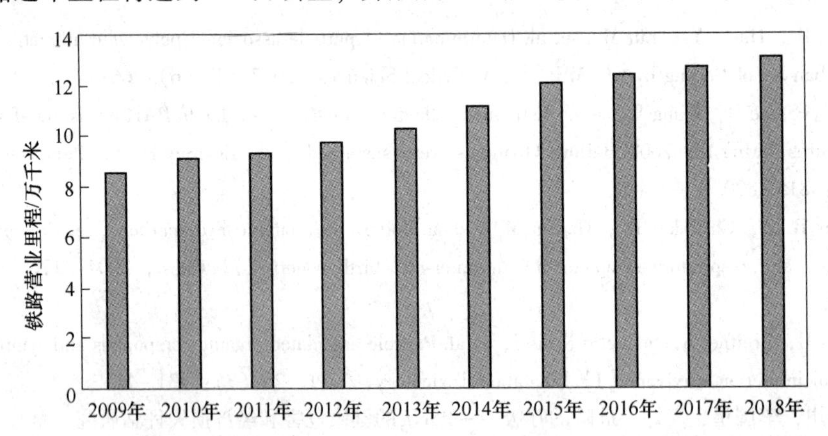

图2-1 我国铁路营业里程统计

（数据来源：国家统计局）

2.1.1 列车环境与建筑环境的差别

列车车厢内的热环境与建筑物的热环境有许多相同的特点，都是受到环境温度、风

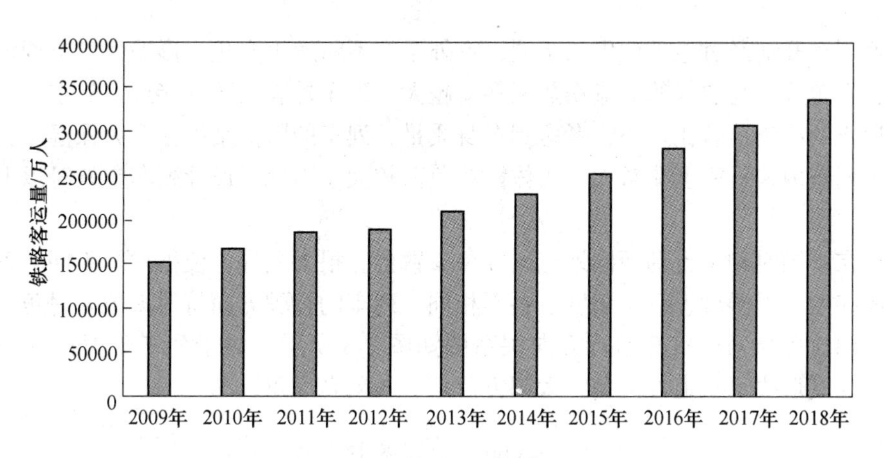

图 2-2 我国铁路客运量统计
（数据来源：国家统计局）

速、相对湿度、平均辐射温度等因素影响，但也有许多不同的特点。车厢是随时在移动，往往跨地域运行，受外界不同区域、天气状态的影响很明显。车厢内人口密集程度大，空间相对狭小，人们较长时间近距离接触车窗所占的比例较大，易受太阳直射，具有近壁面处空气的温度梯度较大等特点，再加上车厢内座椅、行李架、人体等的阻碍作用，使得列车车厢内形成一个非均匀的热环境。不同位置的乘客对车厢内的热舒适感差别也较大。列车车厢内热环境的这些特殊性，形成了一个不同于建筑物的非均匀热环境，需要对其进行评价，使车厢内空气的速度场、温度场等更好地满足人体热舒适的要求，既要使乘客对车厢内环境感到满意，又要防止肢体的局部不舒适。因此，研发节能、舒适、环保、可靠的空调高速列车成为了世界高速列车工业研究与发展的趋势。

2.1.2 列车环境参数

影响人体舒适感的主要因素包括车厢空气的温度、湿度、流速，这些因素都是由列车的空调通风系统所决定的。铁路列车因具有高速移动性和人员负荷波动性，与常规建筑物空调及汽车空调不同，且车厢外界气象参数复杂多变，因此对车内环境及空调设计有更高的要求。针对列车内环境的特殊性，按照铁道客车采暖通风设计标准（TB 1955—2000）对列车环境要求中空调部分的内容进行空调设计。运行在北京以南列车主要设计参数见表 2-1。

表 2-1 运行列车环境设计参数

项 目	夏 季	冬 季
车外计算温度	35℃	-14℃
车外相对湿度	60%	—
车室内温度	软卧车≥20℃；硬卧车、软座车≥18℃；硬座车、餐车、行李车、邮政车≥16℃	软卧车≥20℃；硬卧车、软座车、硬座车、餐车、行李车、邮政车≥18℃
客室内相对湿度	60%	40%～65%
客室内微风速	对于软座车、软卧车和硬卧车，不超过 0.25m/s，其他车不超过 0.35m/s	≤0.2m/s
车内壁面计算温度	12℃	14℃

随着列车开动经过地理位置的不同，室外温度不断发生变化，影响列车空调负荷；列车行驶速度越快，与空气的对流换热系数就越大；列车外表面温度接近室外空气温度，太阳辐射形成的冷负荷就比较小，考虑到车身质量，列车的围护结构主要为保温层，蓄热能力较差；列车内人员密度非常大，人体散热负荷较大。因此，设计列车空调时以上因素都要考虑。

列车在不同时刻运行到不同地点的气象参数会有很大差异，使得列车不同时刻的运行参数如经纬度、温湿度、行车角度也各不相同。列车的行驶方向将对太阳入射角度有一定影响，太阳位置与列车角度运行方向关系图如图 2-3 所示，对于列车壁面接受的太阳辐射，方向高度取决于轨道方向角、太阳方位角、太阳高度角。

$$\theta = \arctan\left(\frac{\Delta L}{\Delta H}\right) \times 180/\pi \tag{2-1}$$

$$\Delta L = 111 \times \Delta l \times \cos l_n \tag{2-2}$$

$$\Delta H = 111 \times \Delta h \tag{2-3}$$

式中　θ——列车行驶方向与南向的夹角，偏东为负，偏西为正；

ΔL——相邻两站之间的东西距离；

ΔH——相邻两站之间的南北距离；

Δl——相邻两站之间的经度差；

l_n——某站点的经度；

Δh——相邻两站之间的纬度差。

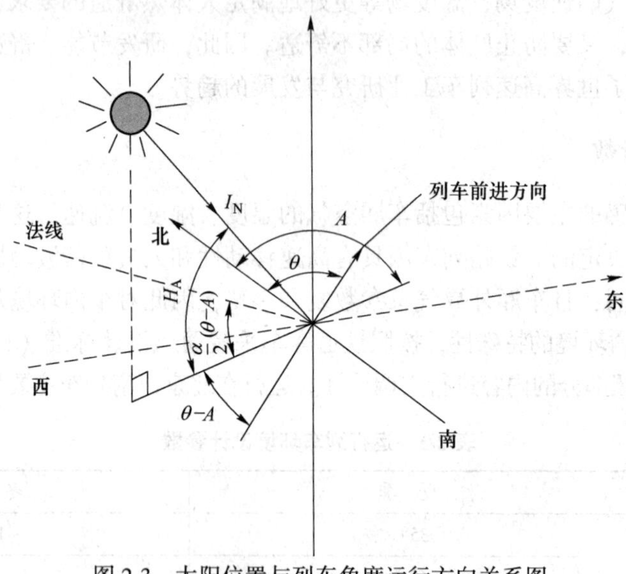

图 2-3　太阳位置与列车角度运行方向关系图

2.1.3　列车的气密性❶

列车是一个相对密闭的空间，假设 p_{in}、p_{out} 分别为该密闭空间的内外压力，且 p_{out} >

❶　选自李先庭，石文星．人工环境学．2 版．北京：中国建筑工业出版社，2017.

p_{in}；ρ_{in}、ρ_{out} 分别为内外空气的密度；T 为内外空气温度（K）；V 为密闭空间的容积，假定在空气通过密闭空间缝隙和孔隙泄漏的过程中，空气的泄漏面积不随压力变化。因此，在该状况下通过密闭漏进入密闭空间的空气质量流量为：

$$m = k\rho_{in}(p_{out} - p_{in}) \tag{2-4}$$

式中 k——漏气系数，是反映密闭空间漏气孔隙情况的特征值。

车内空气的密度为：

$$\rho_{in} = \rho_{in,0} + \frac{1}{V}\int_0^{\tau} m\mathrm{d}t \tag{2-5}$$

车内压力为：

$$p_{in} = \rho_{in}RT \tag{2-6}$$

式中 $\rho_{in,0}$——车内的初始密度，kg/m^3；

τ——空气泄露时间，s；

R——气体常数，$R=287J/(kg \cdot K)$。

列车在空气泄露过程中的压力变化特征方程为：

$$\frac{\mathrm{d}p_{in}}{\mathrm{d}\tau} = \frac{k}{V}p_{in}(p_{out} - p_{in}) \tag{2-7}$$

由此可确定在空气泄露过程中压力变化情况为：

$$p_{in}(\tau) = p_{out} - \frac{p_{out}}{1 + \dfrac{p_{in,0}}{p_{out} - p_{in,0}}\exp\left(\dfrac{k}{V}p_{out}\tau\right)} \tag{2-8}$$

式中 $p_{in,0}$——密闭室内的初始压力，Pa。

从式（2-8）可以看出，随着空气泄漏时间的延长，密闭室内的空气压力将近似以指数形式回升，最终达到与室外空气压力平衡的状态。

对于高速列车等密闭空间，常采用非气密性指标来衡量其气密程度。密闭空间的非气密性指标为：

$$\xi = \frac{k}{V} \tag{2-9}$$

它是一个与密闭空间漏气孔隙状况有关的参数，只取决于密闭空间的物理结构特性。

于是，式（2-8）可表示为：

$$p_{in}(\tau) = p_{out} - \frac{p_{out}}{1 + \dfrac{p_{in,0}}{p_{out} - p_{in,0}}\exp(\xi p_{out}\tau)} \tag{2-10}$$

当 $\xi=0$ 时，$p_{in}(\tau) = p_{in,0}$，即密闭空间的压力值始终保持不变，表明气密性完好；而当 $\xi\to\infty$ 时，$p_{in}(\tau) \to p_{out}$，密闭空间不能维持室内外的压力差，表明完全不气密。

为了量化衡量密闭室的气密程度，可通过压力维持检测方法检测密闭空间空气压力随时间的变化规律，于是非气密性指标为：

$$\xi = \frac{1}{p_{out}\tau}\ln\frac{p_{out} - p_{in,0}}{p_{in,0}}\left(\frac{p_{out}}{p_{out} - p_{in}} - 1\right) \tag{2-11}$$

在列车的高速行驶过程中，当列车交会或高速通过隧道时，车体周围空气的流速和压力都会发生急剧的变化而形成空气压力波。如列车高速进入隧道时，列车前端的空气压力突然升高，产生压缩波。随着列车逐步进入隧道，列车受到的空气阻力也逐步增大，使列车前端空气压力持续上升，直至列车全部进入隧道。当列车尾部进入隧道时，尾端空气压力下降，产生膨胀波，并向隧道出口方向传播，到达列车前端时，一部分以压缩波形式反射回来，另一部分仍以膨胀波的形式继续向隧道出口方向传递。通过连续的压力波反射，在车体外部产生强大的压力波动。对于气密性不好的车体，车外空气的压力波将通过车体缝隙进入车内。而当列车驶离隧道时，车外空气压力减至大气压。由于列车速度较高，通过隧道的空气压力变化短暂而迅速，这种迅速变化的压力波会冲击车内人员耳膜和身体，造成耳鸣、耳痛和身体压痛感觉，使人难以接受，特别是列车在隧道内高速交会时，形成的压力波更为激烈。

2.1.4 列车空调动态负荷计算方法

列车空调动态负荷主要包括通过车窗玻璃以辐射方式进入室内的负荷 Q_r 、通过围护结构的导热负荷 Q_c 、列车处理新鲜空气产生的新风负荷 Q_f 以及车室内的人员负荷 Q_p ，即

$$Q_A = Q_r + Q_c + Q_f + Q_p \tag{2-12}$$

2.1.4.1 太阳辐射传热量

太阳辐射分为直接辐射和散射辐射，其中，散射辐射包括天空散射辐射、地面反射辐射和大气长波辐射。

$$I = I_D + I_d + I_R + I_B \tag{2-13}$$

式中 I——围护结构接收太阳辐射总强度，W/m^2；

I_D——围护结构接收太阳直射辐射强度，W/m^2；

I_d——围护结构接收天空散射辐射强度，W/m^2；

I_R——围护结构接收地面反射辐射强度，W/m^2；

I_B——围护结构接收大气长波辐射强度，W/m^2。

2.1.4.2 围护结构传热量

围护结构具有热惰性，列车室外剧烈的环境变化使得车体对蓄热量的影响更大，为了更加准确地计算围护结构得热量，运用反应系数法求解围护结构导热量。围护结构导热微分方程和傅里叶定律解析式的方程组如方程（2-14）所示。

$$\begin{cases} \dfrac{\partial t(x,\ \tau)}{\partial \tau} = a\dfrac{\partial t^2(x,\ \tau)}{\partial x^2} & (0 < x < l,\ \tau > 0) \\ q(x,\ \tau) = -\lambda\dfrac{\partial t(x,\ \tau)}{\partial x} & (0 < x < l,\ \tau > 0) \\ t(x,\ 0) = 0 \end{cases} \tag{2-14}$$

利用 Laplace 变换法求解此方程组，首先利用积分变化，将偏微分方程化为常微分方程，再将其转化为代数方程，最后将计算结果通过积分变换的逆变换求解原函数。计算围护结构导热得热量的传热反应系数计算公式如方程（2-15）所示。

$$\begin{cases} Y(0) = K + \sum\limits_{i=1}^{\infty} \dfrac{B_i}{\Delta\tau}[1 - \exp(-\alpha_i \Delta\tau)] & (j = 0) \\ Y(j) = -\sum\limits_{i=1}^{\infty} \dfrac{B_i}{\Delta\tau}[1 - \exp(-\alpha_i \Delta\tau)]^2 \exp[-(j-1)\alpha_i \Delta\tau] & (j \geqslant 1) \end{cases} \tag{2-15}$$

2.1.4.3 新风负荷和人员负荷

人员负荷按照列车车厢定员人数进行计算，根据铁道部标准 TB 1952—87 规定，供给每人的新鲜空气量，夏季 $20\sim25\mathrm{m^3/(h \cdot 人)}$，冬季 $15\sim20\ \mathrm{m^3/(h \cdot 人)}$，新风负荷的计算如下：

$$Q_f = \frac{\rho q_v (h_o - h_r)}{3.6} \tag{2-16}$$

式中 Q_f——夏季新风冷负荷，kW；

ρ——空气密度，$\mathrm{kg/m^3}$；

q_v——新风量，$\mathrm{m^3/s}$；

h_o——室外空气焓值，kJ/kg；

h_r——室内空气焓值，kJ/kg。

2.1.4.4 动态负荷计算编程

列车动态负荷计算过程采用语言编程比较简便，图 2-4 为计算流程图。

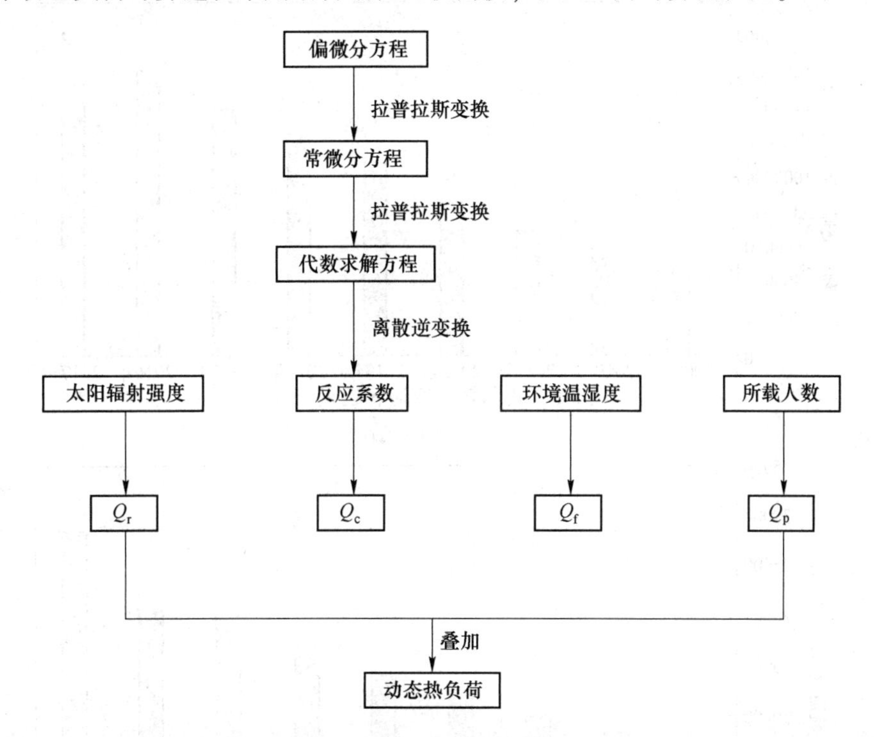

图 2-4 动态负荷编程计算流程图

输入参数：当地经纬度、当地时间日期、行车角度、行车速度、环境温度、环境湿度、所载人数、室内温度。围护结构参数：热扩散系数、导热系数、密度、厚度等。

2.2 地铁环境

近年来我国轨道交通运营路线长度持续保持快速增长，同时我国在建轨道交通的城市数量和线路长度持续增长，如图 2-5～图 2-7 所示。地铁作为城市轨道交通的重要组成部分，近年来在我国大中城市愈加普及，给人民群众的出行带来极大便利。

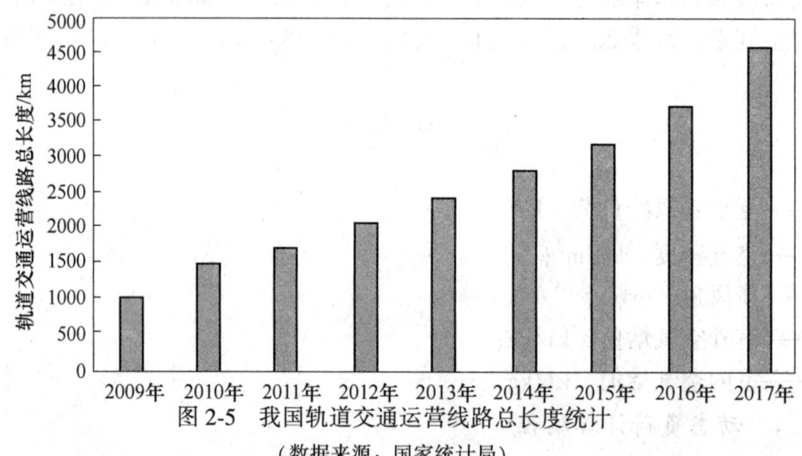

图 2-5　我国轨道交通运营线路总长度统计

（数据来源：国家统计局）

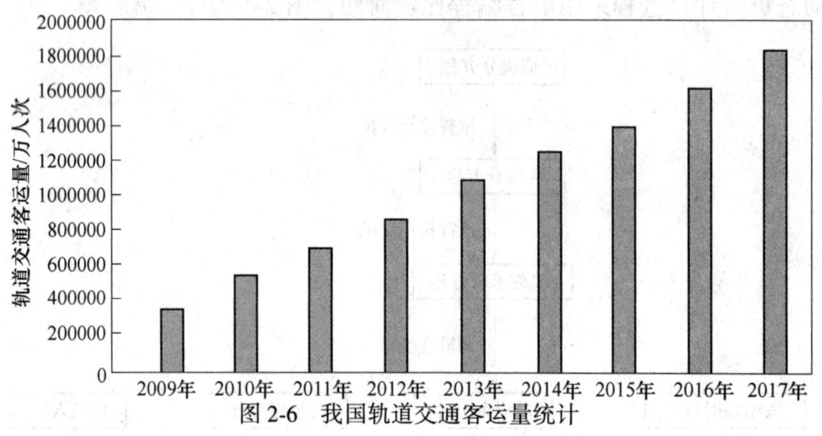

图 2-6　我国轨道交通客运量统计

（数据来源：国家统计局）

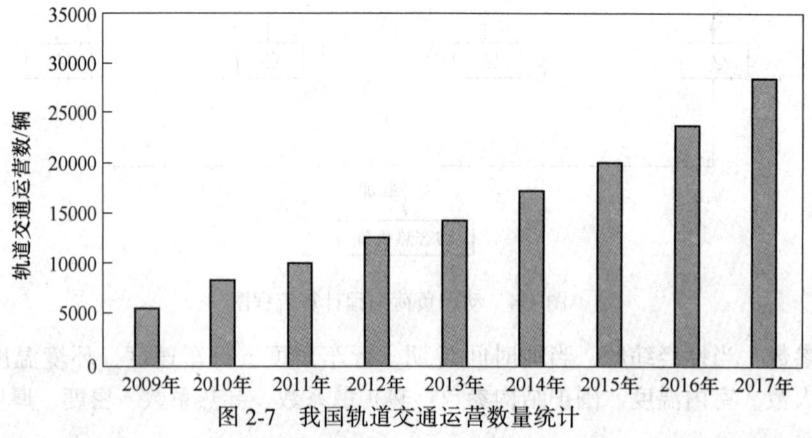

图 2-7　我国轨道交通运营数量统计

（数据来源：国家统计局）

2.2.1 地铁环境与建筑环境的差别

地铁主体建筑一般位于地下数米至数十米深处，其上覆盖土层，处于一个相对封闭的场所。虽然由于土层的蓄热作用，地下建筑一般受外界气象条件影响较小，具有冬暖夏凉的特点，但是地下线路内部有显著的内热源，包括列车牵引、刹车系统，列车空调及人员的散热等，因此，地铁站的负荷特性决定其全年需要供冷，即全年存在冷负荷。除此之外，地铁站存在严重的污染源，如列车刹车闸瓦产生大量的粉尘，乘客和工作人员呼出大量的 CO_2、产生多种污染物等。在地下线路相对封闭的条件下，仅靠空气的自然流动和扩散，难以有效排除各种污染物，也无法保证地铁站空气环境的舒适性，所以必须通过通风空调系统创造一个适宜的人工环境。地铁通风空调系统的主要作用是控制地下空间内空气的温湿度、流速和空气品质。在列车正常运行时，通风空调系统为乘客和工作人员提供健康舒适的环境；万一发生火灾，提供迅速有效的排烟手段，为乘客和消防人员提供足够的新鲜空气，并形成一定的迎面风速，引导乘客安全迅速撤离火灾现场。此外，它还为地铁各种设备提供必要的空气温度、湿度以及洁净度等条件，保证其正常运转。

2.2.2 地铁通风空调系统

2.2.2.1 地铁车站通风空调系统

地铁通风空调系统主要由 4 个子系统组成：

（1）车站站厅和站台公共区的空调、通风兼排烟系统（简称大系统）；

（2）车站设备管理用房的空调、通风兼排烟系统（简称小系统）；

（3）制冷空调循环水系统（简称水系统）；

（4）区间隧道活塞通风、机械通风兼排烟系统。

四个子系统既相互独立又密切关联。每个子系统兼顾两种或三种功能要求，这些兼用设备如何在最佳工况点运行至关重要，这也是地铁通风空调系统节能运营的前提。

地铁车站公共区（俗称“大系统”）主要包含站厅、站台两部分（如图 2-8 所示）。站厅主要功能包括乘客安检、进出站、票务等，是站外空间与站台之间的过渡空间，与各出入口相连，并通过电梯、楼梯等开口与站台相通；站台则主要满足旅客等候、上下车等需求，除了通过楼梯口、电梯口与站厅相连通外，站台通常通过屏蔽门与列车运行的隧道相连接。

除车站公共区域外，地铁车站还包括由各类辅助用房组成的“小系统”，主要包括各类人员办公用房、通信用房、设备用房等，服务面积通常约为大系统（公共区）所服务面积的一半。图 2-9 表示地铁车站小系统、大系统的主要区域及环控需求。小系统中包含人员活动状况与普通办公房间类似的休息室、会议室等，其环控需求与普通办公建筑相同；而对于以设备发热为主、几乎没有人员的通信机房等房间，其环控需求以排出热量为主，但需要系统 24h 连续运行；对于冷水机房、环控机房等场合，则几乎仅供人员巡检作业，环控要求最低。大系统中站厅层、站台层又有不同的功能特点，站台层仅用于乘客上下车及等候过程的短暂停留，而站厅层除了旅客进站通过的功能外，还包含较多的车站工作人员活动，如安检、票务等功能。

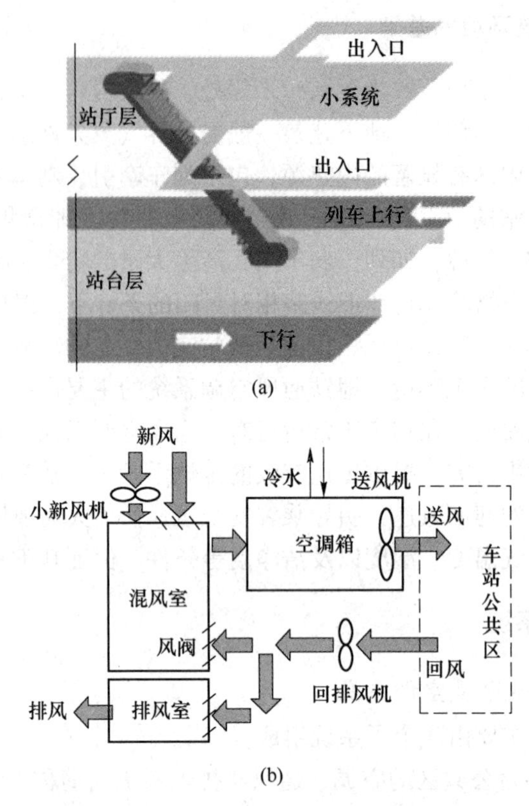

图 2-8 地铁车站主要功能区域及大系统空调原理
（a）主要功能区域；（b）大系统通风空调原理

图 2-9 地铁车站主要功能区域及环控需求

2.2.2.2 地铁列车空调系统

地铁列车空调系统包括空气冷却系统、通风系统、空气加热系统、自动控制系统及空气加湿系统五大部分。其中，地铁列车空调机组主要部件有压缩机、蒸发器、冷凝器、节流装置以及其他辅助设备，如图 2-10 所示。

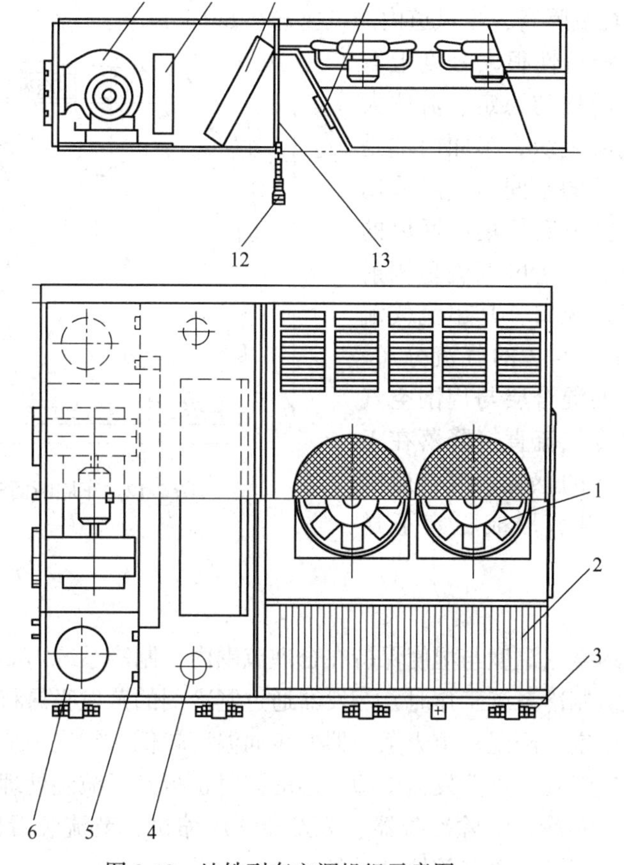

图 2-10 地铁列车空调机组示意图

1—冷凝风机；2—冷凝器；3—减震器；4—气液分离器；5—压力开关；6—压缩机；
7—蒸发风机；8—电加热器；9—蒸发器；10—新风调节口；
11—新风过滤网；12—连接器插头；13—过滤网

A 通风系统

通风系统一般由通风机组、空气过滤器、新风口、送风道、回风道以及排废气口等组成。新风由空调机组两侧新风口经过滤吸取，新风量人均 10m^3/h。排风现在大多在两侧座椅下设置排风口，废气通过该排风口经内墙板里侧导向车顶，再由车顶静压排风口排出车外，也可采用其他有组织的机械排风措施，车内基本上保持 5~10Pa 的正压。

风道一般是采用铝板、玻璃钢等材料做成的静压式送风管道，见图 2-11。风道送风原理是：来自空调机组处理过的空气先进入主风道，在主风道中空气一边流动，一边通过主风道送风口进入静压箱，在静压箱中进行动、静压的转换，从而达到压力平衡状态。在此

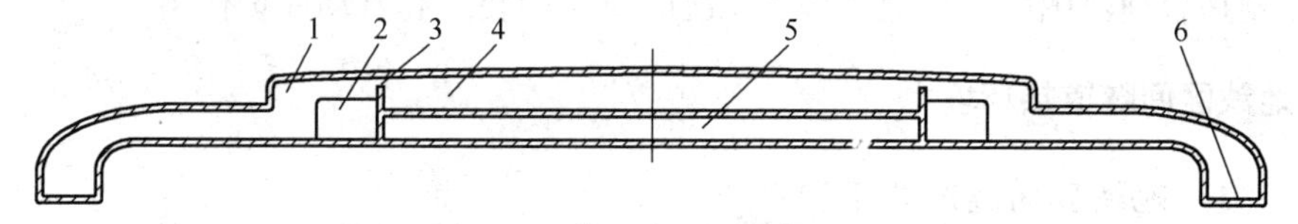

图 2-11 静压式送风道断面图

1—静压箱；2—静压箱隔板；3—主风道送风口；4—主风道；5—主风道阻力板；6—静压箱送风口

平衡的压力下，通过静压箱的出风口重新转换成动压，以均衡的速度射出，最终达到均匀送风的目的。为控制噪音，主风道内的风速选在 8m/s 以下。

地铁空调的舒适性很大程度上取决于客室内温度场均匀稳定、流速大小控制合理的气流组织。车厢内部是一个净高小且狭长的空间，一般采用纵向条缝送风、机组底部集中回风的方式。由于采用了使送风气流呈辐射状扩散的条缝形送风口，其出流气流在车厢内形成如图 2-12 的气流分布。送风射流在最初的混合层与周围空气先行混合，避免冷气流直接降落在工作区，给乘客以冷的感觉。混合后的气流进一步均匀化，形成稳定下送气流。

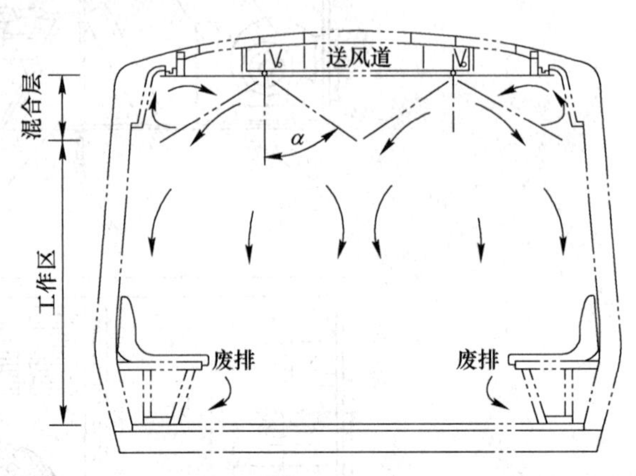

图 2-12　车厢断面气流流型

B　制冷系统

为了使得车内空气温度与湿度保持在合理范围内，制冷系统需要对车厢内的空气进行降温及减湿处理。制冷系统工作时，蒸发器通过制冷剂的蒸发吸热将要送入车内的空气冷却，从而实现车内空气降温。由于蒸发器的表面温度较低，空气中的部分水蒸气就会凝结成水滴，因此，空气在通过蒸发器冷却降温的同时也得到了减湿处理。为保证制冷系统安全、高效地工作，制冷系统除冷凝器、蒸发器、压缩机、节流装置四大件外，还有储液器、干燥过滤器、气液分离器等辅助设备。

C　空气加热系统

冬季当进入车内的空气温度过低时，通过加热系统进行预加热，从而保证送入车厢内的新风温度满足要求，车内地面式加热器对车内空气加热，从而补偿车体和门窗的热损失。

D　空气加湿系统

当车内湿度较低时，对进入车厢的空气进行加湿处理，保证车内空气的湿度在合理范围内。目前，我国在一般车辆的空调装置中不设加湿系统，仅在某些有特殊要求的车辆上才设置。

E　自动控制系统

自动控制系统通过控制空调装置各功能系统按规定方案协调、有序地工作，使车内空气参数控制在合理范围内，当遭遇恶劣工况时对空调装置起自动保护作用。

2.2.3　地铁区间隧道热环境

2.2.3.1　地铁区间隧道热平衡

列车在区间隧道、车站隧道内启动、加速、匀速、减速行驶时产生的热量是连续的。对于整个地铁系统，包括隧道和车站的热平衡，如图 2-13 所示。

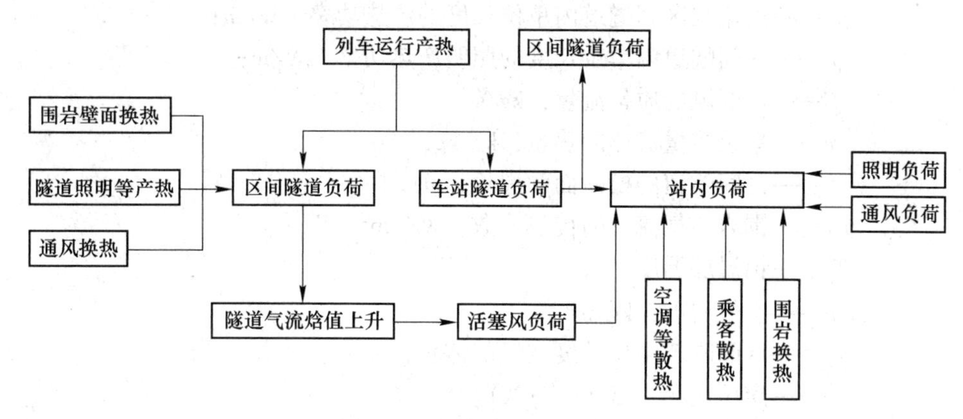

图 2-13 地铁区间隧道热平衡

2.2.3.2 影响区间隧道热平衡的因素

列车在隧道内运行时，隧道内的空气热交换是比较复杂的传热传质过程。影响区间隧道内空气热平衡的因素有以下六个方面：

（1）列车运行阻力产热 Q_b。列车运行过程中的产热主要包括启动阻力散热、走行阻力散热、加速阻力散热、曲线和斜坡阻力散热、制动散热、辅助机械设备散热等。

（2）隧道围岩壁换热 Q_s。隧道内通车以前，隧道壁面的温度等于初始地层温度，隧道通车以后，由于列车的运动产生大量的热量涌入隧道空气中，将导致隧道内的空气温度高于围岩壁面的温度。

（3）气流流动时携带的热量 Q_a。由于列车运行过程中的活塞作用，隧道内的空气将通过活塞风井、排热风井及隧道出入口等与外界环境中的空气发生热量交换。

（4）照明等设备发热量 Q_d。隧道内的照明或广告牌等设备同样会成为隧道的内热源，引起隧道内空气温度的升高。

（5）列车车体与隧道内空气的换热量 Q_c。列车在隧道内运行带动隧道内的空气流动，气流将与列车的车体表面摩擦产生热量。

（6）隧道壁面渗水及排水沟中的水分等引起的潜热交换 Q_e。隧道周围土壤中的水分会通过隧道的衬砌渗入隧道表面并在隧道壁面蒸发，同时，隧道内排水沟中的水分蒸发也将吸收热量，有利于隧道内空气温度的降低。

2.2.3.3 区间隧道空气温度计算

列车在区间隧道内运行时空气温度的变化过程是复杂的，很难获得解析解。为此做出以下假设：

（1）假定列车在隧道中行驶时，其产热量沿隧道轴向均匀分布；

（2）忽略隧道内空气导热的影响；

（3）同计算活塞风速，将隧道内的空气当作不可压缩流体，其密度为常数。

基于以上假设，可以得到区间隧道内的空气能量平衡方程：

$$\rho V\frac{\partial e}{\partial t}+cG\frac{\partial T(\tau,\ x)}{\partial x}=K_1P(T_h-T(\tau,\ x))+q_b+q_d \tag{2-17}$$

式中 $T(\tau,\ x)$ ——区间隧道内 τ 时刻，x 位置处空气的温度，℃；

q_b——列车在区间隧道内单位长度的产热功率，W/m；

q_d——区间隧道内单位长度的照明产热功率，W/m；

G——活塞风的质量流量，kg/s；

e——单位质量流体的热量，kJ/kg；

P——区间隧道的横断面的周长，m；

K_1——围岩与气流间的传热系数，W/(m^2·K)；

T_h——恒温层温度,℃；

ρ——空气密度，kg/m^3；

V——区间隧道单位长度空气的体积，m^3；

c——定压比热，kJ/(m^3·K)。

当列车在地铁隧道内运行时，上式中的 $\frac{\partial e}{\partial \tau}$ 项极小，可以忽略，于是得到：

$$cG\frac{\partial T(\tau, x)}{\partial x} = K_1P(T_h - T(\tau, x)) + q_b + q_d \tag{2-18}$$

将列车行驶进入区间隧道时入口处的气流温度近似等于外界环境温度，即：

$$T(0, \tau) = t_0(\tau) \tag{2-19}$$

式中 $t_0(\tau)$——τ 时刻室外空气的温度,℃。

求解可得：

$$T(\tau, x) = (t_0(\tau) - A)\exp\left(-\frac{K_1P}{cG}x\right) + A \tag{2-20}$$

式中
$$A = T_h + \frac{q_b + q_d}{K_1P}$$

2.2.3.4 地铁隧道通风与空调系统运行模式

目前国内地铁隧道通风与空调系统运行模式通常有以下几种：开式系统、闭式系统、屏蔽门式系统，见表2-2。我国长江流域及其以南地区地铁车站的制冷需求时间较长，屏蔽门式系统较为常见。目前人们对车站空气质量、噪声及温湿度要求也越来越高，北方的很多城市像西安、郑州等正在建设的地铁车站也都采用了屏蔽门式系统。

目前国内采用屏蔽门式系统的典型车站隧道通风系统形式一般有两种：

（1）双风井隧道通风系统（简称“双风井”）。列车正常运行时，负责排除隧道内列车高速运行时产生的热量，控制隧道内正常运行温度、压力满足设计要求；阻塞和火灾工况时，提供一定的通风量，满足温度和风速控制标准。通过相关风阀的启闭，可实现活塞与机械通风的转换，也可保证每端两台隧道风机互为备用或并联运行，以满足各种工况的要求。

（2）单风井隧道通风系统（简称“单风井”）。与双风井不同的是，车站每端活塞风道只对应出站端设置，通过相应风阀的启闭满足各种工况的要求。这样每端只有三个风亭，减少了地面风亭的数量。

单活塞风井与双活塞风井对于空调通风系统阻塞工况、火灾工况没有影响，仅会影响正常工况下区间隧道的空气温度、湿度及换气次数。一般单活塞风井内风阀总的过风面积小，所以与双活塞风井相比通过活塞风井交换的风量略小，因此隧道内空气温度将会略升高。但单活塞风井减少了风道面积，缩短了车站长度，节省了土建投资，地面的风亭数量相应地减少两个，降低了风亭对车站地面周围景观的影响。

表 2-2 三种系统模式简述

系统模式	原理	优点	缺点	备注
开式系统	利用活塞作用，使隧道内部空气通过风机、风道、风亭等设施与外界大气进行空气交换	系统简单，设备数量少，易于控制，总体造价低	无法做到合理组织气流，控制环境精度差	近几年来很少用
闭式系统	地铁隧道内部基本上与外间隔断，仅提供给满足乘客所需的新鲜空气量，隧道通风设施通过风阀控制，可进行开、闭式运行	区间隧道可由部分车站空调冷风实现冷却	由于车站与隧道相通，造成车站空调负荷偏大，且受活塞风的影响，车站空气环境波动大	北方城市应用较多
屏蔽门式系统	在闭式系统的基础上，用屏蔽门将车站和隧道分隔开，使得隧道通风系统可以进行开闭式运行	可以有效隔断隧道噪声、气流对车站的影响，减小车站空调负荷、机房占地面积、用电量，同时可以阻挡人员跌入轨道	增加了隧道造价，隧道要利用通风降温	南方大部分城市及北方部分城市

2.3 船舶环境

船上空间比陆地建筑更为封闭、外界环境更为恶劣。船舶航行于世界各海域，气象条件复杂，气候多变，为了使船员、旅客有一个舒适的工作、生活环境，必须采用空调技术在舱室内创造一个适宜的人工环境。

2.3.1 船舶环境与建筑环境的差别

建筑环境中人体的热舒适往往比较容易保持，只要合适的温湿度、气流速度和洁净度保持好往往能够实现。船舶空调的热舒适相当难以维持，这是因为在航行中，舱室热环境不断地受到内、外干扰量等诸多因素的影响，包括航速和方向的不断变化、由舱外渗透进入室内的空气参数和数量不断变化等。另外，和陆地居住条件不同，船舶舱室并非始终与外界大气相通，人们往往生活和工作密闭的舱室中，每个船员占有容积仅为一，再加上船舱内拥挤布置着很多设备，这些原因导致了舱室内冷、热变化迅速，人体产热对热环境影响较大，空气难以均匀分布，噪声和振动较大。

2.3.2 船舶空调系统的组成

船舶空调系统一般由四大部分组成：冷源与热源；空气处理设备；空气的输送与分

配；自动控制。如图 2-14 所示。

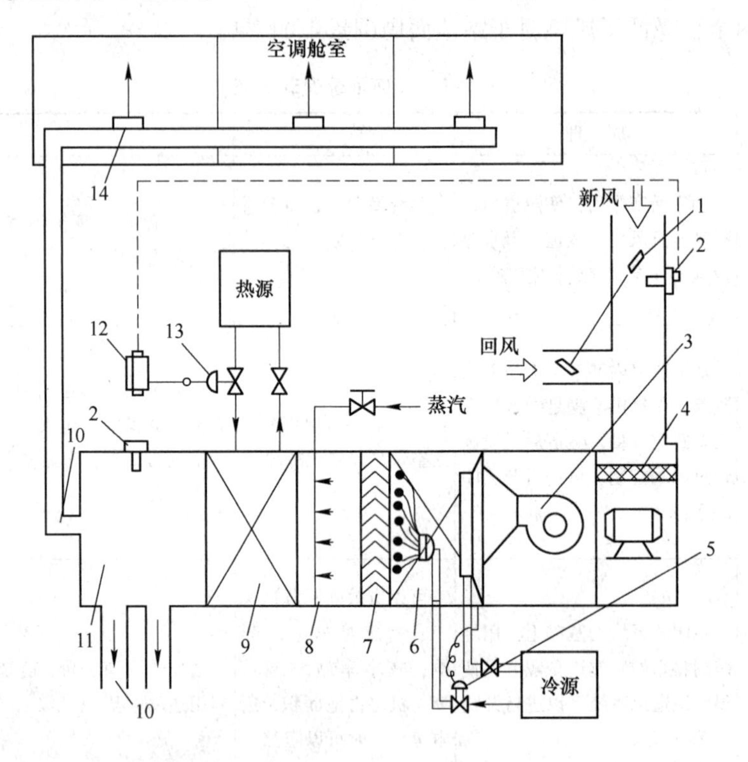

图 2-14 船舶空调系统示意图

1—调节风门；2—温度发讯器；3—风机；4—空气过滤器；5—热力膨胀阀；6—冷却盘管；7—挡水板；8—蒸汽加湿器；9—加热盘管；10—主风管；11—空气分配箱；12—温度调节器；13—自动调节阀；14—空气分布器

(1) 冷源与热源。船舶上空调的冷源与热源指的是空气降温去湿或加温加湿用的设备。冷源目前主要的形式包括活塞式、离心式、螺杆式等制冷装置。

船舶上的空调系统多半采用蒸汽、热水或电作为热媒来加热空气。蒸汽作热媒较为普遍，因为船上有蒸汽来源，只要将蒸汽压力减到 3×10^5Pa 以下即可作热源来加热空气，且可以远距离输送，采用蒸汽加热其加热面相应可减小，所以船上使用较多。缺点是由于蒸汽温度过高，容易把掉落在加热器上的灰尘烧焦，发出臭味；同时，运行时蓄热能力较差，噪声较大。

船舶上的热水是用蒸汽加热获得的，有时也可利用动力装置的冷却水来加热空气。采用热水加热，其加热器表面与舱室内空气温差小，暖气柔和，运行时蓄热能力大，噪声小，工作较安静，设备使用寿命也长。但是热水系统中需要蒸汽加热的热水器，相应的管路阀件也多，所以尺寸重量大，调节迟钝，管道有冻结的危险。

电加热空气设备最简单，尺寸也紧凑，重量轻，使用方便，但电热成本较高。所以电加热空气只在舱室局部加热的场所使用。

(2) 空气处理设备。在集中式空调设备中，处理空气的设备全部集中在空调器内；在末端加热空调系统中，空气处理设备也有放在风管末端的。空调器内有调节进、回风量大小的调风门，滤清空气的过滤器，用来冷却或加热空气的冷却盘管和加热器，用来对空气加湿的加湿器，有时还设有消声器。新风或回风经过以上一系列处理设备后就可达到空调所需要的参数。

（3）空气的输送与分配。包括通风机、送排风管、风门及空气分布器等。其作用是将处理好的空气按照设计要求输送到各空调舱室，保证空调舱室在要求的温湿度精度内，并将污浊空气排出舱外。

（4）自动控制。空调系统的自动控制部分用于控制冷源与热源的能量，同时维持舱室空气的温度和湿度以及保证机组的安全。

2.4 民航客机座舱环境

1903年，莱特兄弟制造了第一架飞机。由于当时的飞机是低空飞行，所以在相当长一段时间内飞机座舱都是开敞式的，不存在封闭的舱内环境。随着飞机的飞行高度越来越高，人们发现平流层空气环境稳定，最适合大型客机飞行。但是高空环境是低压低温环境，低压会引起缺氧、体液沸腾等问题，而低温会使人体散热量超过产热量，机体出现“热债”，这些都会对人体造成伤害。为了克服这些问题，开敞式座舱升级改造为密封舱。1934~1936年，苏联设计家塞尔巴科夫设计了飞机最初用的实验密封舱，1938年波音307和DC4E客机第一次使用了空调增压座舱。所谓密封舱，就是在飞机内营造一个封闭的空间，然后给它供气增压，使舱内压力大于外界大气压力，并通过各种手段控制这个空间内空气的环境，使座舱内空气的压力、温度等参数能满足人体的基本需求，创造舒适的座舱环境，从而满足高空飞行的需求。密封舱可以使座舱气压增高，保证足够的氧气供应，使机上人员不会因气压过低引起高空减压症，还可以通过调节座舱温度控制系统，使座舱保持最合适的温度。这样就可以同时解决增压、通风和温度调节等问题，特别是当座舱高度保持在2400m或2400m以下时，就不需要用氧气设备了，能较好地满足机上乘员的需要。由于高空飞行的需要，密封舱逐渐普及。当前大型客机的飞行高度一般在9km左右，座舱内环境控制系统成为飞机必不可少的组成部分。

飞机环境控制系统的基本任务是在各种不同的飞行状态和外界条件下，使飞机的驾驶舱、旅客舱、设备舱及货舱具有良好的环境参数，既要保证机组人员和乘客的生命安全和作息环境，又要保证设备工作正常和货物安全。飞机座舱环境与乘机人员的安全、健康和热舒适息息相关。

2.4.1 高空空气环境对人体的生理影响

2.4.1.1 大气压力

民用飞机一般飞行在9km左右的高空。虽然氧气在空气中的比例保持在21%，但是由于高空空气稀薄，所以一定体积空气中氧气分子的个数随高度的增加、压力的下降而减少。

随着高度的增加，大气压力下降，在大气中的氧分压和肺泡空气中的氧分压也相应降低。随着肺泡空气中的氧分压的降低，血液中的氧气饱和度就减少，这样在一定条件下就会导致机体缺氧。低压效应包括高空胃肠气胀、高空减压病等。如果减压速率非常快，多在几秒或几分之一秒时间内完成的座舱压力急剧降低，会导致人体爆炸性缺氧、气膨胀损伤、机械性外伤等危害。

2.4.1.2 高低温

高温负荷可引起人体一系列生理变化：汗腺活动增加，体温上升；引起心输出量增加及皮肤血管扩张，又使心率加快；由于心脏、呼吸肌和汗腺加强及体温升高引起细胞代谢增强，使机体耗氧量增加；消化功能及中枢神经系统功能失调。人体遇到寒冷时，即出现一系列代偿性生理功能变化，如外围血管收缩、代谢产热增加等。皮肤血管收缩可使体表温度降至接近周围冷空气的水平，以缩小人体表面与环境间的温度梯度，使辐射、传导和对流散热作用降到最低程度。低温对人体产生不利影响的基本原因在于散热量超过产热量，体热不能保持平衡，机体出现“热债”。

2.4.1.3 湿度

高湿度对人体的生理影响主要表现为：高温时妨碍汗液的蒸发，而引起闷热感；低温时使身体与周围空气的传热量加大，会产生寒冷感。如果长时间飞行，低湿度可能会导致喉干和“沙”眼。

2.4.2 飞机座舱环境的需求参数

民航客机作为一种特殊的交通工具，其使用条件和内部环境也具有较强的特殊性。飞机座舱环境参数主要有座舱空气的温度、压力和压力变化率，以及空气的流速、湿度、清洁度和噪音等。由于飞机座舱结构复杂，其机舱内部气流组织、温度分布以及污染物分布具有很大的特殊性和不稳定性。许多研究指出，座舱环境中气流组织具有低流速、高湍流的特点，同时座舱内空气温度分布也并不均匀，不同区域具有很大的差别。一项在 10 架次中国客机上的实地调查研究发现，机舱乘客中有 30% 的人抱怨座舱环境偏热。飞机在飞行的过程中，乘机人员受到多种环境因素的综合影响，包括低湿度、低气压的影响以及臭氧、一氧化碳等气体污染物的影响，这些因素可能会引起乘机人员的各种不适症状，如头晕、头疼、疲劳、耳部疾病、干眼症等，甚至还可能出现神经系统功能紊乱；同时，也有研究表明，国际航班大大增加了传染性疾病在国际间的传播。因此，研究机舱内热环境特征显得尤为重要。

飞机机舱内的热环境受多种因素影响：首先，是外界环境的影响。在地面工况下，外界环境在一年四季中有不同的变化，在寒冷冬季，室外温度可以达到零下，而在炎热夏季，室外温度可以达到 30℃以上；在飞机飞行过程中，随着飞行高度的变化，飞机外界空气温度至少 60℃的温差变化，外部环境的变化会直接影响飞机壁面的传热，从而影响机舱内部的温度分布。其次，是受机舱内部电子设备、人员散热的影响，这部分散热会极大影响飞机舱内部的热负荷和气流组织的变化。

飞机机舱是一个相对狭小、人员密度大的密闭空间，飞机的环境控制系统根据机舱内反馈点温度值调节送入机舱的空气参数，从而对机舱的热环境进行调节。影响机舱内热环境状态的因素主要有：外部温度变化通过传热对机舱内的影响、机舱内部乘机人员的散热和活动对机舱环境的温度分布和气流组织的影响、机舱内电子设备的散热。

目前有很多标准对机舱内的热环境进行了规定，其中比较有代表性和权威性的是 ASHRAE 标准，其对机舱内的温度和空气流速进行了规定，具体要求见表 2-3。

表 2-3 客机座舱温度设计和运行要求

参　　数	标　　准①
客舱温度②	在飞行和地面运行时的目标操作温度范围：18. 3~23. 9℃
	不论飞机上娱乐系统（IFE）是否开启，飞行时的温度都不得超过 26. 7℃
	地面运行时温度应不超过 26. 7℃（如果没有 IFE 或 IFE 不工作）或不超过 29. 4℃（如果 IFE 工作）
	设计控制误差：±1. 1℃
	设计偏离值：<1. 7℃
当地空气速度③	坐着乘客：<0. 36m/s
	身体吹风敏感区域：<0. 3m/s（建议<0. 20m/s）
	PAO 开启时头部水平：> 1. 0m/s
	未安装 PAO 时头部水平：>0. 1m/s
空气温度变化要求④	温度控制区横向温度变化：<4. 4℃
	座椅处竖直方向温度变化：<2. 8℃，分别测量距离地板 100mm、610mm、1090mm 高度处的温度
乘客区最大表面温差	侧壁表面④平均温度应在座椅区温度不超过 5. 6℃的范围内
	在乘客的脚附近地板表面温度应在座椅区温度不超过 5. 6℃的范围内

①表中关于作用温度的测量和计算参阅 ANSI/ASHRAE Standard 55—2010。

②适用于有人的区域。

③包括离侧壁 50mm 或更远，座位区域的地板以上 100mm 到 1. 1m 之间，厨房和走道的地板以上 100mm 到 1. 7m 之间的区域。

④在脚踝、腰部和头部测量的侧壁温度：地板以上 100mm（或侧壁上的最低实际位置）、0. 6m 和 1. 1m 的位置。

座舱压力环境生理学要求主要包括：（1）确定合理的压力值，要减少高空缺氧对人体的影响，如旅客机；其次要考虑预防高空减压病问题。（2）控制压力变化率，要避免气压突变过快引发的生理损害，如气压性肺损伤问题和耳气压损伤问题等。

此外，空中飞行或停留时间也是确定座舱气压高度的因素，如续航时间较长的机种，一般都选择保持座舱内环境压力相当于 2400m 以下的水平。通常认为，根据不同使用目的，飞行最大座舱高度应是 1500~2100m，长途旅客机最好规定在 900~1500m。因就正常旅客的总体而言，暴露在座舱高度 2400m 以下数小时，远程飞行后会有疲劳感，大多数人可以适应与耐受，偶有个别人发生心力衰竭，如把最大座舱高度限制在 1800m，可避免发生这种情况。据美国先驱论坛报报道，波音 787 飞机座舱的气压高度相当于海拔 1800m 的气压高度，而空客 A350 机舱的气压高度相当于海拔 1500m 的气压。对用于医疗后送的运输机、专机的最大座舱高度应尽可能降低。

座舱压力可以用座舱高度表示。单位时间内座舱高度的变化速率称为飞机的座舱高度变化率，它反映的是座舱压力的变化速度。飞机在爬升或下降过程中，由于飞行高度的变化，会导致座舱高度产生变化。飞机升降速度较大，即外界压力变化速率较大时，舱内压力变化的幅度应当较小，并具有比较缓和的变化率。现代大中型民用飞机通常限制座舱高度爬升率不超过 500ft/min，座舱高度下降率不超过 350ft/min。

2.4.3 飞机座舱环境传热机理

飞机座舱环境的营造主要考虑太阳辐射对飞机座舱围护结构传热的影响，座舱热负荷的组成及其计算方法，以及座舱压力和气密性的计算。

2.4.3.1 座舱热负荷的构成和计算

根据座舱热量的传递方式，可以将热负荷归纳为三大类，即结构传热热负荷、辐射热负荷以及多种附加热负荷，具体如图 2-15 所示。

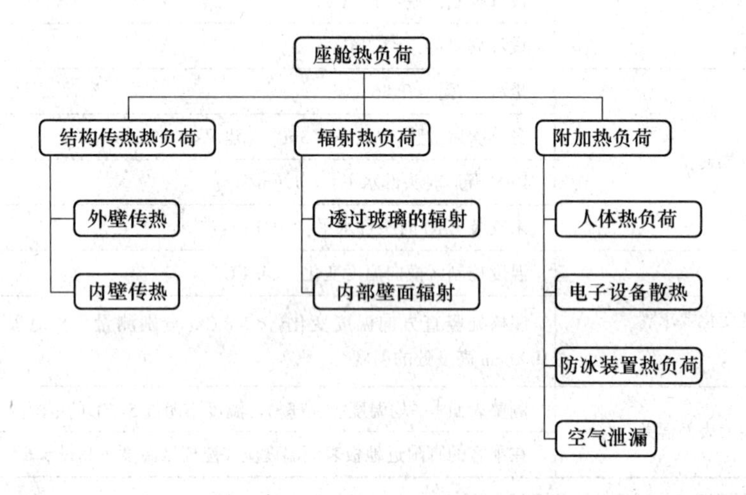

图 2-15 飞机座舱热负荷组成

热负荷的瞬时值与飞机在该时刻的飞行状态、舱外气象条件、机载人员和设备的工作状态等等都有联系，所以分析座舱热负荷随时间的动态变化，需要先确定影响座舱瞬态热负荷的各参数关于时间的函数关系，即选定飞行剖面；对于飞行剖面线上某一具体的时间点，为了将问题简化处理，假设前述的各部分热负荷彼此之间是独立的，飞机座舱的瞬时热负荷可以认为是各种热负荷的叠加，见式（2-21）。

$$\Phi_T = \Phi_W + \Phi_B + \Phi_S + \Phi_R + \Phi_P + \Phi_E + \Phi_D + \Phi_L \tag{2-21}$$

式中 Φ_T——座舱总的热负荷，W；

Φ_W——通过座舱外壁的热负荷，W；

Φ_B——通过隔舱壁、地板等内壁结构的热负荷，W；

Φ_S——透过透明表面的太阳辐射热负荷，W；

Φ_R——座舱内部壁面之间的辐射热负荷，W；

Φ_P——舱内人员散热形成的热负荷，W；

Φ_E——电子和电气设备散发的热负荷，W；

Φ_D——防冰装置带入座舱的热负荷，W；

Φ_L——座舱空气泄漏的热负荷，W。

2.4.3.2 太阳辐射的影响

太阳辐射强度，是指 $1m^2$ 黑体表面在太阳辐射下所获得的辐射能通量。太阳辐射自外空间到达飞机座舱的表面，有一部分被座舱外围护结构吸收，一部分透过透明表面进入座舱内，另一部分发生反射返回空间；反射的这部分对座舱热负荷没有影响，因此只考虑吸收和透射的这两部分太阳辐射热。

对于非透明的座舱外围护结构，由于金属蒙皮的导热系数很大，相对于蒙皮内侧的绝热材料而言其导热热阻很小，所以近似认为沿厚度方向上蒙皮温度是单一的，并且假设除反射回大气空间的太阳辐射之外，其余的瞬时辐射热都被蒙皮所吸收。这部分太阳辐射热量的影响折合在关于蒙皮温度的计算方程中，作为座舱外壁温度分布计算的边界条件之一来体现。

投射到风挡、观察窗等透明表面的太阳辐射热，除了反射回大气空间的部分，一部分是通过对流、导热的形式被透明材料吸收并储存，另一部分则透过透明表面直接进入座舱内部。前者因为材料的蓄热作用不参与构成座舱的瞬时热负荷，但会对透明围护结构中的温度分布产生影响，随着时间推移这部分热终将以对流换热的形式传给座舱空气；对于透射的太阳辐射热，如果忽略座舱内部表面的吸收和辐射作用，认为它在瞬时间直接成为座舱热负荷的一部分。

2.4.3.3 结构传热

图 2-16 显示了飞机蒙皮、桁条、隔框及地板架构的大体相对位置。假设通过座舱各个壁面的热流彼此独立，并且热流传递方向具有简明的规律性；然后根据飞机座舱壁面结构及材料分布的特点，把由金属蒙皮、隔框、桁条、绝热层、空气夹层壁板等结构元件组合而成的整体，拆分为一系列具有典型传热特征的计算单元，分别建立非稳态传热模型；再结合相应的温度初始条件和边界条件，通过求解微分方程来获得结构材料中的瞬时温度分布情况，就可以确定舱壁表面与座舱空气间的瞬时换热量。

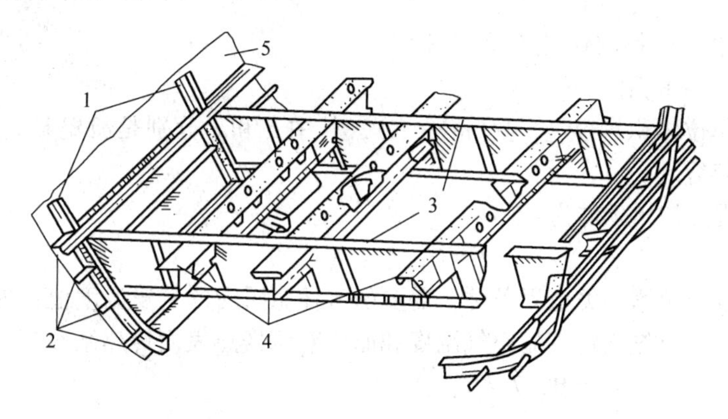

图 2-16 客机座舱构架相对位置

1—隔框；2—桁条；3—地板横梁；4—地板纵梁；5—外蒙皮

A 通过座舱外壁的传热

MA60 型飞机的座舱外壁为双层结构，蒙皮和内装饰板之间包含空气夹层，蒙皮及隔框的表面一般都敷设了绝热层，如图 2-17 所示。假设绝热材料与蒙皮和隔框之间紧密贴合无缝隙。一般情况下，外壁结构中沿机身前后方向上的温度相差不是很大，可以假设热量只是沿舱壁厚度一个方向传递，其他方向都没有热流，从而把外壁结构的温度分布计算简化为一维传热问题。

整个座舱外壁中存在着多股彼此独立、相互平行传递的热流，按照结构特点所影响的传热方式，可以归结为两种类型：一是经过隔框及隔框两侧绝热材料的导热热流 Φ_{W1}；二是通过隔框之间的空气夹层壁，由导热、对流、辐射的综合作用所传递的热流 Φ_{W2}。

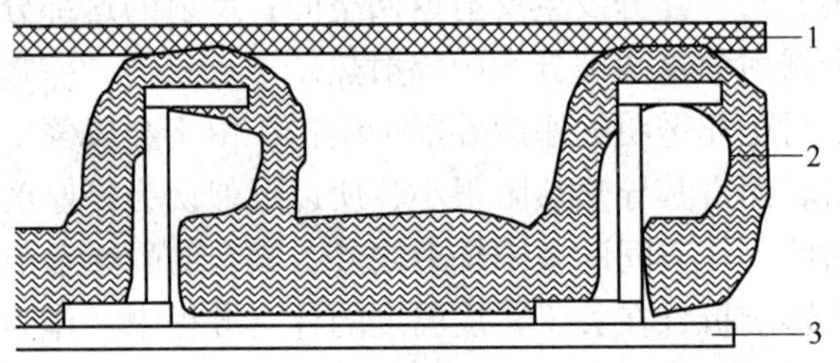

图 2-17　典型双层外壁结构示意图
1—内装饰板；2—绝热层；3—蒙皮

a　隔框导热热流

简化的隔框模型如图 2-18 所示，隔框的底端与外蒙皮直接相连，两侧及顶端用绝热材料紧密包裹，隔框顶端的绝热层与座舱内装饰板直接接触，蒙皮内侧可能还敷设了其他吸声、隔热材料薄层。

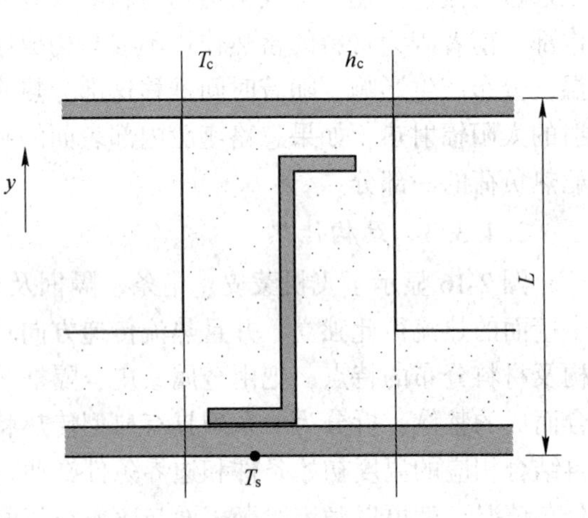

图 2-18　隔框单元简化模型示意图

外蒙皮与内装饰板之间连同隔框金属体和两侧的绝热物，整体可以看成是一个由多层材料紧密叠合而成的壁面。根据传热学原理，舱壁厚度方向用 y 坐标表示，以舱壁内法线的朝向为 y 轴正方向，时间坐标为 t，对图 2-18 中点划线之间的传热单元可以列出导热微分方程：

$$\rho c \frac{\partial T}{\partial t} = \frac{\partial T}{\partial y}\left(\lambda \frac{\partial T}{\partial y}\right) \tag{2-22}$$

式中　λ——舱壁材料的导热系数，W/(m·K)；

ρc——单位体积热容量，J/(m³·K)，其中 ρ 和 c 分别是舱壁材料的密度和质量热容。

求解此方程的初始条件为：

$$t = 0,\ T = T(y,\ 0)$$

对外边界处使用第一类边界条件，需要引入任意瞬时的蒙皮温度值；内边界处则为第三类边界条件，需要先确定座舱空气温度和舱内对流换热表面传热系数：

$$\begin{cases} y = 0,\ T = T_s(t) \\ y = L,\ -\lambda \dfrac{\partial T(y,\ t)}{\partial y} = h_c(T(L,\ t) - T_c) \end{cases} \tag{2-23}$$

式中　L——座舱外壁整体厚度，m；

T_s——蒙皮表面温度，K；

T_c——座舱空气平均温度，K；

h_c——舱内对流换热表面传热系数，W/(m²·K)。

于是可解得座舱内壁表面温度 $T_1(L,\ t)$，通过隔框结构传递的热负荷为

$$\Phi_{W1}(t) = h_c A_w (T_1(L,\ t) - T_c) \tag{2-24}$$

式中　A_w——传热单元所对应的蒙皮面积，m²。

b 空气夹层壁的传热

双层座舱外壁相邻隔框之间的部分，可以看成带有封闭空气腔的组合平壁，不考虑夹层内空气的流动问题。图 2-19 是空气夹层外壁的结构简图，$L_1 \sim L_4$ 分别表示以蒙皮外表面为起始点各层材料界面的 y 坐标值。经过空气夹层壁的热传递是依靠导热、自然对流以及辐射的综合作用实现的，通常将对流和导热联合在一起考虑，辐射效应单独考虑。通过空气夹层壁的热流量可以表达为：

$$\Phi_{W2}(t) = h'A_w(T(L_2, t) - T(L_3, t)) + h_r'A_w(T(L_2, t) - T(L_3, t)) \tag{2-25}$$

式中 h' ——源于导热和对流综合作用的空气夹层壁的当量表面传热系数，W/(m^2 · K)；

h_r' ——源于辐射作用的空气夹层壁的当量表面传热系数，W/(m^2 · K)。

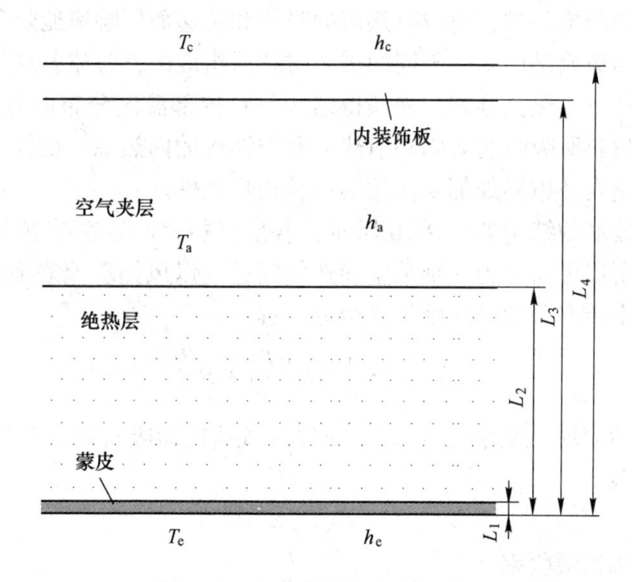

图 2-19 空气夹层组合壁示意图

式（2-25）等号右边的前后两项分别代表对流及导热作用的换热量、空气夹层两侧壁之间辐射的换热量，如果把这两项合并起来就可以写成：

$$\Phi_{W2}(t) = h_m A_w(T(L_2, t) - T(L_3, t)) \tag{2-26}$$

式中 h_m ——空气夹层壁的总体当量换热系数，W/(m^2 · K)，

$$h_m = h' + h_r'$$

使用式（2-25）计算通过空气夹层壁的热流量，需要确定空气层两侧壁面的温度。对于图 2-19 中空气夹层的上下两部分平壁，导热微分方程（2-22）仍然适用，只是边界条件有所不同；在夹层空气一侧，都需要采用第三类边界条件。夹层内这部分空气的温度很难确定，为了简化处理，把空气层看成单一的温度节点 T_m 。由热流平衡关系可知：

$$\Phi_{W2}(t) = h_m A_w(T(L_2, t) - T_m) = h_m A_w(T_m - T(L_3, t)) \tag{2-27}$$

从而有

$$T_m = (T(L_2, t) + T(L_3, t))/2 \tag{2-28}$$

上式相当于使用两侧壁温度的平均值来近似代替夹层内空气的温度。对于外蒙皮一侧，导热微分方程（2-22）的边界条件为：

$$\begin{cases} y = 0, \quad T = T_s(t) \\ y = L_2, \quad -\lambda \dfrac{\partial T(y,\ t)}{\partial y} = h_m(T(L_2,\ t) - T_m) \end{cases} \tag{2-29}$$

对于内壁板一侧，边界条件则写为：

$$\begin{cases} y = L_3, \quad -\lambda \dfrac{\partial T(y,\ t)}{\partial y} = h_m(T(L_2,\ t) - T_m) \\ y = L_4, \quad -\lambda \dfrac{\partial T(y,\ t)}{\partial y} = h_c(T(L_4,\ t) - T_c) \end{cases} \tag{2-30}$$

B 座舱透明表面结构传热

风挡玻璃、观察窗玻璃等透明结构，除了能够让一部分太阳辐射直接透射进入座舱，本身也和非透明围护结构一样，通过对热流的吸收和传递而影响座舱热负荷。

通常驾驶舱风挡玻璃是由多层不同的透明材料所组成的，忽略各层材料交界面上的接触热阻，通过求解一维导热微分方程来获得结构材料内部温度分布的方法这里仍然适用，所不同的是，透明材料所吸收的太阳辐射热应看作结构的内热源，换算为导热微分方程的体积源项。风挡玻璃内外边界处都要使用第三类边界条件。

驾驶舱主风挡玻璃的结构如图 2-20 所示，各层材料之间紧密接触无缝隙，风挡表面的曲率半径较大，所以可简化为一维平壁导热的问题。以风挡玻璃表面的内法线方向为 y 坐标的正方向，列出带有源项的一维导热微分方程：

$$\rho c \frac{\partial T}{\partial t} = \frac{\partial T}{\partial y}\left(\lambda \frac{\partial T}{\partial y}\right) + S \tag{2-31}$$

式中 S——方程的源项，W/m^3，计算中应代入风挡玻璃吸收的太阳辐射热流换算的体积热源：

$$S = \alpha q_s / \delta$$

α——太阳辐射吸收率；

q_s——太阳辐射强度，W/m^2；

δ——吸收太阳辐射的透明结构材料的总厚度，m。

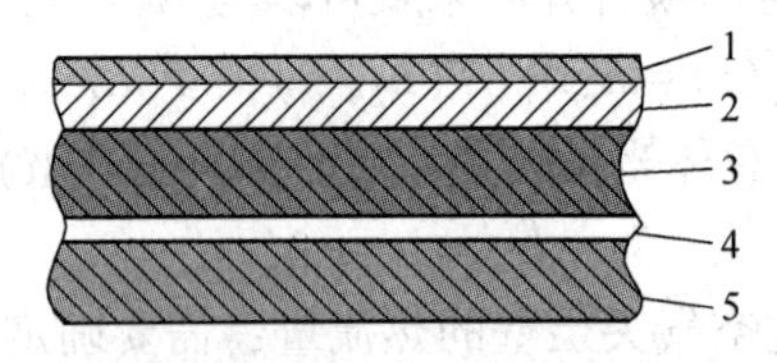

图 2-20 驾驶舱主风挡玻璃结构示意图

1—无机玻璃；2—聚乙烯胶；3，5—有机玻璃；4—丁酯胶

方程（2-31）的内外边界条件为：

$$\begin{cases} y = 0, \quad -\lambda \dfrac{\partial T(y,\ t)}{\partial y} = h_o(T(0,\ t) - T_e) \\ y = L_d, \quad -\lambda \dfrac{\partial T(y,\ t)}{\partial y} = h_c(T(L_d,\ t) - T_c) \end{cases} \tag{2-32}$$

式中　h_o——舱外对流换热表面传热系数，W/(m^2·K)；

T_e——舱外气流温度，K；

L_d——主风挡玻璃厚度，m。

旅客舱、驾驶舱侧面的观察窗一般是双层玻璃结构，中间带有空气夹层，如图 2-21 所示。双层玻璃内部温度分布适用带有源项的导热微分方程，方程源项为窗体所吸收的太阳辐射热流换算的体积热源；二是观察窗结构的外侧已知参数为舱外气流温度 T_e 和对流换热表面传热系数 h_o，所以需要采用第三类边界条件。

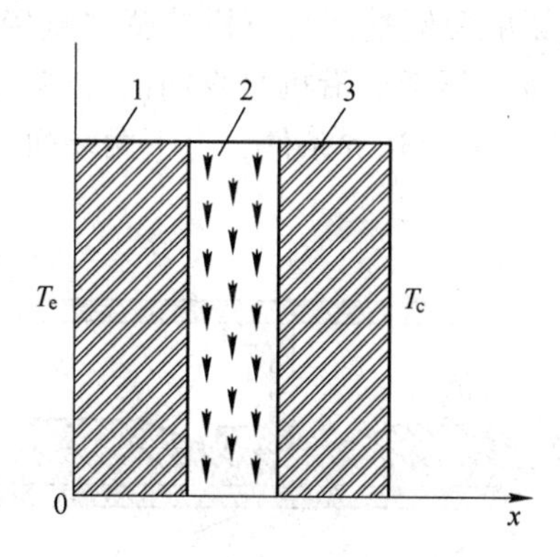

图 2-21　观察窗玻璃结构示意图

1—外层玻璃；2—空气夹层；3—内层玻璃

综合以上两类透明表面结构的处理方法，通过座舱表面透明结构传热所形成的热负荷 Φ_{W2} 可以合并写为：

$$\Phi_{W3}(t)=h_cA_d(T(L_d,\ t)-T_c)=h_cA_g(T(L_g,\ t)-T_c) \tag{2-33}$$

式中　A_d——风挡玻璃面积，m^2；

A_g——观察窗玻璃面积，m^2；

L_g——观察窗多层结构的总厚度，m。

非透明和透明的座舱外围护结构传热的共同特点在于，这些结构的外表面是与外界空间的大气相接触的，直接受到舱外气流换热条件的影响。结合式（2-21）、式（2-24）、式（2-25）和式（2-33），通过座舱外围护结构传热产生的总热负荷为：

$$\Phi_W=\Phi_{W1}+\Phi_{W2}+\Phi_{W3} \tag{2-34}$$

C　通过隔舱壁的热负荷

在工程允许的条件下，不考虑隔舱壁两侧空气的温差；隔舱壁的形状接近于圆形的平板，它的边缘与飞机的外蒙皮相连，其温度也近似等于蒙皮温度。在上述假设的前提下，可以把隔舱壁看成是向环境温度为 T_c 的空气中凸起的一维肋片，其高度为座舱半径 r_0，顶端是绝热的，极坐标下的导热微分方程写为：

$$\rho c\frac{\partial T}{\partial t}=\frac{1}{r}\frac{\partial T}{\partial r}\left(\lambda\frac{\partial T}{\partial r}\right)+S \tag{2-35}$$

式中的内热源项 S 是隔舱壁向座舱空气的散热量。在此非稳态问题的求解中，总是使用上一时间层的壁内温度分布计算结果，来获取本轮计算中的已知源项。求解式的边界条件：

$$
\begin{cases} r = 0, & \dfrac{\partial T(0, t)}{\partial r} = 0 \\ r = r_0, & T(r_0, t) = T_s(t) \end{cases} \tag{2-36}
$$

通过隔舱壁传给座舱空气的热负荷 Φ_g 用积分式表达为：

$$
\Phi_{g(t)} = 2\pi h_c \int_0^{r_0} (T_r(t) - T_c) \mathrm{d}r \tag{2-37}
$$

D　带有空气夹层壁的地板传热

如图 2-22 所示，地板横梁的两侧端面与飞机外蒙皮直接相连，因此可以认为其两端的温度近似于蒙皮温度 T_s；如果不考虑沿机身纵向的传热，则将地板横梁看成是一个二维平板传热的模型，两侧端为第一类边界条件，上下两端面处利用第三类边界条件。

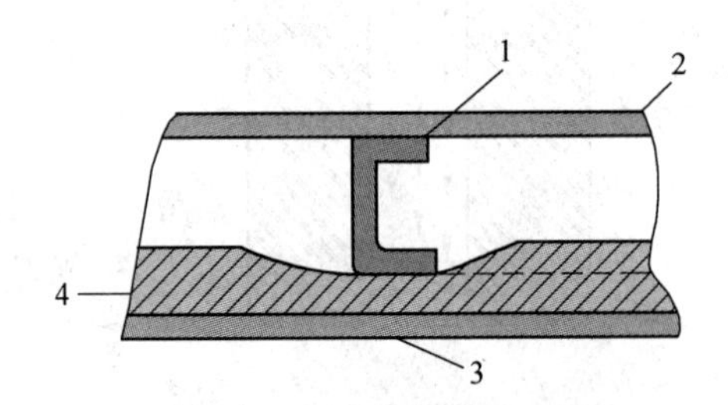

图 2-22　地板横梁构造示意图

1—地板梁；2—地板；3—底舱天花板；4—绝热层

以 x 坐标代表地板平面方向，y 坐标表示地板的法线方向，则地板横梁的二维非稳态导热微分方程写为：

$$
\rho c \frac{\partial T}{\partial t} = \frac{\partial T}{\partial x}\left(\lambda \frac{\partial T}{\partial x}\right) + \frac{\partial T}{\partial y}\left(\lambda \frac{\partial T}{\partial y}\right) \tag{2-38}
$$

求解式的边界条件：

$$
t = 0, \ T = T(x, y, 0) \tag{2-39}
$$

横梁两侧端的边界条件：

$$
\begin{cases} x = 0, & T(0, y, t) = T_s(t) \\ x = D_f, & T(D_f, y, t) = T_s(t) \end{cases} \tag{2-40}
$$

式中　D_f——横梁的长度，也即座舱地板宽度，m。

地板横梁上下端面处的边界条件：

$$
\begin{cases} y = 0, & -\lambda \dfrac{\partial T(x, y, t)}{\partial y} = h_a(T(x, 0, t) - T_a) \\ y = L_f, & -\lambda \dfrac{\partial T(x, y, t)}{\partial y} = h_c(T(x, L_f, t) - T_c) \end{cases} \tag{2-41}
$$

式中　T_a——地板下方底舱的空气温度，K；

h_a——底舱对流换热表面传热系数，$\mathrm{W/(m^2 \cdot K)}$；

L_f——地板的总高度，m。

假设双层地板中仅有沿地板厚度方向的热流传递，地板夹层也可以简化为一维传热模型，前文中所讨论的关于空气夹层外壁的计算方法对于地板夹层也同样适用，只是这里所涉及的边界都采用第三类边界条件，需要引入底舱空气的温度 T_a 和底舱天花板处的对流换热表面传热系数 h_a。求解导热微分方程获得地板表面温度分布之后，整个地板结构传热所形成的热负荷表达为：

$$\Phi_f(t) = h_c\int(T_1(x,\ L_f,\ t) - T_c)\mathrm{d}A_{b1} + h_cA_{b2}(T_2(L_f,\ t) - T_c) \tag{2-42}$$

式中，A_{b1}、A_{b2} 分别代表地板梁顶端和空气夹层与地板表面相接触的面积，温度的下标是表示区别两种温度分布函数。式（2-40）等号右边第一项表示经地板梁导热进入座舱的总热流，第二项是通过地板梁之间的空气夹层壁板传递给座舱空气的热负荷。

飞机的隔舱壁和地板结构传热的共同特点是，它们同属于内围护结构，壁面的两侧或者与座舱空气接触，或者与邻舱空气接触，舱外气流参数的变化对内围护结构传热的边界条件影响不大。由前述可得，通过座舱内壁结构的热负荷 Φ_B 合计为：

$$\Phi_B = \Phi_g + \Phi_f \tag{2-43}$$

2.4.3.4 辐射热负荷

飞机座舱的辐射换热有三种形式：一是舱内不同温度表面之间的辐射；二是透过透明表面的太阳辐射；此外还有情况较为复杂的外部辐射。前文分析了太阳辐射作用对座舱热负荷的影响，并已通过蒙皮温度边界条件或者以透明结构内热源的形式将围护结构吸收的太阳辐射热量计算到结构传热热负荷中。对另外两种形式的辐射换热，以下将分别进行讨论。

A 透过透明表面的太阳辐射热负荷

太阳光照射到风挡玻璃、通风窗、观察窗等透明表面时，反射、吸收和透射的各部分能量的比例取决于透明窗体的材质、厚度和形状。直接透射进入座舱的太阳辐射能量被舱内各种结构表面、驾乘人员以及设备所吸收，随后再通过对流换热的方式传给座舱空气。舱内表面所辐射的热量，一般不会再透过玻璃窗体辐射出去，因为常温下透明表面能够有效地阻挡波长较长的辐射。舱内各种结构表面对所接受的太阳辐射能量具有存储作用，对热负荷的影响存在时间上的滞后性，给计算带来一定的困难。

如果不考虑座舱内物体的蓄热作用，假定进入座舱的太阳辐射热立刻全部传给座舱内空气，则透过透明表面进入座舱的太阳辐射热流的表达式为：

$$\Phi_s = \tau q_s A_P \tag{2-44}$$

式中 τ——透明表面的透射率；

A_P——透明表面垂直于太阳射线的投影面积，m^2。

透明表面透射率 τ 的值与透明材料的质地、形状以及厚度有关。透射率与玻璃厚度大致呈线性关系，拟合之后对于平面有机玻璃：

$$\tau = 0.94 - 00529\delta_0 \tag{2-45}$$

对于具有曲线表面的有机玻璃：

$$\tau = 0.86 - 00539\delta_0 \tag{2-46}$$

式中 δ_0——单层有机玻璃的厚度，mm。

通常驾驶舱前方的风挡和客舱观察窗均由多层透明材料组合构成，层与层之间也可能有空气夹层，由于透明体的反射率比透射率小，多层透明体的总透射率可以简化为各层介质透射率的乘积：

$$\tau = \tau_1 \tau_2 \cdots \tau_n \tag{2-47}$$

地球大气层外，与太阳光线垂直的表面上的太阳辐射强度几乎是定值；太阳辐射强度不仅与海拔高度有关，而且受到纬度、季节、太阳高度角、大气状况等因素的影响，参照美国空军标准 MIL-E-38453 拟合的海拔 8700m 以下太阳辐射强度计算公式为：

$$q_s = -\frac{19}{7569000}H^2 + 0.05H + 1130 \quad (H < 8700) \tag{2-48}$$

式中 q_s——太阳辐射强度，W/m^2；

H——海拔高度，m。

对于海拔 8700m 以上的高空，取太阳辐射强度为 $1375W/m^2$。

B 座舱内部壁面之间的辐射热负荷

如果飞机舱内壁面之间存在较大温差，特别是同时存在绝热壁和非绝热壁的情况下，非绝热壁的温度近似等于蒙皮温度 T_s，座舱内部辐射换热可能会形成较大的热负荷。

假设绝热壁的面积远远大于非绝热壁面积，因此认为绝热壁几乎是一个黑体，从非绝热壁面辐射出来的热量完全被绝热壁所吸收；同时忽略绝热壁因吸收热量而产生的温度变化，认为由非绝热壁传给绝热壁的辐射热流瞬时全部以对流换热的方式传给座舱空气；绝热壁表面温度也可以近似认为等于座舱空气温度 T_c。在以上各种假设的基础上，座舱内部辐射换热热流量可以简化表达为：

$$\Phi_R = h_r A_u (T_s - T_c) \tag{2-49}$$

式中 h_r——辐射换算到对流的当量表面传热系数，$W/(m^2 \cdot K)$；

A_u——非绝热壁面积，m^2。

将非绝热壁和绝热壁看成由两个物体组成的系统，则根据传热学原理，两者之间的辐射换热量又可以表达为：

$$\Phi_R = \varepsilon_n \sigma A_u (T_s^4 - T_c^4) \tag{2-50}$$

式中 σ——黑体的辐射系数，即斯蒂芬-玻耳兹曼常数，$\sigma = 5.67 \times 10^{-8} W/(m^2 \cdot K^4)$；

ε_n——辐射系统的当量黑度，是与物体表面的辐射性质和形状有关的函数，在上述假设的前提下，这里的 ε_n 就等于非绝热壁面的黑度。

2.4.3.5 附加热负荷

A 人体热负荷

在乘员相对稠密的座舱内，由人体散发的热量，在总的冷却负荷中可能会构成一个不容忽视的份量。人体新陈代谢产生的热量，除了小部分用于肌体的做功，其余大部分热量将以显热和潜热两种形式散发到座舱环境空气中。显热交换以对流、辐射等形式出现，而潜热交换则是以呼吸、汗液蒸发等形式出现的，潜热并不影响空间的干球温度。

对于采用大气通风式空调系统的座舱，进入座舱的是100%新鲜空气，没有再循环空气，乘员散发到座舱环境中的湿气在凝结之前就被排到舱外，因此人体产生的潜热量不计入冷却负荷中；对于再生式座舱，一部分座舱空气被再循环，由人体排出的湿气将在制冷设备中凝结，放出的汽化潜热构成总冷却负荷中的一部分。

图 2-23 显示了人体散热量及排除湿气量与环境干球温度的关系。图中曲线 A、B 曲线分别表示人处于工作状态，新陈代谢产热率为 249W 时散发的显热和潜热热量；C、D 曲

线分别表示人处于休息状态，代谢产热率为117W时的显热和潜热散热量。依据图中曲线，可以近似拟合人体散热量与座舱空气干球温度 T_c 间的函数关系式。

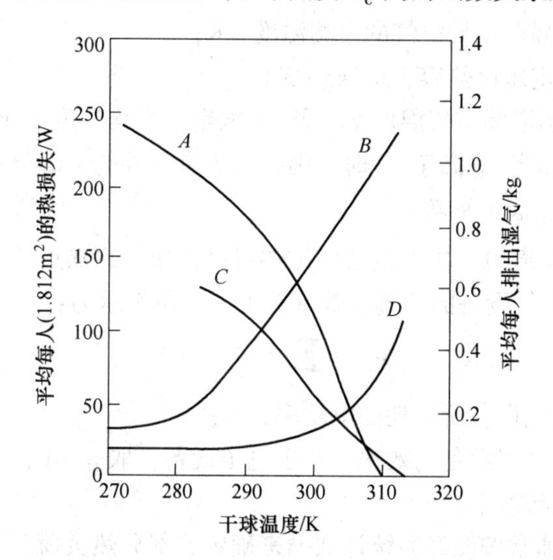

图 2-23 人体散热量及排出湿气与静止空气干球温度的关系

曲线 A：

$$Q_{s,1} = -5610.4 + 46.6T_c - 0.092T_c^2 \tag{2-51}$$

曲线 B：

$$Q_{l,1} = -2140.4 + 7.72T_c \tag{2-52}$$

曲线 C：

$$Q_{s,2} = -5063.3 + 39.3T_c - 0.07T_c^2 \tag{2-53}$$

曲线 D，当干球温度不超过286K，人体散发的潜热量为19.1W；干球温度大于286K时：

$$Q_{l,2} = 14159.8 - 98.8T_c + 0.17T_c^2 \quad (T_c > 286\text{K}) \tag{2-54}$$

若座舱的再循环空气比率为 z，则人体热负荷 Φ_P 可以表示为：

$$\Phi_P = n_1(Q_{s,1} + zQ_{l,1}) + n_2(Q_{s,2} + zQ_{l,2}) \tag{2-55}$$

式中 n_1——工作人员数，人；

n_2——普通乘客数，人；

$Q_{s,1}$——工作人员的人均显热散热量，W/人；

$Q_{l,1}$——工作人员的人均潜热散热量，W/人；

$Q_{s,2}$——乘客的人均显热散热量，W/人；

$Q_{l,2}$——乘客的人均潜热散热量，W/人。

对于使用100%新鲜空气的座舱，$z=0$。

B 空气泄漏热负荷

所有座舱的密封性都是相对的，当部分调节空气以不同于座舱的平均温度值泄漏到舱外，必须考虑到这种泄漏引起的热负荷变化，因为调节空气在其“位能”未被完全利用之前就已损失。由空气泄漏所引起的热负荷的表达式：

$$\Phi_{\mathrm{L}} = q_{m,\mathrm{L}} c_p (T_{\mathrm{c}} - T_{\mathrm{L}}) \tag{2-56}$$

式中 $q_{m,\mathrm{L}}$——空气泄漏质量流量，kg/s；

T_{L}——在泄漏产生处空气的平均温度，K；

c_p——空气定压比热容，J/(kg·K)。

式（2-56）中，当泄漏空气温度 T_{L} 低于座舱空气平均温度 T_{c} 时，表明有一部分额外的热量输入了座舱；而当 T_{L} 高于 T_{c} 时，则相当于有额外的一部分热量从座舱中被排出。

C 电子和电气设备热负荷

现代飞机上众多机载电子电气设备的散热量已构成座舱热负荷的重要组成部分，这部分热负荷 Φ_{E} 与电子电气设备的功率、效率有关，简单表示为：

$$\Phi_{\mathrm{E}} = \sum_i P_i (1 - \eta_i) \tag{2-57}$$

式中 P_i——电子电气设备所消耗的电功率，W；

η_i——电子和电气设备的效率；对于电子设备，取 $\eta_i = 0$；对于电气设备，可取其等于机械效率。

在实际计算中，通常按照经验统计数据来确定这部分热负荷。

2.4.4 飞机座舱压力的影响因素

某型飞机气密座舱的绝对压力 p_{k}，可以应用气体状态方程求出，即

$$p_{\mathrm{k}} = \frac{RT_{\mathrm{k}}}{V_{\mathrm{k}}} G_{\mathrm{k}} \tag{2-58}$$

式中 R——空气常数，J/(kg·K)；

T_{k}——座舱气体的绝对温度，K；

V_{k}——座舱的有效容积，m^3；

G_{k}——座舱空气的质量，kg。

考虑到座舱自动调温的结果，座舱温度基本不变。因此，座舱压力 p_{k} 的大小就只取决于座舱空气的质量 G_{k} 。将式（2-58）对时间 t 求导：

$$\frac{\mathrm{d}p_{\mathrm{k}}}{\mathrm{d}t} = \frac{RT_{\mathrm{k}}}{V_{\mathrm{k}}} \frac{\mathrm{d}G_{\mathrm{k}}}{\mathrm{d}t} \tag{2-59}$$

可见，单位时间内座舱压力的变化量，取决于空气质量的变化。而空气质量的变化则要受到供气系统的供气量 $g_{供}$、气密座舱的漏气量 $g_{漏}$ 和压力调节器放气活门的通风量 $g_{通}$ 的影响，即

$$\frac{\mathrm{d}G_{\mathrm{k}}}{\mathrm{d}t} = g_{供} - g_{漏} - g_{通} \tag{2-60}$$

将上式代入式（2-59），即得

$$\frac{\mathrm{d}p_{\mathrm{k}}}{\mathrm{d}t} = \frac{RT_{\mathrm{k}}}{V_{\mathrm{k}}} (g_{供} - g_{漏} - g_{通}) \tag{2-61}$$

式（2-61）就是表示座舱调压性能的方程式。

座舱压力是按飞行高度进行调节的，对应于一定高度 H ，压力 p_{k} 是个定值。因此，

在正常情况下，当飞机在某一高度上飞行时，$\frac{dp_k}{dt}=0$，亦即 $g_{供}-g_{漏}-g_{通}=0$。如果此时 $g_{供}-g_{漏}-g_{通}<0$，则 $\frac{dp_k}{dt}<0$，该高度上的座舱压力 p_k 必定小于规定值。当 $g_{供}-g_{漏}-g_{通}$ 远小于0时，$\frac{dp_k}{dt}$ 远小于0，最终使座舱压力与大气压力相等（$p_k \approx p_H$），以致当飞机下滑降低高度时，在短暂的时间内，$p_k < p_H$，座舱产生负压（$p_k < 0$）。这种座舱压力过低的情况，如果发生在8km以下的高度上，对飞行员的生理影响不大，发生的高度越高，对飞行员生理的影响越大。因此，座舱增压故障危及飞行员生理的现象，都是在高空飞行时出现。

可见，环境控制系统的调压性能是否良好，看其能否在相应高度上保持调定的座舱压力。当供气系统的供气量 $g_{供}$ 太小、座舱气密性不良造成的漏气量 $g_{漏}$ 过大，或压力调节器失调而引起通风量 $g_{通}$ 过大，都将导致 $g_{供}-g_{漏}-g_{通}<0$，该高度上的座舱压力必定小于调压规律的预定值，从而产生座舱压力过低的故障。

2.4.5 飞机座舱环境营造方法

2.4.5.1 环境控制系统

飞机环境控制系统（简称ECS）是保证飞机座舱空气环境必不可少的系统。飞机环境控制系统能够为飞机座舱提供合适的送风以保证座舱内的气流组织、空气品质、空气温度和座舱压力，从而保证乘机人员的安全，满足对健康和热舒适的要求。典型的飞机环境控制系统主要包括空气处理系统和空气调节系统，其中包括很多重要的部件，主要有：一级换热器、压缩机、二级换热器、涡轮膨胀机、水分离器、混合箱、流量控制活门以及相关的管件和控制器。飞机在不同的工况下，其环境控制系统是不同的。

在地面工况下，一般采用飞机地面空调车将室外的空气处理到合适的状态，然后通过飞机的送风管道输送到机舱内调节机舱热环境，有时也会采用飞机的辅助动力装置（简称APU）将室外的空气进行处理然后输送到机舱进行调节；在飞行工况下，飞机一般采用空气循环机（简称ACM）将来自飞机发动机的高温高压引气处理到合适的参数后输送到机舱内调节机舱环境。图2-24显示了三种不同的飞机环境控制系统，其基本原理都是一致的，可以实现相同的送风效果，从而对飞机机舱内的热环境进行控制调节。

利用地面空调车作为飞机环境控制系统时主要部件是在地面空调车内部，主要通过压缩机和加热器对空气温度进行调节。利用飞机的APU或者ACM系统处理空气时比较复杂，需要利用飞机设备舱内的空气处理设备对空气进行处理，需要对来自飞机发动机的高温高压引气进行处理得到常压低温的空气，然后通过温度控制器控制的流量阀将部分高温引气与处理后的常压低温空气进行混合，得到适合送到机舱内的空气参数，从而对机舱内的空气环境进行调节。飞机环境控制系统根据温度反馈点（比如在飞机机舱内天花板顶部）的实时温度值与设定值进行对比，通过温度控制器调节流量阀的开度，即发动机引起的旁通流量，从而实现对送入机舱内的空气温度参数进行实时的控制和调节。

2.4.5.2 座舱内气流组织

座舱环境控制系统不仅为乘员提供生命安全保障，同时保证乘员的热舒适和空气质

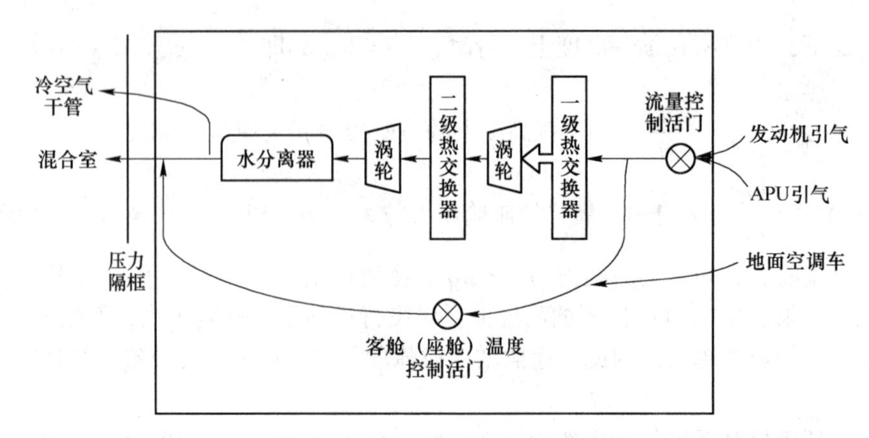

图 2-24　典型飞机环境控制系统简图

量。环境控制系统是通过气流组织来实现对座舱环境的控制，但由于机舱内部空间狭窄，乘客密集，气流在复杂几何边界条件、多物理过程（浮力、传热、多相等）相互作用下呈不定常低雷诺数湍流。对这种流动的研究，无论是实验还是数值模拟都极为困难。

刘俊杰等研究了混合送风形式下机舱内强烈的自然对流对流场的影响机理，采用粒子图像测速法（PIV）测量舱内流场，对比等温与非等温流场。孙贺江等研究了辐射换热对客舱中人员热舒适和座舱热环境的影响，研究结果表明计算流体力学（CFD）具有精确模拟人体辐射散热的能力。罗纪生等研究了修正湍流模型的耗散项对含有个性送风的机舱内流场数值模拟的影响，研究结果提高了模型的可靠性和经济性，探究了个性通风口射流作用对舱内气流和乘客舒适度的影响，为舱内颗粒污染物控制的进一步研究提供了基础。

李鹏辉等以实验测试与计算流体力学为工具，在一段飞机模拟舱内对当今客机的混合送风系统进行了研究，又建造了将送风口布置于走廊通道的地板送风系统以及将送风口布置于座椅两侧扶手处的个性化送风系统，并应用对个性化送风系统进行了优化设计。研究结果表明应用 RNG $\kappa-\varepsilon$ 湍流模型的模拟获得了与实验数据较为一致的结果。使用混合送风系统的座舱内气流流速较大，座舱内的温度分布均匀，空气的混合程度高，因而通风效率低，不利于舱内污染物的有效去除。实验研究证实使用地板送风系统的座舱内，气流速度较低，空气交叉流动较小，可以有效地排除座舱内由乘客呼吸区域释放的污染物，因而通风效率较高。

2.4.6　飞机座舱环境的评价方法

目前座舱热舒适的评价方法和相关模型研究较少，多数相关研究仍然采用 PMV 模型。PMV 模型可以表示为如下公式：

$$PMV = [0.303\exp(-0.036M) + 0.0275]TL \tag{2-62}$$

式中　M——人体代谢率，W/m^2。

TL——人体热负荷，即产热与散热之差，W/m^2。

热负荷 TL 可表示为：

$$TL = M - W - E_{dif} - E_{rsw} - E_{res} - C_{res} - R - C \tag{2-63}$$

式中　W——人体对外做功，W/m^2；

E_{dif}——皮肤湿扩散散热量，W/m^2；

E_{rsw}——出汗潜热散热量，W/m^2；

E_{res}——呼吸潜热散热量，W/m^2；

C_{res}——呼吸显热散热量，W/m^2；

R——人体辐射散热量，W/m^2；

C——人体对流换热量，W/m^2。

皮肤湿扩散散热公式可表示为：

$$E_{dif} = 3.05(0.254t_{sk} - 3.335 - p_a) \tag{2-64}$$

式中 t_{sk}——人体舒适皮肤温度,℃；

p_a——环境水蒸气分压力，kPa。

出汗散热公式可表示为：

$$E_{rsw} = 0.42(M - W - 58.2) \tag{2-65}$$

呼吸潜热散热公式可表示为：

$$E_{res} = 0.0173M(5.867 - p_a) \tag{2-66}$$

呼吸显热散热公式可表示为：

$$C_{res} = 0.0014M(34 - t_a) \tag{2-67}$$

式中 t_a——空气温度,℃。

辐射散热公式可表示为：

$$R = 3.96 \times 10^{-8} f_{cl}[(t_{cl} + 273)^4 - (t_r + 273)^4] \tag{2-68}$$

式中 f_{cl}——服装面积系数，人体着装表面积与裸体表面积之比；

t_{cl}——服装表面温度,℃；

t_r——环境辐射温度,℃。

对流散热公式可表示为：

$$C = f_{cl} h_c (t_{cl} - t_a) \tag{2-69}$$

式中 h_c——对流换热系数，W/(m^2·K)。

PMV 模型本身是针对建筑环境的，并没有反映出座舱环境的特殊性，诸如压力的影响并未考虑。

崔惟霖等针对不同季节、不同航线的航班，测试了座舱内热环境参数的时间和空间分布，并进行了大规模的乘客热舒适问卷调查，调查发现乘客在不同季节的热舒适性相差很大，夏季最好，过渡季次之，冬季最差。冬季的乘客中，只有 54%的人感觉热中性，感觉偏热的乘客约占 40%（其中微暖 31%，暖 7%）；过渡季也呈现偏热乘客比例偏高的现象，接近 30%；夏季偏热乘客所占比例显著低于冬季和过渡季，仅为 9%；而偏冷乘客比例高于冬季和过渡季，约为 20%（其中微凉 16%，凉 4%）。主要原因在于座舱温度的控制没有考虑季节变化的影响，造成冬季座舱环境偏热。乘客的整体热舒适受局部热舒适影响明显，头部和背部的局部热舒适在整体热舒适中尤为重要；乘客在座舱中的自我调节行为十分活跃，这对于改善热舒适有一定的作用，但行为调节的乘客热舒适性差于无行为调节乘客，差异明显。从现场调查可以确定，设定合适的座舱温度是座舱热舒适的关键问题。

在座舱压力的变化范围内，人体的热感觉、皮温、心率变异性等参数并没有显著的变化；在低压环境下，人体的耗氧量和二氧化碳产生量都会提示，代谢率也会上升。在此基础上，结合人体生理热调节的理论，发展了相应的模型。实验验证该模型后，使用其量化研究了压力对各散热相关参数的影响。模型计算结果显示，当考虑人体调节过程后，所得到的各参数的变化规律较没考虑人体调节时有了较大的变化，而且很重要的一点，压力的影响在不同的温度范围内是显著不同的，这也与人体调节相关。比如，当人体表面主要以潜热散热为主时，压力对皮肤温度几乎没有影响，而当人体没有开始出汗时，皮肤湿润度也基本不受压力的影响。压力变化对辐射和对流散热的影响比较复杂，不同的压力之间有相交；蒸发换热低压下增大，呼吸的显热和潜热散热在低压下减小。压力降低时，人体的热负荷增加，会导致热感觉上升，但压力的影响强度较温度等参数更弱。

在实际座舱环境中，乘客具备一定程度上对环境的调控能力，而已有研究表明人具备控制能力后会使得热感觉下降，即可以在更高的环境温度下达到相同的热感觉，因此在模型计算得到的热舒适区间基础上，需要考虑乘客调节能力的修正，修正后的舒适区间经实测数据对比后较为合理。为了方便实际座舱中的调节，给出了冬夏季座舱温度的建议设定值，过渡季可根据实际情况在冬夏季的设定值之间选择。

宁献文等针对旅客机座舱综合环境质量评价问题，提出了一种模糊综合评价模型。其采用的是分层评价体系，将座舱热环境、座舱空气质量以及座舱声、视、安全环境作为评价模型的第一层，各环境要求的具体评价因素作为评价模型的第二层，应用模糊综合评价方法，将两层因素结合在一起。在第二层次中，根据对座舱环境的影响，合理区分其重要程度，利用模糊运算得出初级评价结果，利用层次分析法，确定第一层次三方面的权重系数，从而得出座舱综合环境质量的评价结果，并通过求重心的方法解决了最大隶属度不适用的情况。

参考文献

[1] 李冲，巫江虹，姜峰．“四纵四横”高铁线路列车空调动态负荷计算及节能策略 [J]. 机械工程学报，2018，54（18）：162~169.

[2] 许建柳，刘卫华．高速铁路客车空调负荷的非稳态方法计算 [J]. 流体机械，2010，38（12）：69~72.

[3] 四方车辆研究所．TB/T 1955—2000 铁道客车采暖通风设计参数 [S]. 北京：中国铁道出版社，2000.

[4] 黄兵，杨昌智．基于 PMV 指标的列车空调节能研究 [J]. 制冷与空调，2009，9（2）：24~26.

[5] 李先庭，石文星．人工环境学 [M]. 2 版．北京：中国建筑工业出版社，2017.

[6] Li W, Sun J. Numerical simulation and analysis of transport air conditioning system integrated with passenger compartment [J]. Applied Thermal Engineering, 2013, 50 (1): 37~45.

[7] 陈焕新，刘蔚巍．铁路空调客车负荷的确定 [J]. 中国铁道科学，2002，23（5）：60~64.

[8] Liu W, Deng Q, Huang W, et al. Variation in cooling load of moving air conditioned train compartment under the effects of ambient conditions and body thermal storage [J]. Applied Thermal Engineering, 2011, 31 (6~7): 1150~1162.

[9] 陈丹，杨昌智．火车空调变风量空调系统的节能控制及优化 [J]. 铁道标准设计，2008，S1：101~104.

[10] 王晓红．高速列车空调系统设计及节能技术 [J]. 内燃机与配件，2018 (15)：247~248.

[11] 王玲．地铁车辆的空调、暖通系统设计 [J]. 电力机车技术，2002 (3)：32~34.

[12] 张鹏，刘跃，孙德静．浅谈地铁车站通风空调系统设计的几个方面 [J]. 山西建筑，2009，35 (19)：188~189.

[13] 龚冀杰．地铁区间隧道温度特性及其对站台环境的影响 [D]. 重庆：重庆大学，2014.

[14] 李国庆．城市轨道交通通风空调多功能设备集成系统 [J]. 暖通空调，2009，39 (5)：31~32，141.

[15] 刘桂兰．地铁环控系统的设计探讨 [J]. 制冷与空调，2012，2 (1)，36~39.

[16] 孙文昊．城市道路隧道空气温度计算方法 [J]. 地下空间与工程学报，2012，8 (5)：1106~1110.

[17] 李国庆．城市轨道交通通风空调系统技术发展新趋势 [J]. 都市快轨交通，2004 (6)：5~7.

[18] 李森生．地铁车站通风空调工艺控制设计若干问题探讨 [J]. 暖通空调，2016，46 (5)：32~35.

[19] 高波，李先庭，韩宗伟，郜义军．地铁通风空调系统节能的新进展 [J]. 暖通空调，2011，41 (8)：21~26.

[20] 张涛，刘晓华，关博文．地铁车站通风空调系统设计、运行现状及研究展望 [J]. 暖通空调，2018，48 (3)：8~14.

[21] 徐新玉．屏蔽门系统在城市轨道交通中的应用 [J]. 现代交通技术，2011，8 (3)：86~89.

[22] 王淼，张扬，谢军龙．夏季船舶空调动态冷负荷仿真与分析 [J]. 中国舰船研究，2018，13 (S1)：199~206.

[23] 吴刚．舰船制冷与空调 [M]. 北京：国防工业出版社，2009.

[24] 寿荣中，何慧姗．飞行器环境控制 [M]. 北京：国防工业出版社，2004.

[25] Mangili A，Gendreau M A. Transmission of infectious diseases during commercial air travel [J]. The Lancet，2005，365 (9463)：989~996.

[26] ASHRAE A. Standard 161-2007，Air Quality within Commercial Aircraft [J]. American Society of Heating，Refrigerating and Air-Conditioning Engineers，Inc，Atlanta，2007.

[27] Cao X，Liu J，Pei J，et al. 2D-PIV measurement of aircraft cabin air distribution with a high spatial resolution [J]. Building and Environment，2014，82：9~19.

[28] Park S，Hellwig R T，Grün G，et al. Local and overall thermal comfort in an aircraft cabin and their interrelations [J]. Building and Environment，2011，46 (5)：1056~1064.

[29] Cui W，Ouyang Q，Zhu Y. Field study of thermal environment spatial distribution and passenger local thermal comfort in aircraft cabin [J]. Building and Environment，2014，80：213~220.

[30] 袁领双，庞丽萍，王浚．大型客机座舱舒适性发展分析 [J]. 航空制造技术，2011 (13)：64~67.

[31] National Research Council. The airliner cabin environment and the health of passengers and crew [M]. National Academies Press，2002.

[32] Tatem A J，Hay S I，Rogers D J. Global traffic and disease vector dispersal [J]. Proceedings of the National Academy of Sciences，2006，103 (16)：6242~6247.

[33] Pavia A T. Germs on a plane：aircraft，international travel，and the global spread of disease [J]. The Journal of infections diseases，2007，195 (5)：621~622.

[34] 殷海参．飞机环境控制系统与机舱热环境耦合研究 [D]. 天津：天津大学，2016.

[35] 刘育．现代民用飞机环境控制系统研究 [D]. 广州：华南理工大学，2012.

[36] American Society of Heating，Refrigerating and Air-Conditioning Engineers. ASHRAE A. Standard 2013. Air Quality within Commercial Aircraft [S]. Atlanta：2013.

[37] 肖华军，刘晓鹏，薛利豪，等．大运飞机座舱压力设计的生理学基础［C］//．大型飞机关键技术高层论坛暨中国航空学会2007年学术年会论文集，2007.
[38] 夏璐璐．飞机座舱瞬态热载荷的计算研究［D］．南京：南京航空航天大学，2010.
[39] 朱颖心．建筑环境学［M］．4版．北京：中国建筑工业出版社，2016.
[40] 李德刚．飞机座舱热载荷及通风参数计算仿真［D］．北京：北京航空航天大学，2002.
[41] Howell J R，Menguc M P，Siegel R. Thermal radiation heat transfer［M］. CRC press，2010.
[42] 王志瑾，姚卫星．飞机结构设计［M］．北京：国防工业出版社，2004.
[43] 陶文铨．数值传热学［M］．西安：西安交通大学出版社，2001.
[44] Price B A，Smith T F. Thermal response of composite building envelopes accounting for thermal radiation［J］. Energy Conversion and Management，1995，36（1）：23~33.
[45] Rohsenow W M，Cho Y I. Handbook of heat transfer［M］. New York：McGraw-Hill，1998.
[46] 沈燕良，王建平，曹克强．飞机座舱压力控制系统性能分析［J］．机床与液压，2005（11）：77~78.
[47] 刘俊杰，朱学良，曹晓东，等．客舱内自然对流运动对流场影响的实验研究［J］．天津大学学报（自然科学与工程技术版），2016，49（3）：221~230.
[48] 孙贺江，何卫兵．飞机客舱中人体辐射散热的实验与模拟［J］．天津大学学报（自然科学与工程技术版），2016，49（3）：231~238.
[49] 罗纪生，张丽杰，刘正先，等．耗散修正湍流模型在有个性通风机舱气流模拟中的应用［J］．天津大学学报（自然科学与工程技术版），2016，49（3）：239~247.
[50] 李鹏辉．大型商用客机舱内气流组织的研究［D］．大连：大连理工大学，2010.
[51] 宁献文，李运泽，王浚．旅客机座舱综合环境质量评价模型［J］．北京航空航天大学学报，2006，32（2）：158~162.
[52] Fanger P O. Thermal Comfort［M］. New York：Mcgraw-Hill，1972.
[53] 崔惟霖．大型客机座舱热舒适的影响因素及评价方法研究［D］．北京：清华大学，2016.

农牧业人工环境

我国是农业大国，农业是人们利用动植物体的生活机能，把自然界的物质和能转化为人类需要的产品的生产部门。现阶段的农业分为植物栽培和畜牧业两大类。植物栽培是人民群众粮食和蔬菜、水果的主要来源，畜牧业主要包括牛、马、驴、骡、骆驼、猪、羊、鸡、鸭、鹅、兔、蜂等家畜家禽饲养业和鹿、貂、水獭、麝等野生经济动物驯养业。农牧业人工环境对于保障人民的菜篮子和肉食供应充足甚至粮食安全都具有重要意义。农牧业人工环境涉及的内容很多，本章重点阐述日光温室和植物工厂环境以及动物养殖环境。

3.1 日光温室和植物工厂环境

日光温室是一种以太阳能为主要能源、体形系数很大的农业建筑，是我国独创的且适合国情的一种设施农业建筑，主要由墙体、后屋面、前屋面、地面、土壤等构成。白天通过前屋面获得果蔬作物生长所需要的光照和热能，同时将白天多余的太阳能储存在墙体特别是北墙体和土壤内，夜间再释放热量到温室内，以维持农作物生长发育必要的人工环境。

3.1.1 作物对环境的需求

3.1.1.1 温度需求

在日光温室中，温度主要有空气温度、土壤温度、水温、作物体温等。温度对作物的影响分为直接影响和间接影响：直接影响表现为影响生物新陈代谢，如生长发育速度、数量和分布；间接影响是指温度影响环境，从而间接影响生物的新陈代谢。

A 空气温度

每种作物的生命活动都具有其最高温度、最低温度和最适温度，这三个温度称为三基点温度，在最低温度到最高温度之间生命活动才能进行。作物生长发育所需的适宜温度随作物不同种类、品种和生育阶段而不同。表 3-1 列出了部分日光温室主要蔬菜作物不同生育阶段的适宜温度。

表 3-1 日光温室主要蔬菜作物不同生育阶段的适宜温度 （℃）

种 类	种子发芽温度			营养生长温度			食用器官生育温度		
	最低	最适	最高	最低	最适	最高	最低	最适	最高
大葱	3~5	18~20	30	6~10	18~24	30	6~8	18~24	30
韭菜	2~3	15~18	30	6	12~24	40	6	12~24	35

续表 3-1

种　类	种子发芽温度			营养生长温度			食用器官生育温度		
	最低	最适	最高	最低	最适	最高	最低	最适	最高
菠菜	4	15~20	35	6~8	15~20	25	6~8	15~20	25
甘蓝	2~3	15~20	35	4~5	13~18	25	5~10	15~20	25
花椰菜	2~3	15~25	35	4~5	17~20	25	6~10	15~18	25
芹菜	4	15~25	30	10	15~20	30	10	15~20	26
莴苣	4	15~20	25	5~10	11~18	24	—	17~20	21
茼蒿	10	15~20	35	12	15~20	29	—	15~20	—
甜菜	4~6	20~25	30	4	15~18	25	9	20~25	30
番茄	12	25~30	35	8~10	20~30	35	15	25~28	32
茄子	13~15	28~35	35	12~15	22~30	35	15~17	22~30	35
辣椒	10~15	25~32	35	12~15	22~28	35	15	22~28	35
菜豆	10	20~25	35	10	18~25	35	15	20~25	30
西葫芦	13	25~30	35	14	15~25	40	15	22~25	32
西瓜	16~17	28~30	38	10	22~28	40	20	30~35	40
甜瓜	15	30	35	13	20~30	40	15~18	27~30	38
丝瓜	15	30~35	40	13~15	20~30	40	—	25~35	—
苦瓜	15	30~35	40	10~15	20~30	40	15	20~30	—

B　土壤温度

土壤温度对于作物的发育和生命活动非常重要。当土壤温度低于或高于蔬菜作物生长可忍受的最低极限或最高极限，作物生长发育就会受到抑制或阻碍，甚至死亡。果蔬类作物所需要的最适土壤温度大多在 15~20℃，最高界限大多在 23~25℃，表 3-2 列出了日光温室主要蔬菜作物的适宜土壤温度。

表 3-2　日光温室主要蔬菜作物的适宜土壤温度　（℃）

种　类	最低	最适	最高	种　类	最低	最适	最高
大葱	3~5	15~18	23	韭菜	3~5	15~18	23
甘蓝	5~8	15~20	23	芹菜	5~8	15~20	23
莴苣	5~8	15~20	23	茼蒿	5~8	15~20	23
甜菜	5~8	15~20	23	番茄	13	15~18	25
茄子	13	18~20	25	辣椒	13	18~20	25
黄瓜	13	18~20	25	菜豆	13	18~20	25
西葫芦	13	15~20	25	西瓜	13	18~20	25
甜瓜	13	15~18	25	草莓	13	15~18	25

3.1.1.2　湿度需求

温室内的空气湿度会影响作物的蒸腾作用及作物的水分吸收和养分吸收，从而间接影响作物的体内代谢，同时影响叶片的气孔导度和 CO_2 的同化作用。气孔导度表示气孔张开的程度，它是影响植物光合作用、呼吸作用及蒸腾作用的主要因素。表 3-3 为日光温室主要蔬菜作物的适宜空气相对湿度。

表 3-3 日光温室主要蔬菜作物的适宜空气相对湿度

种　类	空气相对湿度/%
黄瓜、芹菜、蒜黄、油菜、韭菜、菠菜	80~85
茄子、莴苣、豌豆苗	70~75
辣椒、番茄、菜豆、西葫芦、豇豆	60~65
西瓜、甜瓜	50

3.1.1.3 光照需求

光照是作物进行光合作用过程中的唯一能源，但是不是光照时间越长作物生长发育越好，各种作物需要的日照长度除与本身种类和品种特性有关外，还与光照度、温度、水分以及 CO_2 浓度等环境因素有关，一般蔬菜作物适宜生长的日照长度为 8~16h，多数蔬菜作物最适日照长度为 12~14h。不同的作物适应光照的能力不同，依据作物对光周期的反应，可分为长日作物（如白菜类、甘蓝类、葱蒜类、胡萝卜、芹菜、菠菜、莴苣、蚕豆、豌豆等）、短日作物（如大豆、豇豆、扁豆、茼蒿、苋菜、蕹菜等）和中光性作物（如茄果类、瓜类、菜豆类等）。太阳辐射光谱的波长主要集中在 200~1000nm，其中，400~700nm 波长的光合有效辐射约占 50%，这部分辐射属于可见光范围，是植物进行光合作用的能量来源。此外，对植物生长发育有影响的部分辐射波段为 300~400nm 或 700~800nm，基本上不属于可见光。不同波段辐射对作物生命活动影响的重要性不同，见表 3-4。

表 3-4 不同波段辐射对作物生命活动影响的重要性

辐射种类	光谱区/μm	占太阳辐射能的百分率/%	辐射对作物生命的效应		
			热效应	光合效应	光形态发生效应
紫外光	0.29~0.38	0~4	不重要	不重要	中等
光合有效辐射	0.38~0.71	21~46	重要	重要	重要
近红外辐射	0.71~3.00	50~79	重要	不重要	重要
长波辐射	3.00~100	—	重要	不重要	不重要

3.1.2 日光温室光热环境的影响因素[1]

日光温室的建筑结构如图 3-1 所示。这些建筑构件的构造方式、结构尺寸以及材料的热工性能等不仅影响日光温室的光照特性、保温和蓄热特性，以及环境的调控特性，而且这些影响因素相互交织、相互制约。日光温室墙体，特别是北墙体集太阳能集热、蓄热、保温于一体。日光温室后屋面内表面白天主要接受的是太阳的散射辐射，集热与蓄热能力有限，提高后屋面的保温性能是关键。夜间通过前屋面的热损失占整个日光温室围护结构热损失的 75%以上，因此提高前屋面物保温性能是关键。

[1] 选自陈超．现代日光温室建筑热工设计理论与方法．北京：科学出版社，2017.

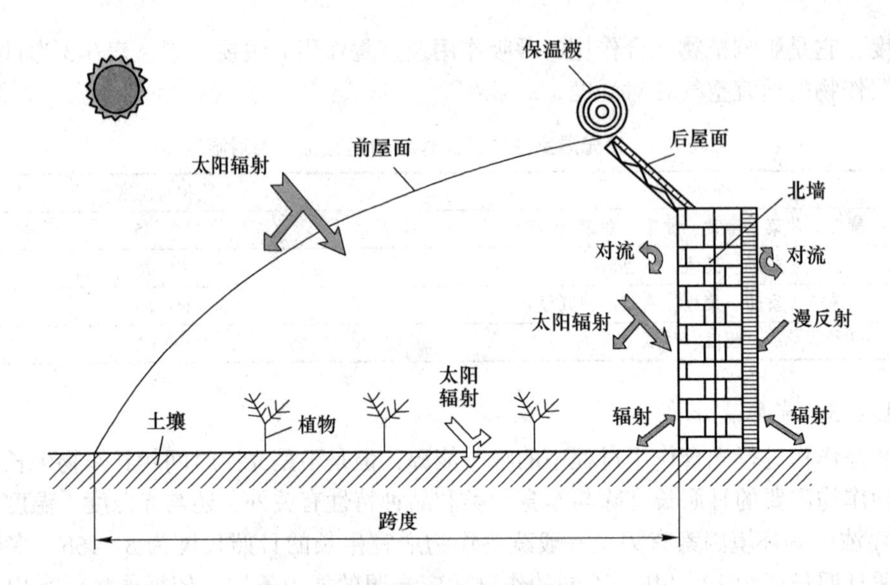

图 3-1 日光温室建筑结构与传热示意图

3.1.2.1 日光温室透光围护结构传光特性

日光温室主要透光围护结构是前屋面，一般采用塑料薄膜，对不同波长的辐射有选择性，对不同波长的光线透过率不同。对于可见光和波长为 3μm 以下的近红外线来说几乎是透明的，但能够有效阻隔长波红外线辐射。

图 3-2 是不同材质塑料薄膜紫外光透过率。一般的聚乙烯（PE）膜可透过 245nm 以上的紫外光，265nm 紫外光透过率达 30%，270~380nm 紫外光区可透过 80%~90%；聚氯乙烯（PVC）膜一般不能透过 320nm 以下的紫外光，360nm 紫外光透过率低于 15%，380nm 紫外光透过率可达 58%；乙烯-醋酸乙烯酯共聚物（EVA）膜紫外光透过率介于 PE 膜和 PVC 膜之间，可透过 240nm 以上的紫外光，但 270nm 以上紫外光透过率低于 PE 膜。

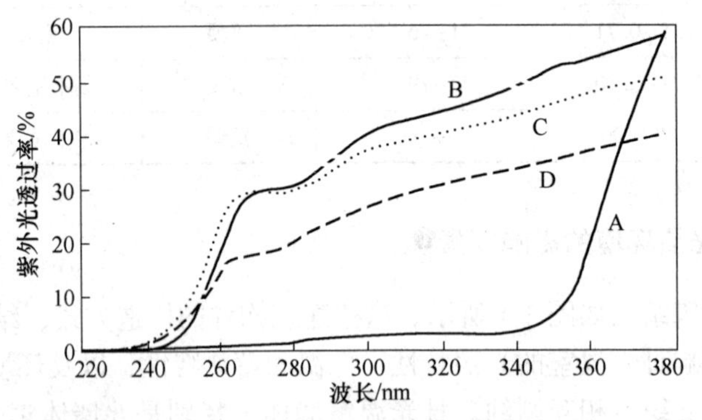

图 3-2 不同材质塑料薄膜紫外光透过率
A—PVC 膜；B—PE 膜；C，D—EVA 膜

图 3-3 为不同材质塑料薄膜可见光透过图谱。在 400~760nm 的可见光区，PE 膜和 EVA 膜透光率随着波长的增大逐渐提高，但提高幅度较小；PVC 膜透光率随波长增加的变化起伏比较大，在 450~550nm 区段出现高峰，在 600nm 出现低谷，而后透光率又提高，PVC 膜的这种透光率正适合作物的光合作用。

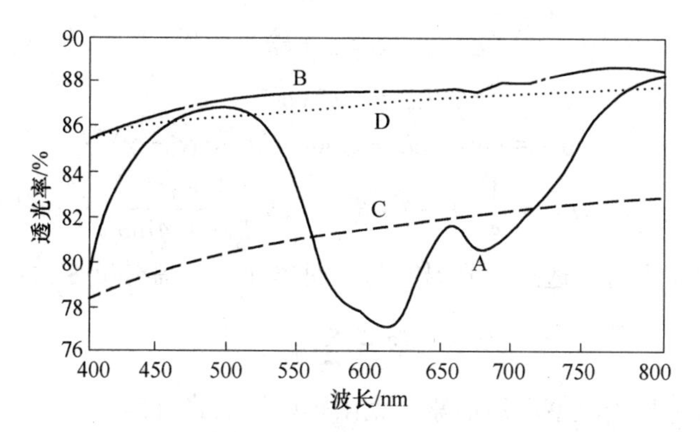

图 3-3　不同材质塑料薄膜可见光透过图谱

A—PVC 膜；B—PE 膜；C，D—EVA 膜

通过不同塑料薄膜可见光的透过图谱曲线，可分析出蓝光（400～500m）、黄绿光（500～600nm）、红光（600～700nm）及远红光（700～800nm）占总光合有效辐射区的透过率面积，如图 3-4 所示。可以看出不同塑料薄膜的分光区透过能力是不均匀的：在蓝光区，PVC 膜透过能力最高，达到 0.278，PE 膜和 EVA 膜透过能力较低，EVA 膜透过能力最低，仅为 0.206；在黄绿光区，PE 膜透过能力最高，达到 0.268，PVC 膜和 EVA 膜分别为 0.216 和 0.220。

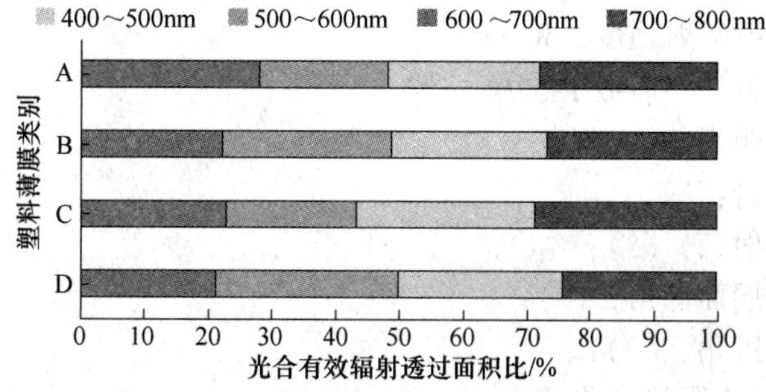

图 3-4　不同材质塑料薄膜在光合有效辐射波段不同光质的透过面积比

A—PVC 膜；B—PE 膜；C，D—EVA 膜

太阳辐射中约 50%为可见光和紫外光的短波辐射，50%左右为红外光的长波辐射。太阳辐射进入日光温室后，被内部的土壤、墙壁、骨架、作物等吸收后，以长波辐射的形式向外放出。不同塑料薄膜透过长波辐射的能力不同。夜间，长波辐射能量的 90%集中在 7～20μm 波长，上述三种不同类型的塑料薄膜的红外光透过率，以 PVC 膜最小、PE 膜次之、EVA 膜最大。

3.1.2.2　建筑朝向

日光温室的建造朝向不同，其前屋面累积截获的太阳辐射量也不同，为了确保日光温室能够获得足够的光照，应将能使日光温室前屋面截获的最大太阳辐射量作为日光温室建筑朝向的设计原则。

当日光温室前屋面仰角一定时，透过前屋面的日累积太阳辐射量 q 为：

$$q = \sum_{t=t_1}^{t_2} \tau(I_{D\theta} + I_{d\theta})F \tag{3-1}$$

$$\tau = 90 - 5^{\frac{i-20}{25.06}} \tag{3-2}$$

$$I_{D\theta} = I_0 p^m \cos i \tag{3-3}$$

$$\cos i = \cos\theta\sin h + \sin\theta\cos h\cos(\alpha - \gamma) \tag{3-4}$$

$$I_{d\theta} = \frac{1}{4}(1 + \cos\theta) I_0 \sin h \frac{1 - p^m}{1 - 1.4\ln p} \tag{3-5}$$

当计算期间为 n 天时，透过日光温室前屋面累计太阳辐射量 S 为：

$$S = \sum_{i=1}^{n} q \tag{3-6}$$

整理得白天透过日光温室前屋面累计太阳辐射量如式（3-7）所示：

$$S = \sum_{i=1}^{n}\sum_{t=t_1}^{t_2}(90 - 5^{\frac{i_t-20}{25.06}})\left\{I_0 p^{\cosh_t}[\cos\theta\sin h_t + \sin\theta\cos h_t\cos(\alpha - \gamma)] + \frac{1}{2}I_0\sin h_t \frac{1 - p^{\operatorname{csch}_t}}{1 - 1.4\ln p}\cos^2\frac{\theta}{2}\right\}F \tag{3-7}$$

式中 t_1——日光温室前屋面保温覆盖物早晨开启时间，h；

t_2——日光温室前屋面保温覆盖物下午关闭时间，h；

τ——薄膜透过率，%；

$I_{D\theta}$——太阳直射辐射强度，W/m^2；

$I_{d\theta}$——太阳散射辐射强度，W/m^2；

I_0——太阳常数，一般取 1367W/m^2；

p——大气透明系数；

m——大气质量；

i——太阳入射角，(°)；

θ——温室前屋面仰角，(°)；

h——太阳高度角，(°)；

h_t——t 时刻的太阳高度角，(°)；

α——太阳方位角，(°)；

γ——日光温室建筑朝向；

F——日光温室前屋面可截获太阳辐射的面积，m^2。

3.1.2.3 建筑间距

前后两排日光温室建造间距的大小直接影响后排日光温室建筑的采光，合理的日光温室建造间距能够保证后排温室的日照时间，大部分地区日光温室建造间距可以根据式（3-8）进行估算。

$$L_{\mathrm{j}} = HS_{\mathrm{Z}} - L_1 - L_2 \tag{3-8}$$

式中 L_{j}——前、后两栋日光温室建造间距，即前栋日光温室建筑北墙根到后栋日光温室建筑前沿的距离，m；

H——日光温室建筑最高点距离地面高度，m；

S_{Z}——有效遮阴系数；

L_1——日光温室建筑最高遮阴点到北墙内侧的水平距离，m；

L_2——北墙底宽，m。

要想得到更加精确的计算结果，需要进一步结合建筑构造特点，研究不同地理纬度太阳辐射的动态变化规律。

3.1.2.4 墙体的保温与蓄热

日光温室的墙体太阳能集热、蓄热、保温于一体，是日光温室被动利用太阳能为温室增温、维持温室夜间作物生长必要热环境的重要“加热元件”。日光温室后屋面内表面在白天主要接收的是太阳散射辐射，集热与蓄热的能力有限，且在夜间通过前屋面的热损失占整个日光温室围护结构热损失的75%以上，因此提高前、后屋面的保温性能对维持温室内热环境具有重要意义。

建筑围护结构的保温与蓄热还涉及建筑材料的热物性等特性，保温主要与材料的导热系数有关，而蓄热与材料的比热容、密度等参数有关。一般保温性能好的材料如聚苯板等，虽然导热系数小但是蓄热能力不强，而显热蓄热能力强的材料如黏土等其保温性能却一般。在日照时间有限且低温寒冷的冬季，仅通过墙体被动显热蓄热的方式，难以满足冬季北方地区温室果蔬作物生长环境的要求，应进一步开发新材料提高现有日光温室围护结构的蓄热能力。

3.1.2.5 室内通风换气

通风换气对维持日光温室内作物良好的生长环境具有重要作用，能使室内温度和湿度分布更加均匀，消除室内的冷点、热点和稠密叶面区的高湿点，调节植物叶面微环境，降低叶片表面温度，减少叶片上水滴凝结，避免在高湿点产生病虫害。通风换气产生的热损失约占整个日光温室吸热量的95.61%。目前通常采用的通风换气方式有机械通风和自然通风。自然通风主要是依靠自然风压和热压的作用，通过温室前屋面的腰风口和顶风口对温室进行通风换气；机械通风主要是在室外温度较高的季节，通过风机对温室进行强制通风降温。

3.1.3 日光温室热湿环境

日光温室内部的热湿环境涉及对流、热辐射、传导三种传热方式，包括显热和潜热消耗，同时植物本身的一些生理过程如呼吸、光合和蒸腾作用又与温室内部环境息息相关，因此，日光温室热湿环境控制非常重要。

3.1.3.1 北墙热平衡方程

北墙的传热是复杂的非稳态传热过程，传热量随时间而变化。采用反应系数法来建立北墙的热平衡方程：

$$\alpha_{sw}A_s(t_s - t_w) + \alpha_{cw}A_c(t_c - t_w) + \alpha_{hw}A_h(t_h - t_w) + h_wA_w(t_i - t_w) + A_w\left[\sum_{j=0}^{N} Y_w(j)t_o(n-j) - \sum_{j=0}^{N} Z_w(j)t_w(n-j)\right] = 0 \tag{3-9}$$

式中 Y_w——墙体的传热反应系数；

Z_w——墙体的吸热反应系数；

$t_o(n-j)$，$t_w(n-j)$——某时刻墙体内外表面温度，℃；

α_{sw}，α_{cw}，α_{hw}——北墙和地表、覆盖材料及后屋面的辐射换热系数，$W/(m^2 \cdot K)$；

h_w——空气和墙体间的对流换热系数，$W/(m^2 \cdot K)$；

t_i——温室内空气温度，℃；

A_w——后墙的表面积，m^2；

A_s，A_c，A_n——地表、覆盖材料及后屋面的表面积，m^2；

t_w——墙体内表面温度，℃；

t_s，t_c，t_h——地表、覆盖材料及后屋面的表面温度，℃。

3.1.3.2　*作物冠层热平衡方程*

作物冠层吸收的光能，一部分被作物蒸腾带走，一部分用于升高叶片的温度，一部分用于和室内空气进行热量交换，其中作物截获的太阳辐射和作物的叶面积指数有关。因作物叶片较薄，如果忽略作物本身的热容量，则作物冠层的能量平衡方程为：

$$Q_p + A_{ap}h_p(t_i - t_p) + \alpha_{sp}A_s(t_s - t_p) + \alpha_{cp}A_c(t_c - t_p) + \alpha_{hp}A_h(t_h - t_p) + \lambda E_p = 0 \tag{3-10}$$

式中　α_{sp}，α_{cp}，α_{hp}——作物冠层和地面、覆盖材料及后屋面间的辐射换热系数，W/(m^2·K)；

t_p——作物冠层表面温度，℃；

A_{ap}——作物冠层表面积，m^2；

h_p——空气与作物冠层间的对流换热系数，W/(m^2·K)；

λ——水的汽化潜热，kJ/kg；

E_p——作物的蒸腾速率，kg/(m^2·s)；

Q_p——作物冠层吸收的太阳辐射，W。

3.1.3.3　*后屋面热平衡方程*

由于后屋面多为轻型结构，热容量较低，故按稳态传热计算。其热平衡方程为：

$$k_{wl}(t_o - t_i) + \alpha_{swl}A_s(t_s - t_{wl}) + \alpha_{cwl}A_c(t_c - t_{wl}) + \alpha_{hwl}A_h(t_h - t_{wl}) + \alpha_{wwl}A_w(t_w - t_{wl}) + h_{iwl}A_{wl}(t_i - t_{wl}) = 0 \tag{3-11}$$

式中　k_{wl}——后坡面的导热系数，W/(m^2·K)；

t_o——后坡面外表面温度，℃；

α_{cwl}，α_{hwl}，α_{swl}，α_{wwl}——后坡面和覆盖材料、作物冠层、地表及后墙内表面的辐射换热系数，W/(m^2·K)；

t_{wl}——后坡面内表面温度，℃；

h_{iwl}——空气与后坡面间的对流换热系数，W/(m^2·K)；

A_{wl}——后坡面的表面积，m^2。

3.1.3.4　*室内空气热平衡方程*

温室内空气的升温和降温主要是由入射到室内的太阳辐射量决定的，但太阳辐射不会直接使室内空气升温，而是入射的太阳辐射在接触到室温的各种表面时转换为热能，这些热能又通过对流等方式散布到温室中，从而使温室内的热量发生变化。夜间，存储在土壤中的热量以长波辐射形式向四周散发，补偿温室所失的热量。建立温室内部空气的热平衡方程为：

$$V \cdot C'_a\rho_a \cdot \frac{dt_i}{dt} = h_{ic}A_c(t_c - t_i) + h_{ie}A_w(t_w - t_i) + h_{ip}A_p(t_p - t_i) + h_{iwl}A_{wl}(t_{wl} - t_i) + h_{is}A_s(t_s - t_i) + \lambda(E_p + E_s) + LC'_a\rho_a(t_i - t_a) + L\rho_a\lambda(W_i - W_o) \tag{3-12}$$

式中 V——温室内部空间体积，m^3；

C'_a——空气热容量，kJ/(kg·K)；

ρ_a——空气密度，kg/m^3；

h_{ic}——空气与覆盖材料间的对流换热系数，W/(m^2·K)；

h_{ie}——空气与墙体间的对流换热系数，W/(m^2·K)；

h_{ip}——空气与作物冠层间的对流换热系数，W/(m^2·K)；

h_{is}——空气与土壤表面的对流换热系数，W/(m^2·K)；

E_s——土壤蒸发速率，kg/(m^2·s)；

L——温室通风量 m^3/s；

t_a——通风进入温室内的空气温度,℃；

W_i——室内绝对湿度，kg/m^3；

W_o——室外绝对湿度，kg/m^3。

等号左边为室内空气的热量改变引起的热量蓄积，等号右边第1~5项依次为覆盖材料、墙体、作物、后屋面、土壤表面与室内空气的对流换热量，第6项为温室蒸散所消耗的潜热，第7、8项为温室通风所引起的显热和潜热损失。

3.1.3.5 室内空气湿度平衡方程

$$V\frac{dW_i}{dt}=A_0(E_p+E_s)+L(W_o-W_i) \tag{3-13}$$

式中 A_0——作物叶面积，m^2。

该方程的物理意义：等号左边为室内空气的蒸汽密度改变引起的蒸汽蓄积量，等号右边第1项为温室内部的蒸散量，第2项为温室通风引起的湿度变化。

3.1.4 日光温室热负荷

日光温室是一个相对封闭的设施农业建筑，与外界进行能量交换的过程十分复杂。白天，太阳能透过前屋面进入日光温室，一部分被作物光合作用吸收消耗，另一部分先被温室内墙体表面和地面吸收，再与温室内空气自然对流换热，维持温室内部动态热平衡；夜间，温室内墙体及地面将白天储存的热量通过对流和辐射换热的方式向外环境以及低温表面释放。根据能量守恒原理，日光温室的热平衡方程见式（3-14）。

$$q=q_1-u_1 \tag{3-14}$$

式中 q——向温室提供的热量，W；

q_1——温室通过前屋面获得的太阳辐射热量，W；

u_1——通过前后屋面、墙体、土壤等围护结构以导热、辐射、对流的方式向外界流失的热量，W。

日光温室的耗热量包括以下几个方面：

（1）围护结构耗热量；

（2）地面传热耗热量；

（3）加热冷风渗透耗热量；

（4）温室的通风耗热量；

（5）温室内部水分蒸发耗热量；

（6）温室外部的运输工具和物料耗热量；

（7）进入通过门斗侵入冷风的耗热量。

日光温室所需的最大热负荷通常出现在清晨，即室外空气温度最低且没有太阳辐射的时段。根据日光温室实际的运营管理情况，计算负荷时重点考虑围护结构耗热量、地面传热耗热量、加热冷风渗透耗热量，如式（3-15）所示进行基本计算。

$$Q_h = U_1 + Q_f + U_2 \tag{3-15}$$

式中 Q_h——日光温室供暖热负荷，W；

U_1——通过墙体、后屋面和前屋面等围护结构的耗热量，W；

Q_f——地面传热量，W；

U_2——冷风渗透耗热量，W。

3.1.4.1 围护结构耗热量

通过围护结构的耗热量按照式（3-16）进行计算。

$$U_1 = \sum_j K_j F_{gj}(t_n - t_w) \tag{3-16}$$

式中 U_1——通过墙体、后屋面和前屋面等围护结构的传热量，W；

K_j——日光温室各部分围护结构，包括前屋面保温覆盖物、墙体、后屋面、外门窗等的传热系数，W/(m^2 · K)；

F_{gj}——日光温室各部分围护结构的面积，m^2；

t_n——温室内空气计算温度，℃；

t_w——温室外空气计算温度，℃。

A 围护结构传热系数 K

日光温室的外墙和屋顶均属于匀质多层材料的平壁结构，通过此围护结构的传热过程如图 3-5 所示，围护结构内表面的传热是壁面与邻近空气及其他壁面因温差引起的自然对

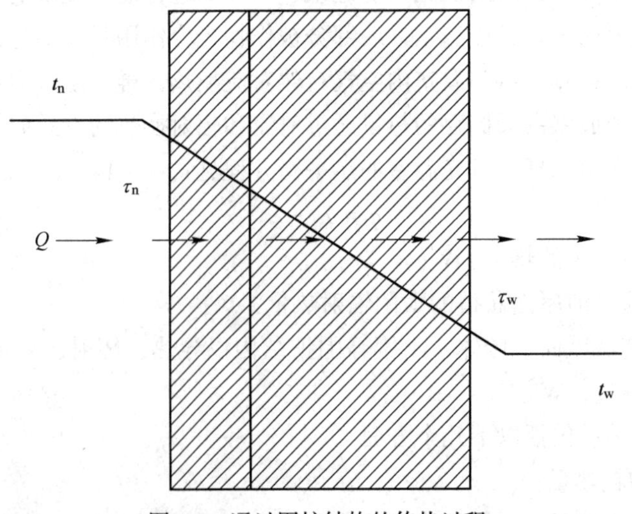

图 3-5 通过围护结构的传热过程

流换热和辐射换热，围护结构外表面的传热主要是由于风力作用产生的强迫对流换热、辐射换热以及周围环境的长波辐射换热。

围护结构的传热系数计算公式为：

$$K=\frac{1}{R}=\frac{1}{\dfrac{1}{\alpha_{\mathrm{n}}}+\sum\dfrac{\delta_i}{\lambda_i}+\dfrac{1}{\alpha_{\mathrm{w}}}}=\frac{1}{R_{\mathrm{n}}+R_j+R_{\mathrm{w}}} \tag{3-17}$$

式中 R——围护结构的热阻，$\mathrm{m^2\cdot℃/W}$；

α_{n}，α_{w}——围护结构的内表面和外表面的换热系数，$\mathrm{W/(m^2\cdot℃)}$；

R_{n}，R_{w}——围护结构内表面和外表面的热阻，$\mathrm{m^2\cdot℃/W}$；

δ_i——围护结构各层的厚度，m；

λ_i——围护结构各层材料的热导率，$\mathrm{W/(m\cdot℃)}$；

R_j——由多层或单层材料组成的围护结构各层材料的热阻，$\mathrm{m^2\cdot℃/W}$。

内表面换热系数 α_{n} 与热阻 R_{n} 的取值见表 3-5，外表面换热系数 α_{w} 与热阻 R_{w} 的取值见表 3-6。

表 3-5 内表面换热系数 α_{n} 与热阻 R_{n}

围护结构内表面特征	$\alpha_{\mathrm{n}}/\mathrm{W\cdot(m\cdot℃)^{-1}}$	$R_{\mathrm{n}}/\mathrm{m^2\cdot℃\cdot W^{-1}}$
墙、地面、表面平整或有肋状突出物的顶棚，当 $h/s\leqslant0.3$ 时	8.7	0.115
有肋状突出物的顶棚，当 $h/s>0.3$ 时	7.6	0.132（0.154）

注：h 为肋高，m；s 为肋间净距，m。

表 3-6 外表面换热系数 α_{w} 与热阻 R_{w}

围护结构外表面特征	$\alpha_{\mathrm{w}}/\mathrm{W\cdot(m^2\cdot℃)^{-1}}$	$R_{\mathrm{w}}/\mathrm{m^2\cdot℃\cdot W^{-1}}$
外墙与屋顶	23	0.04
与室外空气相通的非采暖地下室上面的楼板	17	0.06
闷顶和外墙上有窗的非采暖地下室上面的楼板	12	0.08
外墙上无窗的非采暖地下室上面的楼板	6	0.17

B 墙体有效蓄热量

对于不同结构如砖墙、夯实土质等形式的墙体，其有效蓄热量是沿墙体厚度方向温度场进行求解的，如式（3-18）及式（3-19）所示。

$$Q_{\mathrm{Eff}}=\sum_{i=1}^{nt}\sum_{j=1}^{U_i}\rho_{i,j}A_{i,j}\Delta x_{i,j}\int_{T_0}^{T}c_{i,j}(t)\,\mathrm{d}t \tag{3-18}$$

$$q_{\mathrm{Eff}}=\sum_{i=1}^{nt}\sum_{j=1}^{U_i}\rho_{i,j}A_{i,j}\Delta x_{i,j}\int_{T_0}^{T}c_{i,j}(t)\,\mathrm{d}t\Big/\sum_{i=1}^{nt}\sum_{j=1}^{U_i}A_{i,j}\Delta x_{x,j} \tag{3-19}$$

式中 nt——墙体材料层的总层数；

ρ——墙体材料的密度，$\mathrm{kg/m^3}$；

U_i——第 i 层墙体材料层的薄层总数；

A——计算薄层的面积，$\mathrm{m^2}$；

T_0——墙体蓄热量的计算温度起始值，通常可按生物学零度取值，℃。

C 日光温室外空气计算温度

室外空气计算温度取值越低，越能满足极端天气日光温室建筑热负荷需求，但同时也加大了供热系统的初投资。因此，在确定日光温室外空气计算温度时，必须从技术性与经济性的角度进行综合分析。

日光温室建筑通常在郊外，在计算热负荷时必须考虑冬季夜间围护结构外表面与室外环境之间的长波辐射热损失，即需要考虑有效天空温度的影响，可通过适当降低室外计算温度的方法进行修正，一般在室外计算温度的基础上降低3~5℃，作为该部分热损失的修正计算。

D 日光温室内空气计算温度

由于日光温室供热对象是果蔬等作物，所以温室内空气计算温度需要根据作物的适宜温度进行合理选取，当在一个日光温室内栽培多种作物时，取其高者。

3.1.4.2 地面传热量

一般采用“划分地带法”计算日光温室通过地面向外界的传热耗热量，即按照图3-6所示将温室地面划分成不同地带。距离温室四周2m距离的区域为第一地带，计算面积时重叠的墙角，即黑色阴影部分要进行重复计算；由第一地带继续向温室中间区域划出宽度为2m的区域为第二地带，以此类推确定第三地带和第四地带。需要注意的是，温室跨度小于12m时，最多只能划分到第三地带，即第二地带以内的温室中间无区域，无论其宽度大小均视为第三地带；当温室跨度大于12m时，第三地带以内的温室中间区域，无论其宽度大小均视为第四地带。

日光温室地中传热量可按照式（3-20）进行计算。

$$Q_f = \sum K_i F_i (t_n - t_w) \tag{3-20}$$

式中 Q_f——通过温室地带地面的总耗热量，W；

K_i——第 i 地带地面的传热系数，W/(m²·℃)；

F_i——第 i 地带地面面积，m²；

t_n，t_w——室内和室外空气计算温度，℃。

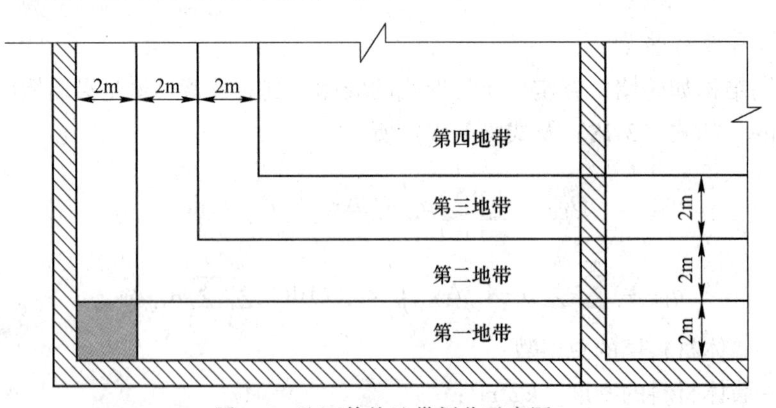

图3-6 地面传热地带划分示意图

直接建在田地上且没有对地面做特殊保温的非保温地面各地带的传热系数参照表3-7进行取值。

表 3-7 非保温地面的传热系数和热阻

地 带	$R/m^2 \cdot ℃ \cdot W^{-1}$	$K/W \cdot (m^2 \cdot ℃)^{-1}$
第一地带	2.15	0.47
第二地带	4.30	0.23
第三地带	8.60	0.12
第四地带	14.2	0.07

3.1.4.3 冷风渗透耗热量

冷风渗透耗热量主要受日光温室建筑围护结构、门窗朝向、室内外空气温度和室外风速等因素的影响。计算冷风渗透量的方法主要有对流换热系数法和换气次数法。

A 对流换热系数法

采用对流换热系数法按式（3-21）计算冷风渗透热负荷：

$$U_2 = \alpha_h(t_n - t_w)F \tag{3-21}$$

式中 U_2——单位面积围护结构的冷风渗透热负荷，W；

F——温室前屋面面积，m^2；

α_h——温室前屋面对流换热系数，$W/(m^2 \cdot K)$，标准值见表 3-8。

表 3-8 对流换热系数 α_h 标准值

使 用 条 件	$\alpha_h/W \cdot (m^2 \cdot K)^{-1}$
玻璃温室	3.48~5.80
聚氯乙烯温室	2.32~4.64
完全封闭的温室	0
双层覆盖的温室	0~2.32

B 换气次数法

采用换气次数法按式（3-22）计算冷风渗透热负荷：

$$U_2 = mc_p(t_n - t_w) = \rho c_p NV(t_n - t_w) \tag{3-22}$$

式中 U_2——冷风渗透负荷，W；

m——冷风进入温室内的空气质量，kg；

c_p——空气定压比热容，1.01kJ/(kg·℃)；

N——日光温室的设计换气次数，次/h，不同构造形式的温室的设计换气次数各不相同（见表 3-9）；

V——日光温室内部容积，m^3；

ρ——温度 t_n 对应下的空气密度，kg/m^3；

t_n，t_w——室内和室外空气计算温度，℃。

表 3-9 不同温室构造形式的设计换气次数

新温室		旧温室	
温室构造形式	换气次数/次 · h^{-1}	温室构造形式	换气次数/次 · h^{-1}
单层玻璃，玻璃塔接缝隙不密封	1.25	维护保养好	1.5
单层玻璃，玻璃塔接缝隙密封	1.00	维护保养差	2.00~4.00
塑料薄膜温室	0.60~1.00	单层玻璃上覆盖塑料薄膜	0.90
PC 中空板温室	1.00		

3.1.5 日光温室人工环境调控

太阳辐射与气象要素的双重周期性热作用特性直接影响温室热环境的稳定，因此需要用人工调控的方法营造蔬菜在各个不同生长阶段所需要的热环境，而调控方法和调控手段的科学性与精准性，直接影响作物的产量和品质。目前，常见的调控方式有日光调控、温度调控、湿度调控以及 CO_2浓度调控。

3.1.5.1 日光调控

日光调控重点在于温室内的辐照度、日照时间和光谱成分控制，利用光照强度测试仪和定时器等实时检测动态光照强度变化。通过对温室建筑朝向等一些参数的优化设计，提高温室前屋面接受太阳辐射的能力，选择具有高透过率、防尘等特性的前屋面透光材料，可以充分利用太阳能；对于太阳光照较弱的天气条件，可以采用各种电光源进行人工补光，其中锗灯的光谱能量最接近日光，光通量较高，照明效果较好。

3.1.5.2 温度调控

温室内的温度调控方式主要是供热增温和冷却降温。在北纬 41°以南地区，如果冬季最冷月平均气温不低于-5℃，且极端最低温度不低于-23℃，则节能日光温室冬季可以不加温。在北纬 41°以北地区或连栋温室中，当种植的作物要求较高的室内温度时，必须采取增温方法，以保证棚内果蔬等作物正常生长发育。

A 供热增温

传统的温室供热增温主要通过空气加热和土壤加热等方式，主要供热增温方式如表 3-10 所示。

表 3-10 传统温室供热增温的方式及特点

方式	过程	效果	性能	维护	费用	适用	其他
热风采暖	直接加热空气	停机后缺少保温性，温度不稳定	预热时间短，升温快	不用水，易操作	比热水采暖便宜	各种温室，塑料棚室	不用配管和散热器，作业性燃烧用空气由温室提供时需要通风换气
热气采暖	100 ~ 110℃的水蒸气转为热风或热水进行采暖	余热少，停机后缺少保温性	预热时间短自动控制稍难	锅炉要高，水质处理不严格输气管易被腐蚀	比热水采暖贵	大型温室及高差大的地方建造的温室	可做土壤消毒，散热管较难配置适宜，易产生局部高温

续表 3-10

方式	过程	效果	性能	维护	费用	适用	其他
热水采暖	60~80℃热水循环或热水与热空气热交换后以热风采暖	加热缓和，余热多停机后保温好	预热时间长可根据采暖负荷变动改变热水温度	锅炉要求比热水采暖低水质处理较容易	需用配管及散热器成本较高	大型温室	寒冷地区的管道应该具有防冻保护措施
电采暖	用电热温床线和电暖风加热采暖器	停机后缺少保温性	预热时间短最容易控制	最易操作	费用较低	小型育苗温室加热土壤辅助采暖	耗电多生产使用上不经济
辐射采暖	用液化石油气燃烧的红外取暖器	停机后缺少保温性可升高作物体温	预热时间短容易控制	使用方便	费用低	临时辅助采暖	耗气多大量长时间使用不经济，有释放 CO_2 的效果

B 冷却降温

日光温室中通常使用遮阳降温、蒸发降温以及通风降温的调控方式进行冷却降温。

(1) 遮阳降温。将遮光率为70%（或50%）的透气黑色网幕，覆盖于通风温室的顶部30~50cm处，可比不覆盖的室温降低4~7℃，最多时可降10℃，同时也可防止作物日光灼伤，提高作物品质和质量。

(2) 蒸发降温。蒸发降温就是利用水在蒸发过程中吸热的原理进行降温。目前常用的是微雾降温和湿帘降温。微雾降温的降温效果好，其降温能力在3~10℃之间适用于相对湿度较低，自然通风好的温室；湿帘降温在温度较高、相对湿度较低时降温效果明显，但其在高湿季节或地区降温时效果不佳。

(3) 通风降温。通风降温措施包括自然通风和强制通风。自然通风简便易行，降温效果显著，是调节室温的主要方式。机械通风可实现连续通风，受室外环境因素影响小。

C 保温

保温是保存并延长释放太阳能量的重要手段，目前在温室中常使用的保温方法有外覆盖法和通过室内保温幕进行保温的方法。外覆盖法是指在前屋面覆盖轻型保温被、草苫、纸被等材料，这是我国日光温室最常用而有效的保温途径。该种方法可使温室内的温度提高5~8℃。室内保温幕即在温室内加一层或双层可动式帘幕，白天将二层幕拉开受光，夜间再覆盖保温。一般增加一层保温幕，可使室内气温提高2℃左右。

3.1.5.3 湿度调控

由于温室内经常处于空气湿度过高、内表面结露多，滴落沾湿植物体表的状态，因此降低温室内的空气湿度、防止作物沾湿感染病害非常重要。具体的除湿技术主要有无滴膜、覆盖地膜、高温降湿等。

(1) 选用无滴膜。保证水滴不直接从棚膜上滴下来，而是形成流滴，滑落到棚的前沿或两侧。无滴膜即朝棚内的一面喷有涂层。一般情况下对普通薄膜表面喷涂除滴剂，或定期向薄膜表面喷撒奶粉、豆粉等，也可以减少薄膜表面的聚水量，降低室内湿度。

（2）起垄栽培。高垄表面积大，白天接受光照多，从空气中吸收的热量也多，因而升温快，土壤水分蒸发快，湿度不易偏高。

（3）覆盖地膜。可以大大降低地面水分蒸发，且可以减少灌水次数，从而降低空气湿度，同时可使10cm处地温平均提高2~3℃，地面最低气温提高1℃左右。

（4）通风换气。1天之内，通风排湿效果最好的时间是中午，因为这一时段棚内外湿度差别大，湿气比较容易排出；其他时段也要在保证温度要求的前提下，尽可能地延长通风时间。

（5）人工吸湿。在设施内张挂或铺设有良好吸湿性的材料，如生石灰、稻草、麦秸、草木灰或细干土，用以吸收空气中的湿气，防止空气湿度过高，达到自然吸湿的目的。

（6）高温降湿。在不伤害栽培作物的前提下，应尽量提高温度。随着温度的上升，湿度会逐渐下降。当温度上升到栽培作物所需适宜温度的最高值时，开始放风即可。

3.1.5.4 CO_2浓度调控

温室栽培使农作物长期处于相对密闭的场所中，室内二氧化碳浓度一天内变化很大，温室内CO_2亏缺严重会成为影响温室农作物产量的重要因素。目前增施气肥的方法主要有颗粒气肥坑埋法、化学反应法以及使用二氧化碳增长剂的方法。

（1）颗粒气肥坑埋法。以优质的碳酸钙为基料，以常规化肥为载体，加工成颗粒状的气肥，均匀埋施于作物的行间，使二氧化碳缓慢释放。

（2）二氧化碳增长剂。其为90%的可湿性粉剂，使用时将其洒在作物周围即可。

（3）化学反应法。应用二氧化碳发生器，或者简单的塑料容器，利用碳酸氢铵和稀硫酸反应生成CO_2。

3.1.6 温室节能技术

温室温度环境控制节能的原则应该给植物提供最有效的冷热量，尽可能节约能源和成本，需要结合当地气候特点、当地能源供应情况、投资与管理水平等因素综合考虑。

3.1.6.1 采用地源热泵技术

为了提高温室所培育作物附加值，通常需要辅助以一定的人工冷热源对温室内温湿度进行有效控制。温室传统冷热源是制冷机组、锅炉。与地源热泵相比，传统冷热源存在能耗高、环境污染严重等问题。而地源热泵技术则可以有效降低温室供冷、供热能耗，且无“废冷”“废热”的排放。实施地源热泵的前提是具备一定的地下埋管区域。与普通建筑相比，温室结构简单，且没有桩基等地下构筑物，为地源热泵技术的采用提供了有利条件。

3.1.6.2 采用太阳能通风技术

为了实现温室过渡季节的降温，主要采用通风降温的方式。当采用机械通风时，耗电量比较大；当采用自然通风时，目前主要存在气流组织不合理、室内热空气难以顺利排出、室内空气温度难以降低等问题。采用新型的太阳能通风方式可以很好地解决这些问题，其原理图如图3-7所示。

室外空气在热压作用下由西面山墙进风口进入温室，吸收室内热量后从东面山墙顶部出风口进入太阳能通风装置，从而排出室外。

3.1.6.3 采用相变蓄热墙体

温室保温的传统方法是增加墙体厚度，达到提高墙体热阻和蓄热的目的，但是温室墙体过厚(一般在1.5m以上，有的甚至高达9m)，会造成土地利用率低、建材用量增加过多。将相变蓄热材料应用于日光温室北墙内表面，通过提高温室墙体太阳能集热与蓄热能力，达到改善日光温室热环境的目的。

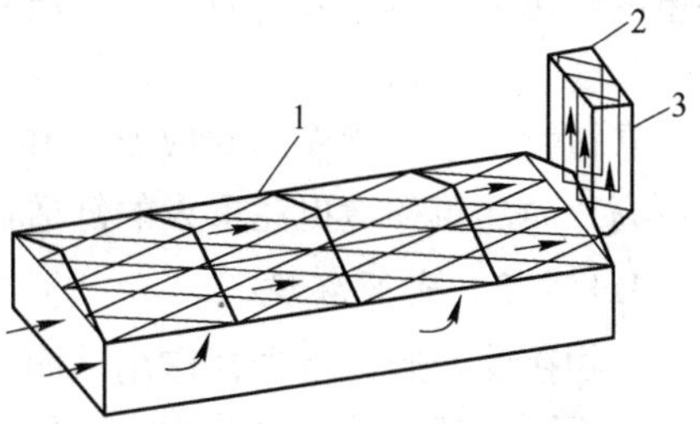

图3-7 太阳能通风原理示意图
1—遮阳网；2—软性黑色吸热材料；
3—太阳能通风装置

3.1.6.4 采用个性化温度调节技术

温室内种植作物的生长区域主要在温室下部1m高度左右空间。传统温室的整体温度调节会造成大量的能源浪费。采用个性化温度调节技术可以减少能源消耗，主要包括个性化供冷和个性化供暖两种调节方式。

(1) 个性化供冷。将培育作物放置在供冷支架下，冷空气主要集中在支架下部，温室上部不考虑供冷，大大降低了温室的供冷能耗。

(2) 个性化供暖。将辐射供暖管铺设在温室底部，利用细砂平铺后作为供暖地面为温室冬季温度环境控制服务。

3.1.7 植物工厂

植物工厂是通过设施内高精度环境控制实现农作物周年连续生产的高效农业系统，利用计算机对植物生长所需的光照、温度、湿度、二氧化碳浓度以及营养液等参数进行控制。植物工厂内主要采用无土栽培，因此可节约利用有限的土地资源，节省劳动力，是节约土地与人力资源的重要手段，如图3-8所示。

图3-8 植物工厂生产车间一角

3.1.7.1 植物工厂环境与建筑环境的异同

植物工厂热负荷与建筑热负荷都具有非线性、不均匀等特点，建筑和植物工厂的热湿环境的内扰因素包括室内照明、人员和设备的散热和室内湿源的散湿，外扰因素包括室外空气温度、太阳辐射、风向风速以及邻室空气的温湿度等。但植物工厂的内扰因素必不可少的是植物由于蒸腾作用的散湿量和大量的 LED 灯的照射量。植物工厂内要求湿度的参数更高，而建筑环境更注重人的舒适性。

3.1.7.2 光照环境

植物接受光照进行光合作用从而获得能量，不同作物由于需光量的不同、对光照强度要求也不同，就是同一种作物在不同的发育阶段以及品种之间的区别 ，对日照反应也有敏感与迟钝的差异。一般蔬菜作物适宜生长的日照长度为 8~16h，多数蔬菜作物最适日照长度为 12~14h。

植物工厂是一种多层架栽培形式，每层采用的人工光源都是 LED 冷光源，即这种灯的发光效率高，发热少，而且光强、光谱都是根据不同的植物需求特制的。这种灯光既能满足植物生长的需要，又比荧光灯更加节能。

工厂内 LED 灯板以红灯为主，中间按一定距离均匀分布着蓝灯等其他一些颜色的灯。太阳光对于植物而言是全波段的，红光、蓝光、紫外线、红外线等都包括在内，但实验显示，植物吸收的光线波段主要是红光和蓝光，比例超过 60%，因此将红光和蓝光按照一定配比制成光源，就能满足植物生长需求。光照系统分布及形式如图 3-9 所示。

图 3-9 植物工厂 LED 系统

3.1.7.3 通风环境

植物工厂的通风系统，采用自然通风和强制通风相结合的技术，能很好促进空气流通。通过调整通风机的位置来优化工厂内的气流流动，能提高空气洁净度和调配二氧化碳浓度。二氧化碳浓度根据不同植物的不同需求，一般在 0.04%~0.2%范围内。由于可以灵活控制通风系统，使得栽培环境的二氧化碳浓度可以得到大幅增加，使植物的光合效率提高，植物生物量的形成和营养物质的积累，都是常规栽培的几倍。通风系统示意图如图 3-10 所示。

3.1.7.4 温湿度环境

植物工厂内空气的温湿度对植物的蒸腾、病害发生及生理失调具有显著影响，植物工厂温湿度环境系统是一个复杂的多输入输出系统，其输入变量之间存在着强耦合、非线性

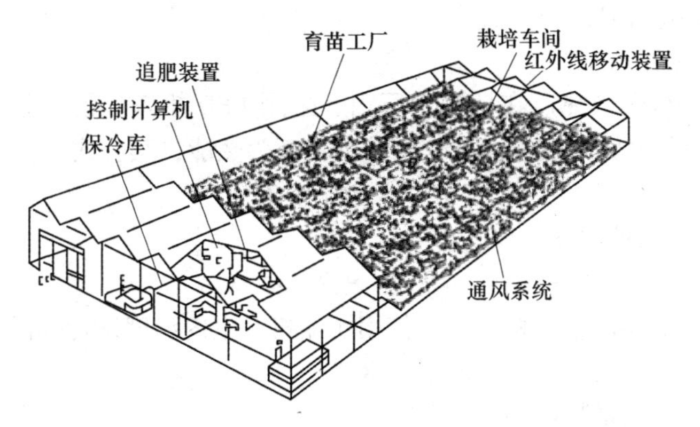

图 3-10 通风系统示意图

等特点，因此如何可以准确控制植物工厂内温湿度是一个关键问题。

对于大多数植物，空气温度为15~20℃时生长较好，当温度低于植物生长的最低温度要求时，植物种子会冻伤而出现不发芽的情况，当温度高于植物生长的最高温度要求时，植物种子会出现烂根现象。

A 热量平衡方程

植物工厂输入的能量包括工厂内加热系统加热量、通风系统导致的加热量、照明系统的散热量，输出的能量包括降温系统带走的热量。运用热平衡温度方法，得出植物工厂热量平衡方程：

$$\Delta Q = Q_{heat} + Q_{vent} + Q_{led} - Q_{cool} \tag{3-23}$$

式中 ΔQ——植物工厂热量变化量，W；

Q_{heat}——加热增量，W；

Q_{vent}——通风导致热量变化量，W；

Q_{led}——LED 植物照明灯发出的热量，W；

Q_{cool}——降温设备带走的热量，W。

(1) 植物工厂加热热量。植物工厂由暖气系统进行加热。暖气管道与植物工厂内空气进行热量交换，保持室内温度，计算公式为：

$$Q_{heat} = A_p h_p (T_p - T_i) \tag{3-24}$$

式中 A_p——暖气管道面积，m^2；

h_p——管道和空气的传热系数，W/(m^2·℃)；

T_p——管道温度，℃；

T_i——室内温度，℃。

(2) 外界通风热交换能量。植物工厂与外界的热量交换主要体现在排风机促使的室内外空气对流，计算公式为：

$$Q_{vent} = \rho c_p \varphi_{vent} (T_i - T_o) \tag{3-25}$$

式中 ρ——室外空气密度，kg/m^3；

c_p——空气定压比热容，J/(kg·K)；

φ_{vent}——通风量，kg；

T_i——室内温度,℃;

T_o——室外温度,℃。

(3) 植物工厂灯具散热。在植物工厂内，采用LED矩阵光源对植物进行生长照射，光源消耗的电能一部分转换成光能，其余的则转换为热能，其公式为:

$$Q_{led} = P(1 - \beta) \tag{3-26}$$

式中　P——照明灯具的功率，W;

β——发光效率。

(4) 空调温度控制能量。植物工厂使用压缩机对室内温度进行降温，计算公式为:

$$Q_{cool} = K_1 T_i + K_2 \omega \tag{3-27}$$

式中　K_1，K_2——比例系数;

T_i——室内温度,℃;

ω——压缩机功率，W。

植物工厂内的降温主要是依靠通风和湿帘降温系统，当环境相对湿度较低时，可降温度可达7~8℃，但当相对湿度较高时，降温效果不明显。升温依靠热水炉、太阳能加热器、电加热器和热风炉等设备，这些设备通过辐射、传导等方式向外传导热量。对于保温，工厂设有保温幕设施。

对于大多数植物，空气相对湿度为60%~85%时生长较好；当空气相对湿度大于85%或小于60%时，对植物的生长会起到抑制作用。湿度过大会为细菌的滋生提供条件，且植物容易发生烂根，抑制生长。

B　湿度平衡方程

植物工厂小气候受排风机通风、空调的加湿、作物蒸腾作用等因素影响，因此得到植物工厂湿度平衡方程，如式(3-28)所示。

$$\Delta E = E_A + E_t - E_v \tag{3-28}$$

式中　ΔE——植物工厂湿度增量;

E_A——空调对室内环境加湿量;

E_t——植物工厂内作物蒸腾作用的湿度增量;

E_v——通风导致水蒸气损失量。

(1) 空调对室内环境加湿量。植物工厂内加湿方式采用空调加湿，计算公式为:

$$E_A = 100 - (100 - RK_1)\frac{1}{1 + K_2 W} \tag{3-29}$$

式中　K_1，K_2——系数;

W——加湿器功率，W。

(2) 植物工厂内作物蒸腾释放水蒸气。作物的蒸腾作用是整个植物工厂中对湿度影响最大的生物因素，其产水蒸气的量(P-M方程)为:

$$E_t = \frac{\Delta R_n + \rho c_p [e_s(T) - e_a] r_a^{-1}}{\lambda \left[\Delta + \left(1 + \frac{r_c}{r_a}\right)\gamma\right]} \tag{3-30}$$

式中　Δ——饱和水汽压随温度变化曲线的斜率，kPa/℃;

R_n——作物冠层净辐射量，W/m²;

λ——水的蒸发潜热，J/g；

ρ——空气的密度，kg/m^3；

c_p——空气的定压比热容，J/(kg·K)；

$e_s(T)$——在温度 T 下的饱和水汽压，kPa；

e——实际水汽压，kPa；

r_c——气孔平均阻力，s/m；

r_a——作物表层空气动力学阻力，s/m；

γ——湿度计常数，kPa/℃。

（3）通风导致水蒸气损失量。排风扇打开时，将会引起室内外空气交换，由于植物工厂室内外湿度的不同，从而导致植物工厂内湿度的变化。通风效率越高，则室内湿度变化就越大。一般表示为：

$$E_v = \varphi_{vent}(X_i - X_o) \tag{3-31}$$

式中 X_i，X_o——植物工厂内外空气含水量，kg/m^3。

3.2 动物养殖环境

3.2.1 养殖场环境参数

3.2.1.1 养殖环境问题

随着我国畜禽养殖规模的日益扩大，养殖造成的环境问题也越来越严重。畜牧业排放的温室气体比交通运输业还要高，约占全球的18%；排放的 N_2O 占人类活动排放的68%，其中大部分来源于粪便；氨排放占人为排放的64%；甲烷排放占全球的35%~40%。目前我国畜牧业养殖环境问题主要体现在：

（1）污染水体。畜禽养殖污水中污染物质含量高，如果直接排入水体中，将造成水体富营养化，会导致水生生物逐渐死亡。畜禽养殖污水的有毒有害成分进入地下水，将会造成严重的持久性污染。

（2）污染空气。畜禽养殖过程会产生大量的恶臭气体，对养殖场周围大气造成严重污染，同时也会严重影响周围居民的生活环境。

（3）传播病菌。畜禽污染物如果不合理治理，也会造成病菌的传播，最终导致疫情的发生，给人类和畜禽带来严重的危害。

3.2.1.2 养殖环境参数

畜禽环境是指畜禽周围空间中对其生存有直接或间接影响的各种因素的总和。这些因素包括：

（1）物理因素。主要包括光、水、气、温度、湿度、太阳辐射、灰尘、噪声、地质结构、经度、纬度等。

（2）化学因素。空气中的各种固有气体成分（如 O_2）、畜舍中的有害气体（如 CO_2 等）和污染大气的有害气体（如 SO_2 等），以及饲料中所含的营养成分和水体、土壤、饲料中所含有的或混入的有毒物质。

(3) 生物因素。动物、植物、土壤、饲料中存在的病原微生物、寄生虫。

(4) 人为因素。政策、法规、社会活动、政治制度、经济状况、文化卫生状况、职业分工，人们对畜禽的饲养、管理等。

3.2.1.3 养殖环境物理参数分析

A 温度

猪、牛处于最适温度的情况下增肉最快，饲料利用率高，抗病能力强，饲养效益最佳。当环境温度不在最适温度范围内时，必须通过体温调节机制来维持体温的恒定，如果环境温度超出了体温的调节范围，则会出现不适感。

猪的皮下脂肪较厚，皮肤薄，没有汗腺，对高温的适应能力差。当温度高于正常范围的上限温度时，猪的皮肤血管会扩张，体表温度会升高，同时表皮水分渗透作用会增加，呼吸频率加快。为了提高蒸发散热，呼吸方式会有所改变。在高温环境下，猪会减少食量从而减少体内产热量。表 3-11 为不同年龄、类型猪的适应温度。

表 3-11 不同年龄和不同类型猪的适应温度

体重（猪舍类别）	舒适范围/℃	高临界值/℃	低临界值/℃
2~5kg（哺乳仔猪保温箱）	28~32	35	27
20~55kg（保育猪舍）	20~25	28	15
55~110kg（生长育肥猪舍）	15~23	27	13
妊娠母猪（空怀妊娠母猪舍）	15~20	27	18
哺乳母猪（哺乳母猪舍）	18~22	27	16
公猪（种公猪舍）	15~20	25	13

注：1. 表中哺乳仔猪保温箱的温度是仔猪 1 周龄以内的临界范围，2~4 周龄时的下限温度可降至 26~24℃。表中其他数值均值猪床上 0.7m 处的温度。

2. 表中的高、低临界值指生产临界范围，过高或过低都会影响猪的生产性能和健康状况。生长育肥猪舍的温度，在月份平均气温高于 28℃时，允许将上限提高 1~3℃，月份平均气温低于-5℃时，允许将下限降低 1~5℃。

当育肥肉牛生长环境温度高于 30℃时，就会开始出现热应激症状；超过 39.5℃时，对饲料消化率降低；高温还会使微生物活跃，使肉牛的抗病力下降，从而导致肉牛的发病率升高；当气温达 40℃时，肉牛基本就不会再采食。高温不仅使肉牛的产量下降，同时也使肉品质下降。表 3-12 为肉牛、奶牛的适应温度。

表 3-12 肉牛、奶牛的适应温度

种　类	最适宜温度/℃	生产环境界限/℃	
		最高温度	最低温度
犊牛	10~12	20	7
育成牛	10~15	25	3
育肥牛	10~15	20	3
产犊母牛	12	20	10
奶牛（黑白花）	2~20	-13	27
奶牛（娟姗）	5~24	-5	29
哺乳犊牛	13~25	5	30~32
育成牛	4~20	-10	32

鸡的生长速度、饲料利用率、产蛋量都受温度的影响，并且高温会引起一系列的生理反应，消耗能量，甚至引起热应激。所以过高或过低的环境温度都会造成免疫抑制，使家禽在生长过程中易受到病原感染或免疫后抗体水平较低。鸡的适应温度见表 3-13。

表 3-13 鸡的适应温度

种 类	最适宜温度/℃	生产环境界限/℃	
		最高温度	最低温度
产蛋鸡（来杭）	13~28	1	30~32
产蛋鸡（肉用种）	15~25	-5	30
肉用仔鸡（4 周龄）	16~25	13	30
出生雏鸡	30~35	—	—
火鸡	19~28	8	28

B 湿度

湿度可以改变温度对生长发育的影响，尤其是在高温环境下。湿度主要对家畜散热和产热产生影响，在相同的相对湿度下，环境温度越高，对动物影响越大。在低温环境中，家畜主要通过辐射散热、传导散热和对流散热三种方式散热。而较高的湿度的环境中，家畜的毛和皮肤会吸收空气中的水分，使毛和皮肤的导热系数提高。所以在低温高湿环境中，增加散热量，机体将感到更冷。

各种病原菌在高湿的环境下更容易生存和繁殖。猪舍内的湿度过大，猪的抵抗力会减弱，发病率会提高。表 3-14 为不同生长阶段猪舍的适宜相对湿度。

表 3-14 不同生长阶段猪舍的适宜相对湿度

类 别	舒适范围/%	高临界值/%	低临界值/%
哺乳仔猪保温箱	60~70	80	50
保育猪舍	60~70	80	50
生长育肥猪舍	60~75	80	50
空怀母猪舍	60~70	85	50
哺乳母猪舍	60~70	85	50
种公猪舍	60~70	85	50

注：1. 表中的高、低临界值指生产临界范围，过高或过低都会影响猪的生产性能和健康状况。
2. 在密闭式有采暖设备的猪舍，适宜的相对湿度比上述数值要低 5%~8%。

C 有毒有害气体

有害气体主要来源于呼吸以及粪尿等有机物的分解，主要包括二氧化碳、氨气和硫化氢等。

CO_2为无毒气体，畜舍的通风状况和空气的污染程度可以用其浓度来反应。如果畜舍长期通风设置不好，会导致畜舍中 CO_2浓度持续过高，舍内氧气含量下降，进而导致家畜慢性缺氧、生产力下降，体质衰弱，易感染肺结核等慢性传染病。

NH_3是养殖场中主要有害气体之一。尿素中含有尿氮，在尿酶水解后生成氨气和二氧化碳，饲料残渣和垫草等有机物腐败分解也会产生氨气。氨气会影响动物生产性能并容易引发疾病，同时对工作人员的健康也存在威胁。

H_2S 具有强烈的还原性，经家畜肺部进入血液循环时，可与血液中的 Fe^{3+} 结合后影响细胞呼吸，造成组织缺氧。如果长期处于低浓度 H_2S 的环境中，家畜会体质变弱、抗病力下降，易发生肠胃病、心脏衰弱等病状。如果 H_2S 的浓度过高则会直接抑制呼吸中枢，引起窒息，以致死亡。

各养殖场中主要有毒有害气体浓度上限标准参考表 3-15。

表 3-15 养殖场中主要有毒有害气体浓度上限标准

养殖场	气体浓度		
	$H_2S/mg \cdot m^{-3}$	$CO_2/\%$	$NH_3/mg \cdot m^{-3}$
鸡舍	10	0.15	15
牛舍	10	0.25	20
猪舍	10	0.15	10

D 空气颗粒物

空气中的总悬浮颗粒物会传播致病微生物，通过尘埃微粒、气溶胶等传播疫病。饲养管理人员的生产操作以及家禽本身的活动都会导致颗粒物的扩散。颗粒物在空气中停留时间越长，被吸入的机会就越多，对家禽的危害就越大。

E 通风和气流组织

气流可以散热和排除有害气体，因此需要合理利用气流组织。在舒适的条件下，如果风速过大，皮肤蒸发散热量会减少。养殖场内部应当合理设置通风量，保证气流分布均匀，无通风死角。猪舍通风量和风速的要求见表 3-16、表 3-17。

表 3-16 猪舍通风量 $(m^3/(h \cdot kg))$

猪舍类别	春季	夏季	秋季	冬季
种公猪舍	0.55	0.70	0.55	0.35
空怀妊娠母猪舍	0.45	0.60	0.45	0.30
哺乳猪舍	0.45	0.60	0.45	0.30
保育猪舍	0.45	0.60	0.45	0.30
生长育肥猪舍	0.50	0.65	0.50	0.35

表 3-17 猪舍风速 (m/s)

猪舍类别	夏季	冬季
种公猪舍	1.00	0.30
空怀妊娠母猪舍	1.00	0.30
哺乳猪舍	0.40	0.15
保育猪舍	0.60	0.20
生长育肥猪舍	1.00	0.30

3.2.2 养殖场环境传热传质分析

以猪舍为例进行传热传质分析。

3.2.2.1 热交换模型❶

猪舍墙体和舍顶盖、舍内空气、猪、舍内地面、加热系统可以影响舍内小气候热交换。由于舍内外温湿度不同，墙体及顶盖将舍内外空气分开，舍内外的热量交换通过墙体及顶盖来实现热传递。猪可以通过呼吸及皮肤与舍内小气候进行热量交换。图 3-11 是舍内环境热交换示意图。

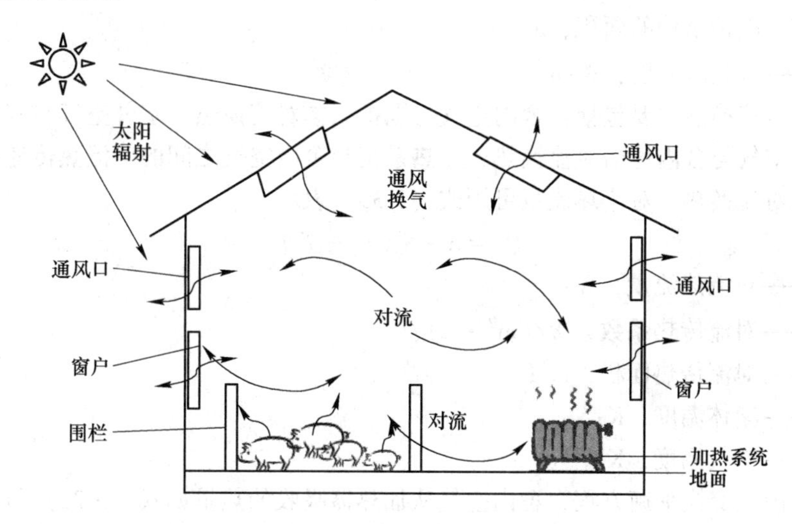

图 3-11 猪舍内环境热交换示意图

热量交换的主要方式包括辐射热传递和对流热传递。根据内部能量平衡关系，储存热量的变化率等于单位时间内猪舍内得到的热量与散失的热量之间差，如式（3-32）所示。

$$C\frac{dT_i}{dt} = Q_r + Q_b + Q_s + Q_p + Q_f + Q_g + Q_a + Q_m \tag{3-32}$$

式中 C——猪舍内空气热容，$C = 1030 J/(kg \cdot ℃)$；

Q_r——围护结构获得的太阳辐射能量，W；

Q_b——加热系统供热流量，W；

Q_s——围护结构耗热量，W；

Q_p——猪体表面换热量，W；

Q_f——通风口散失热量，W；

Q_g——地面散失热量，W；

Q_a——缝隙散热，W；

Q_m——照明、电机、设备发热，W；

T_i——猪舍内温度，℃。

❶ 选自谢秋菊. 基于模糊理论的猪舍环境适应性评价及调控模型研究［D］. 哈尔滨：东北农业大学，2015.

照明、电机、设备发热及缝隙散热通常可以忽略不计，因此可得式（3-33）。

$$C\frac{dT_i}{dt} = Q_r + Q_b + Q_s + Q_p + Q_f + Q_g \tag{3-33}$$

辐射换热主要包括围护结构获得的太阳辐射热量、猪体表面辐射热量和加热系统的辐射热量。其中，围护结构获得的太阳辐射热量为：

$$Q_r = \rho \cdot S_w \cdot I_D \tag{3-34}$$

式中 Q_r——围护结构获得的太阳辐射能量，W；

ρ——围护结构辐照转换系数；

S_w——围护结构的面积，m^2；

I_D——太阳辐照度，W/m^2。

舍中的对流换热主要包括：舍内空气与围护结构对流换热，室外空气与围护结构对流换热，舍内空气与舍内地面对流换热，加热系统与舍内空气之间的对流热传递和猪体表与舍空气间的对流换热。对流热流量可用式（3-35）表示。

$$Q_e = \lambda \cdot S_e(T_a - T_i) \tag{3-35}$$

式中 Q_e——对流热流量，W；

λ——对流传热系数，$W/(m^2 \cdot K)$；

S_e——对流传热面积，m^2；

T_a——猪体温度，K；

T_i——空气温度，K。

根据舍内热交换平衡方程，舍内空气从加热器吸收的热量如式（3-36）所示。

$$dQ_b = K(T_h - T_r)dt \tag{3-36}$$

式中 dQ_b——dt 时间内舍内空气从加热器吸收的热量，W；

t——时间，s；

T_h——加热器的表面温度，℃；

T_r——舍内空气温度，℃；

K——热交换率，$W/(m^2 \cdot ℃)$。

由于加热器表面温度与加热器的额定功率 P 相关，$T_h = k_1 P$，所以式（3-36）可以表示成式（3-37）所示的形式：

$$dQ_b = K(k_1 P - T_r)dt \tag{3-37}$$

从式（3-37）可以看出，加热器的额定功率越大，表面温度越高，房间温度上升得越快。系数 K 和 k_1 可以根据回归方程及现场实测数据得到。围护结构散热量与围护结构的内表面与外表面的温度差、传热时间、传热面积有关。散热量如式（3-38）所示：

$$Q_g = K_g(t_n - t_w)F_g \tag{3-38}$$

式中 Q_g——围护结构传热量，W；

K_g——围护结构的传热系数，$W/(m^2 \cdot ℃)$；

t_n——围护结构内表面温度，℃；

t_w——围护结构外表面温度，℃；

F_g——围护结构的面积，m^2。

围护结构的内表面温度 t_n 由式（3-39）计算：

$$t_n = t_i - \frac{t_i - t_e}{R_0} R_i \tag{3-39}$$

式中 t_i，t_e——室内和室外温度，℃；

R_0，R_i——围护结构内表面传热阻值和内表面换热系数，$m^2 \cdot K/W$。

围护结构散热量如式（3-40）所示：

$$Q_s = K_s \left[(t_i - t_w) - \frac{t_i - t_e}{R_0} R_i \right] F_s \tag{3-40}$$

猪与舍内空气之间通过体表皮肤进行热量交换，包括猪体表辐射热交换和猪体表与空气的对流热交换。猪体表散热如式（3-41）所示：

$$Q_p = n(Q_{pr} + Q_{pe}) \tag{3-41}$$

式中 n——舍内猪的数量；

Q_{pr}——猪体表辐射热交换，W，

$$Q_{pr} = A_p \varepsilon \sigma (T_p^4 - T_i^4)$$

A_p——猪体表面面积，取 $0.105K\sqrt[3]{G^2}$ m^2；

G——猪的质量，kg；

K——修正系数，取0.66；

σ——黑体的辐射，取 $5.67 \times 10^{-8} W/(m^2 \cdot K^4)$；

T_p——猪体表面温度，K；

T_i——舍内环境温度，K；

ε——猪表面辐射黑度；

Q_{pe}——猪体表对流热交换，W。

猪体表与空气对流换热如式（3-42）所示：

$$Q_{pe} = A_p h_c (t_p - t_i) \tag{3-42}$$

式中 A_p——猪体表面面积，m^2；

h_c——对流换热系数，$h_c = \sqrt[3]{270v^2 + 23}$；

v——风速，m/s；

t_p——猪体表温度，℃；

t_i——环境温度，℃。

于是可得猪体表散热为：

$$Q_p = nA_p [\varepsilon \sigma (T_p^4 - T_i^4) + h_c (t_p - t_i)] \tag{3-43}$$

舍内通风口与舍外空气交换将会损失热量，其大小受通风效率的影响，通风口散失热量 Q_f 为：

$$Q_f = \rho_a L c_p (t_i - t_o) \tag{3-44}$$

式中 ρ_a——空气密度，kg/m^3，当向舍外排风时 $\rho_a = 353/(t_i + 273)$，当向舍内进风时 $\rho_a = 353/(t_o + 273)$；

L——通风量，m^3/s；

c_p——空气的比热容，$c_p = 1030 J/(kg \cdot ℃)$；

t_i，t_o——舍内温度、舍外温度，℃。

地面与舍内空气进行对流热交换，地面对流换热为：

$$Q_g = S_g h_g (t_i - t_g) \tag{3-45}$$

式中　Q_g——地面对流换热，W；

S_g——地面面积，m^2；

h_g——换热系数，通常室内空气与地面换热系数取 $6W/m^2$；

t_g，t_i——地面温度、空气温度，℃。

3.2.2.2　湿度

在舍内，不仅是动物体表以及呼吸过程中会蒸发大量的水汽，而且地面、粪坑、水槽及其他潮湿表面也会蒸发水汽。如果蒸发的水汽积累太多，将会使舍内的湿度过高。多余的湿气可以通过通风进行排除。

根据质量守恒原理，舍内水汽产生量应该等于水汽的消散量，可用式（3-46）表示：

$$\rho_a L h_i = V_a L h_e + h_b + h_g \tag{3-46}$$

式中　ρ_a——空气密度，kg/m^3；

L——舍通风量，m^3/s；

h_e——进入空气的含湿量，$kg/kg_{干空气}$；

h_i——排除空气的含湿量，$kg/kg_{干空气}$；

h_b——猪散发的水汽量，kg/s；

h_g——舍内各种表面水汽蒸发量，kg/s。

3.2.2.3　氨气❶

在规模化养猪生产中，猪的排泄物及废料中未被吸收的含氮物质的分解是猪舍内氨气的来源，其中尿液中尿素的挥发是猪舍内氨气的主要来源。氨气排放对舍内环境和猪的健康产生不利影响，同时也会对大气造成污染，影响居民区生活。

目前对于猪舍内氨气浓度模型的研究主要有机理模型研究和统计模型研究。机理模型研究从氨气产生的机理出发，分析影响氨气产生量的各种因子，建立氨气挥发的机理模型。由于氨气挥发过程较复杂，而且相关参数无法确定，因此难以用理论分析方法导出精确的模型。氨气挥发的统计模型是将现场测定数据经过数理统计法求得各影响因素与氨气浓度之间的函数关系，建立较为精确的氨气浓度预测模型。

氨挥发的本质是游离的液氨从其表面向空气传输的过程。挥发过程可用“双膜理论（two-film theory）”“亨利定律”等理论加以描述。1923 年，由惠特曼（W. G. Whitman）和刘易斯（L. K. Lewis）提出了双膜理论，它是关于传质机理的经典理论，是界面传质动力学理论。该理论对液体吸收剂吸收气体吸收质的过程做了较好的解释，现已被广泛应用于土壤、畜禽粪便等氨气挥发模拟中。双膜理论假设在相互接触的溶液和空气之间两侧各存在着一个稳定的、很薄的停滞膜，这两个停滞膜内存在向两侧的传质阻力，这种传质阻力是物质传递的关键。在停滞膜的相界面处，气、液两相瞬间即可达到平衡。两个停滞膜以外的气、液两相主体中，物质组成均匀。图 3-12 是氨气挥发的双膜理论示意图。

❶　选自刘丹. 猪舍内氨气挥发动态模型的实验研究——以安平猪场为例［D］. 北京：中国农业大学，2004.

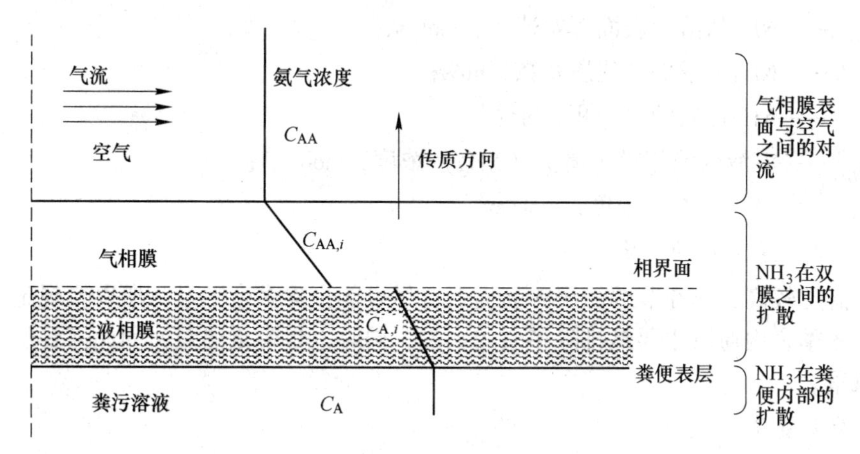

图 3-12 粪便中氨挥发双膜理论示意图

粪污溶液中浓度为 C_A 的挥发物质向上移动，通过液相膜，由于液体扩散限制迁移速率，使氨浓度存在一个梯度变化 $C_{A,i}$。氨通过气相膜，迁移同样也会受到限制，气相膜中氨浓度也存在一个梯度变化 $C_{AA,i}$，C_{AA} 为空气中氨气浓度。基于双膜理论的 NH_3 挥发过程可以划分为 3 个阶段：NH_3 在粪便内部的扩散，NH_3 在双膜之间的扩散，以及氨气在气相膜表面和空气之间的对流过程。

氨水溶液中，只有游离态氨能够从溶液表面挥发到大气中。氨气的转移是一种动态物理平衡过程。溶液中的动态平衡和游离氨的挥发可以用式（3-47）~式（3-49）来表示：

$$NH_4^+ \rightleftharpoons NH_{3(aq)} + H^+ \tag{3-47}$$

$$NH_{3(aq)} \rightleftharpoons NH_{3(g)} \tag{3-48}$$

$$[TAN] \rightleftharpoons [NH_4^+] + [NH_{3(aq)}] \tag{3-49}$$

式（3-47）和式（3-49）中，NH_4^+ 是氨根离子，是由溶液中游离氨（$NH_{3(aq)}$）和溶液中的氢离子组成；空气中游离氨（$NH_{3(g)}$）与溶液中游离氨（$NH_{3(aq)}$）是相等的。在氨水挥发过程中，溶液中的游离氨通过水-气界面释放到空气中。式（3-49）中，[TAN] 表示溶液中的氨根离子与游离氨浓度总和，表示总氨浓度。

溶液中游离氨和氨根离子的比例分别设为 F_1 和 F_0，$F_0+F_1=1$。F_0 和 F_1 可以分别由式（3-50）和式（3-51）来计算。

$$F_0 = \frac{[NH_{3(aq)}]}{[NH_4^+] + [NH_{3(aq)}]} = \frac{[NH_{3(aq)}]}{[TAN]} \tag{3-50}$$

$$F_1 = \frac{[NH_4^+]}{[NH_4^+] + [NH_{3(aq)}]} = \frac{[NH_4^+]}{[TAN]} \tag{3-51}$$

因此，溶液中的 $[NH_{3(aq)}]$ 和 $[NH_4^+]$ 可以表示为：

$$[NH_{3(aq)}] = F_1 \times [TAN] \tag{3-52}$$

$$[NH_4^+] = (1 - F_1) \times [TAN] \tag{3-53}$$

利用双膜理论，氨气从气态层逸出的量等于物质转移系数与溶液和空气两相浓度差的乘积，NH_3 从粪便表面挥发的速率为：

$$v_{NH_3} = KS([NH_{3(aq)}] - [NH_{3(g)}]) \tag{3-54}$$

式中　v_{NH_3}——NH_3从溶液表面挥发速率，mol/s；

K——NH_3挥发的总传质系数，m/s；

S——NH_3挥发的总面积，m^2；

$[NH_{3(aq)}]$——溶液内液相膜游离氨（NH_3）浓度，mol/m^3；

$[NH_{3(g)}]$——空气中NH_3浓度，mol/m^3。

3.2.2.4　通风量的确定

夏季温度较高，应在节约能源的前提下，尽可能排除多余热量，所以要规定最大夏季通风量。冬季舍内通风主要是排除多余的水汽，同时也将带走热量，因此需要规定舍内的最小通风量。

A　最大夏季通风量

最大夏季通风量的计算方法为：

$$L = \frac{Q}{\rho c(t_2 - t_1)} \tag{3-55}$$

式中　L——最大夏季通风量，m^3/s；

Q——舍内需排出的多余热量，W，

$$Q = nQ_b + Q_w - Q_e$$

n——舍内饲养的数量；

Q_b——每头猪散发的热量，W；

Q_w——围护结构传入的热量，W；

Q_e——舍内地面及其他表面水汽蒸发所耗热量，W；

ρ——空气密度，kg/m^3，通风量按进风量计算时取$\rho = 353/(t_o + 273)$，通风量按排风量计算时，取$\rho = 353/(t_i + 273)$；

c——空气的定压质量比热容，可取$c = 1030J/(kg \cdot ℃)$；

t_1——进入舍内的空气温度，当没有对进风进行处理时，$t_1 = t_o$，℃；

t_o——舍外计算气温，℃；

t_2——舍内排风温度，通风量不大，舍内气温分布较均匀时，$t_2 \approx t_i$；

t_i——夏季舍内允许的适宜气温，℃。

B　最小冬季通风换气量

根据热量平衡关系可以确定通风量，如式（3-56）所示：

$$L = \frac{Q}{\rho c(t_i - t_o)} \tag{3-56}$$

式中　ρ——空气密度，kg/m^3，通风量按进风量计算时取$\rho = 353/(t_o + 273)$，通风量按排风量计算时，取$\rho = 353/(t_i + 273)$；

c——空气的定压质量比热容，可取$c = 1030J/(kg \cdot ℃)$；

t_o——冬季舍外计算气温，℃；

t_i——舍内的空气温度，℃；

Q——通风空气排出的多余热量，W，

$$Q = Q_b + Q_g - Q_w - Q_e$$

Q_b——猪散发的热量，W；

Q_g——采暖设备的加热量，W；

Q_w——围护结构的耗热量，W；

Q_e——舍内地面及其他表面水汽蒸发所耗热量，W。

C 根据热量确定通风换气量

夏季舍内多余的热量需要通过通风系统来排除，创造适宜的舍内温度。冬季，除了保证有效地利用舍内热量的同时，还需要排除舍内多余水汽、有害气体等，保证清新的舍内空气。舍内空气温度稳定是通风换气的必要条件，可以用热平衡法来计算通风量，即单位时间内产生的热量等于通过外围护结构散失的热量、舍内空气吸收的热量和舍内水分蒸发消耗热量的和，如式（3-57）所示：

$$Q=\Delta t(LC+\sum KF)+W \tag{3-57}$$

式中 Q——猪舍内需排出的多余热量，kJ/h；

Δt——舍内外空气温度差，℃；

L——通风换气量，m^3/h；

C——空气的热容量，取 1.3kJ/(m^3·℃)；

$\sum KF$——通过外部围护结构散失的总热量，kJ/(h·℃)；

K——外部围护结构的总传热系数，kJ/(m^2·h·℃)；

F——舍外部围护结构的面积，m^2；

W——由地面及其他潮湿物体表面蒸发水分所消耗的热能，按猪体总产热的 25% 计算。

通风换气量如式（3-58）所示：

$$L=\frac{Q-\Delta t\sum KF-W}{C\Delta t} \tag{3-58}$$

根据热量计算的通风换气量只能排除多余的热能，多余的水汽和污浊空气不能完全排除。

D 根据氨气量计算通风换气量

二氧化碳、氨气、硫化氢等都是舍内的有害气体。猪的呼吸、排泄物、废料分解及发酵都可以产生这些有害气体，对猪的健康及繁育产生不良影响。对猪的健康危害较大的有害气体是氨气。通风量计算方法如式（3-59）所示：

$$L=\frac{\Delta K}{C_1-C_2} \tag{3-59}$$

式中 L——通风换气量，m^3/h；

ΔK——每小时产生的氨气量，L/h；

C_1，C_2——舍内空气、舍外大气中的氨气含量，L/m^3。

舍内多余的水汽不能由氨气计算的通风换气量排除。因此，根据氨气计算的通风量只适合温暖干燥地区，在寒冷或潮湿地区，通风量应根据热量和水汽来计算。

E 根据水汽计算通风换气量

根据水汽计算通风换气量的依据是通过将舍外干燥空气导入舍内，从而将舍内空气水分含量降低，根据舍内外空气中所含水分之差而求得排除舍内水汽所需的通风换气量，如式（3-60）所示：

$$L = \frac{w}{\rho(d_i - d_o)} \tag{3-60}$$

式中　L——应排除舍内水汽的换气量，m^3/s；

d_i——舍内空气的含湿量，$kg/kg_{干空气}$；

d_o——舍外空气的含湿量，$kg/kg_{干空气}$；

w——舍内需排出的多余水汽量，kg/s，

$$w = w_a + w_e$$

w_a——猪蒸发的水汽量，kg/s；

w_e——舍内各种表面水汽蒸发量，kg/s。

根据水汽计算的通风换气量通常会大于由氨气量计算的通风换气量，因此，根据水汽计算通风换气量在寒冷、潮湿地区较为合理。

3.2.3　养殖场环境降温措施

养殖生产的影响因素有温度、湿度、风速和太阳辐射等热环境因素。为了缓解高温对养殖业的影响，外围护结构隔热、畜舍降温都是目前国内外主要的畜舍的防暑方法。

（1）通风降温。夏季温度较高，需要进行有效的通风排除舍内的热量。自然通风和机械通风都是有效的通风方式。自然通风是在建筑中设置合适的进出风口，利用自然风力及室内外的温差作用将舍外新鲜空气引入猪舍。机械通风目前常用的纵向通风如图 3-13 所示，将风机安装在畜舍的山墙上组织纵向通风，将舍内高温空气用风机排除而将舍外凉爽的新鲜空气引入室内。

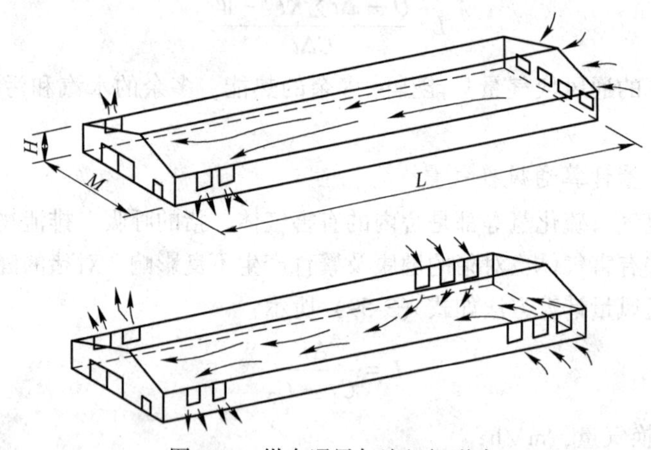

图 3-13　纵向通风气流组织形式

（2）湿帘风机降温。湿帘风机降温的原理是应用蒸发降温，通过湿帘蒸发水汽来吸收通风空气中的显热量，从而达到降温的目的。湿帘风机降温主要由湿帘风机、水循环系统和自动控制装置组成，如图 3-14 所示。

（3）动物体表喷淋降温。喷淋降温系统是将喷洒的水直接打湿动物体，水在动物身体表面蒸发直接将体表热量带走。该系统装置简单、效果明显。

图 3-14 湿帘风机降温

（4）屋面喷淋降温。屋面喷淋是指在温室屋顶上喷淋冷却水，既利用水的传导冷却，又利用水膜可吸收来自天空与环境方面的热辐射，从而使水汽化蒸发达到温室内的降温效果。若采用深井冷水或地下水作为水源，降温效果会更好。

（5）细雾蒸发降温。细雾蒸发降温系统是采用水力或气力雾化，向降温的空间直接喷入细雾后其迅速蒸发，从而吸收室内热量，室内温度降低。该系统不仅要使雾滴在表面的蒸发速度加快，同时还要防止粗雾滴没有完全蒸发后落下淋湿动植物表面或在地面积水，因而需采用较高的喷雾压力。

（6）室内水膜降温。室内水膜降温是在温室内距屋面一定距离的地方铺设一层水膜材料，喷出的雾滴限制在屋面与水膜之间的夹层空气中，经水的蒸发吸热以及空气和水膜之间的换热，达到降温的目的。未蒸发的水滴被水膜承接并汇入水槽回用，可以防止水滴淋湿室内地面，同时水膜具有阻挡太阳辐射热进入的作用。

（7）集中式雾化降温。此法也称为沸腾炉式集中雾化降温，是在建筑的进风口处设置喷雾室进行集中喷雾降温，其降温装置采用逆气流方向的喷雾以增强雾滴与气流间的热量交换，并靠上升气流对下降雾滴的托升作用，使雾滴产生类似于工业沸腾炉中粉粒的运动，增加了气流与水滴的接触时间，提高了降温效果，如图 3-15 所示。

图 3-15 集中式雾化降温

参考文献

[1] 陈超．现代日光温室建筑热工设计理论与方法［M］．北京：科学出版社，2017.
[2] 李天来．日光温室蔬菜栽培理论与实践［M］．北京：中国农业出版社，2013.
[3] 白义奎，刘文合，王铁良，等．日光温室朝向对进光量的影响分析［J］．农业机械学报，2005，(2)：73~75，84.
[4] 曹伟，李永奎，白义奎．温室方位角对日光温室温度环境的影响［J］．农机化研究，2009，5 (5)：183~189.
[5] 王永宏，张得俭，刘满元，等．日光节能温室结构参数的选择与设计［J］．机械研究与应用，2003 (S1)：101~103.
[6] 陈秋全，杨光勇，刘及东．北方高寒地区高效节能型日光温室优化设计［J］．内蒙古民族大学学报 (自然科学版)，2003 (3)：257~259.
[7] 佟国红，王铁良，白义奎，等．日光温室墙体传热特性的研究［J］．农业工程学报，2003，19 (3)：190~195.
[8] 彦启森，赵庆珠．建筑热过程［M］．北京：中国建筑工业出版社，1986.
[9] 张振贤．蔬菜栽培学［M］．北京：中国农业大学出版社，2003.
[10] 周长吉．现代温室工程［M］．北京：化学工业出版社，2003.
[11] 辛本胜．日光温室温湿度预测模型研究［D］．北京：中国农业大学，2005.
[12] 李娜．日光温室建筑结构热工设计方法研究［D］．北京：北京工业大学，2016.
[13] 魏晓明，周长吉，曹楠，等．中国日光温室结构及性能的演变［J］．江苏农业学报，2012 (4)：855~860.
[14] 李小芳，陈青云．墙体材料及其组合对日光温室墙体保温性能的影响［J］．中国生态农业学报，2006 (6)：718~722.
[15] 李远哲，狄洪发，方贤德．被动式太阳房的原理及设计［J］．北京：能源出版社，1989.
[16] Bargach M N，Dahman A S，Boukallouch M. A heating system using flat plate collectors to improve the inside greenhouse microclimate in Morocoo［J］. Renewable Energy，1999，18 (3)：367~381.
[17] 王吉庆，张百良．水源热泵在温室加温中的应用研究［J］．中国农学通报，2005，21 (6)：415.
[18] Onder O. Use of solar assisted geothermal heat pump and small wind turbine systems for heating agricultural and residential building［J］. Energy，2005，35 (1)：262~268.
[19] Bascetincelik A，Paksoy H O. Greenhouse heating with solar energy and change energy storage［J］. Acta Horticulturae，1997，443 (443)：63~70.
[20] 王宏丽．相变蓄热材料研发及在日光温室中的应用［D］．西安：西北农林科技大学，2013.
[21] 周纬．相变蓄能墙体材料在日光温室节能应用中的可行性研究［D］．北京：北京工业大学，2010.
[22] 郑延海，裴克全．什么是“植物工厂”［J］．生命世界，2017 (4)：4~7.
[23] 朱颖心．建筑环境学［M］．4 版．北京：中国建筑工业出版社，2016.
[24] 董斌，孙宁宁，罗金耀．基于棚内气象数据的冬季大棚番茄蒸腾计算［J］．武汉大学学报 (工学版)，2009，42 (5)：601~604.
[25] 李亨．基于模糊神经网络的植物工厂温湿度控制研究［D］．天津：天津职业技术师范大学，2019.
[26] 庄闻昊，郭新霞．上海某人工光型密闭式植物工厂暖通空调系统设计［J］．暖通空调，2018，48 (5)：16，57~62.
[27] 陈瑶，王树进．我国畜禽集约化养殖环境压力及国外环境治理的启示［J］．长江流域资源与环境，2014，23 (6)：862~868.
[28] 程波，王甜甜．畜禽养殖环境承载力指标体系构建、量化及预测研究［D］．北京：中国农业科学

院，2012.
[29] 申茂向，李保明．养殖业集约规模化与新型工业化［J］．中国软科学，2005（12）：77~84.
[30] 陈志银，苗香雯，邵燕华．中国南方地区夏季猪舍降温效果的实验研究［D］．杭州：浙江大学，2002.
[31] 栾冬梅，马春宇．寒区育肥牛舍冬季环境测定与通风改造的研究［D］．哈尔滨：东北农业大学，2012.
[32] 金灵，叶慧，高玉云，等．家禽环境与健康养殖研究进展［J］．中国家禽，2011，33（8）：37~40.
[33] 谢秋菊．基于模糊理论的猪舍环境适应性评价及调控模型研究［D］．哈尔滨：东北农业大学，2015.
[34] 刘丹．猪舍内氨气挥发动态模型的实验研究——以安平猪场为例［D］．北京：中国农业大学，2004.
[35] 常玉海，程波，袁志华．规模化畜禽养殖环境影响评价与实例研究［J］．农业环境科学学报，2007（26）：313~318.
[36] 常玉，冯京海，张敏红．环境温度、湿度等因素对家禽体温调节的影响及评估模型［J］．动物营养学报，2015，27（5）：1341~1347.
[37] 高懋芳．畜禽养殖与废弃物处理过程模拟［M］．北京：中国农业科学技术出版社，2015，10：4~5.
[38] 武深树．畜禽粪便污染治理的环境成本控制和区域适宜性分析［M］．长沙：湖南科学技术出版社，2013，10：26.
[39] 董平祥．净化空气微生物，保障养禽安全［C］//生态环境与畜牧业可持续发展学术研讨会暨中国畜牧兽医学会2012年学术年会论文集．中国畜牧兽医学会学术年会，北京，2012.
[40] 李春．新疆部分肉牛养殖场环境质量的分析与评价［D］．乌鲁木齐：新疆农业大学，2013.
[41] 朱杰，黄涛．畜禽养殖废水达标处理新工艺［M］．北京：化学工业出版社，2010.
[42] 潘丹．中国畜禽养殖污染治理政策选择研究［M］．北京：中国环境出版社，2015.
[43] 孙利娜，谷子林，李素敏，等．畜禽养殖场空气污染的营养性防治对策［J］．广东畜牧兽医科技，2009，34（6）：12~15.

4 食品储运环境

我国的食品生产行业发展很快，但由于人均消费量和占有量都比较低、储运管理操作不当等，导致大量的食品发生霉烂、变质。为了减少食品的浪费，保证人民的身体健康，必须把食品储运保鲜工作放在与发展食品生产同等重要的位置。

4.1 食品变质机理

新鲜食品在常温下（20℃左右）放置一段时间后，食品的色、香、味和营养价值都会有所降低。如果长时间放置，则会导致食品腐败，最后完全不能食用，这种变化叫做食品的变质。食品变质从广义来说，是食品在化学性质或物理性质上发生了改变。微生物在食品表面或食品内繁殖是导致食品变质的最主要原因。

4.1.1 水产品死后腐败变质机制

水产品在死后品质的变化大体可分为3个阶段：

（1）僵硬阶段。僵硬现象发生的时间与持续时间的长短有关，僵硬现象会根据水产品的种类、死前的生理状态、死后处理方法和储藏温度的差异而有所不同。一般在死后数分钟或数小时后变僵硬，持续数小时至数十小时后变软。在僵硬阶段，水产品的鲜度是完全良好的。

（2）自溶阶段。一般指肌肉中蛋白质在组织蛋白酶作用下发生分解，分解后肽类和氨基酸等物质增加，这些都为水产品内的细菌繁殖创造了适宜的条件。在此阶段水产品原有良好风味易变化和消失，导致鲜度降低。

（3）腐败阶段。水产品腐败是各种腐败菌类繁殖到一定程度的结果。当这些腐败分解产物达到一定数量时，水产品将进入腐败阶段。

4.1.2 果蔬采后腐败变质机制

果蔬腐败变质主要受微生物、植物生理和化学方面的影响。

（1）微生物的影响通常表现为霉变、酸败、发酵、软化、腐烂、膨胀、产气、变色等。导致果蔬败坏的微生物主要有细菌、霉菌和酵母菌等。

（2）植物生理是指果蔬的呼吸作用。果蔬采后由于呼吸作用导致其营养物质消耗，水分减少，从而使果蔬品质逐渐下降；并且，果蔬的呼吸作用会产生乙烯气体，该气体导致果蔬黄化、软化、腐败变质。

（3）化学方面是指因果蔬内部发生化学反应而引起变色、变味、软烂、维生素损失等问题。

4.2 食品保鲜方法

食品保鲜一个非常重要的参数是水分活度，也称水分活性，用 a_w 表示，定义式为：

$$a_w = \left(\frac{f_w}{f'_w}\right)_T \tag{4-1}$$

式中 f'_w——纯水平衡时的水蒸气逸度，即纯水的饱和蒸气压 p_w^*，Pa；

f_w——食品物料中水蒸气的逸度，即食品中水蒸气的有效压力，Pa。

食品中存在水分，使其饱和蒸气压低于同温度下水蒸气的饱和压力，所以水分不易汽化逸出，并且在物料内部也很难进行扩散，即用水分活度或水分活性来形容这个物理过程。

食品中的水蒸气逸度 f_w 与食品中水分的蒸气压 p_w 有以下关系：

$$f_w = \gamma_w p_w \tag{4-2}$$

式中 γ_w——水的逸度系数。

低于100℃的温度范围内，$\gamma_w \approx 1.0$，所以食品的水分活度表达式为

$$a_w = \left(\frac{\gamma_w p_w}{p_w^*}\right)_T \approx \left(\frac{p_w}{p_w^*}\right)_T \tag{4-3}$$

一定温度条件下食品的水分活度 a_w 是食品物料中水分的蒸气压 p_w 与同温度下纯水的饱和蒸气压 p_w^* 之比。

4.2.1 水产品保鲜方法

4.2.1.1 降低温度

水产品腐败变质的主要原因，一是因为微生物的生长繁殖，二是食品中酶的活动。低温对微生物的繁殖有一定的抑制作用，并且低温也对组织酶的自溶有抑制作用。低温处理的方法有冷藏和冷冻。冷藏是将水产品在0℃左右的环境下进行储藏，而冷冻是将水产品在-18℃的环境下进行储藏，水产品会冻结。

4.2.1.2 减少水分含量

微生物的生长繁殖和食品中酶的活动也受到水产品中水分含量的影响。微生物的发育一般需要50%~60%的水分条件，水分减少，可以抑制细菌的生长和繁殖，以及酶的活性，所以通过减少水产品中水分含量可以有效缓解水产品的腐败。常用的方法有干腌法、湿腌发、混合腌法。

4.2.1.3 烟熏火烤

水产品在烟熏过程中，水蒸气、树脂液以及空气中的微粒混合气体中所含有的酚、醇、酸、烃等物质可以消灭细菌，进而使水产品不易腐烂，同时还可以形成独特的烟熏风味。但这种方式的缺点是不可以避免霉菌的滋生。

4.2.1.4 干制加工

干制加工就是除去水产品中的水分，从而防止细菌的繁殖。干燥的方法有两种：自然干燥和人工干燥。自然干燥主要有日晒法和风干法；人工干燥分为热风干燥法、除湿冷风

干燥法和真空冷冻干燥法。自然干燥方法简单，而且操作简便，成本低，可以大量加工，但是水产品经过干燥后质量变差，容易发生霉变；而人工干燥则需要较高的技术、成本和设备，但是经过人工干燥后的水产品质量较好，保存时间长。

4.2.1.5 加热煮熟

水产品加热煮熟后蛋白质会变性凝固，固有酶的活性被损坏，可以杀死微生物。水产品加热煮熟后，必须进行空气隔绝，因此需要充入一些惰性气体在密封包装或者密封的容器中，并且除去氧气，从而延长水产品的保存时间。

4.2.1.6 其他物理、化学方法

常用的物理方法有紫外线照射和原子能辐射。优点是能够有效减少损失，延长水产品的保存时间；缺点是成本很高，并且具有局限性，而且原子能辐射也会使水产品产生放射性物质，所以必须严格按规定使用。

化学方法是利用化学物质的防腐作用来对水产品进行保鲜，但是被批准用于食品防腐剂的化学用剂很少，具有很大的局限性。

4.2.2 果蔬保鲜方法

果蔬保鲜方法主要是抑制微生物的繁殖，从而减缓果蔬的呼吸作用。可以通过控制以下储藏的条件来对果蔬进行保鲜。

（1）温度。在高温的环境下，果蔬的代谢活动、水分散失加快，果蔬更易腐烂，因此为了减缓果蔬的代谢活动，可以将储藏室中的温度降低，抑制微生物的生长繁殖。不同类型的果蔬，需要不同的温度来进行储藏。例如，茄子最佳储藏温度为12~13℃，马铃薯为3~5℃。

（2）湿度。储藏室空气中的相对含水量，也就是湿度，对果蔬的保鲜效果也有一定的影响。如果空气中的相对含水量过低则不利于果蔬的保鲜储藏。对于大多数果蔬来说，空气水分相对含量在80%~95%时最适宜果蔬的保鲜。在储藏期间，需要不断地对环境中的水分含量进行观察，及时喷水，维持空气中的含水量。

（3）光照。光照充足可以促进果蔬的呼吸作用，并且可以提高酶的活性，同时诱导果蔬组织表面气孔开放。但是如果在光照充足的环境下，温度较高，光照和温度则会加速组织内水分和气体扩散，导致果蔬的水分散失加快、加速衰老，所以需要对果蔬储藏期间的光照进行控制。一般除了在储藏油菜、芹菜、甘蓝等时需要提供少许阳光，其他果蔬的储藏要尽量避免阳光，以延长保鲜期。

（4）空气成分。贮藏室的空气成分对食品的贮藏十分重要，尤其是氧气、二氧化碳和乙烯。降低空气中的O_2含量，可以有效抑制动植物的呼吸作用。O_2浓度低于10%时，呼吸强度减弱，食品可以得到有效贮藏；O_2浓度低于2%时会产生无氧呼吸，不利于食品贮藏。除了降低O_2浓度，也可提高CO_2的含量，效果比O_2更为明显。乙烯是果蔬在成熟过程中的一种代谢物，促进呼吸作用，加快成熟，促进老化，不利于果蔬贮藏。

气调保鲜是在低温条件下同时控制储存环境和密闭空间的空气成分，从而达到抑制果蔬呼吸作用的目的。气调介质是指人工充（降）指定气体和果蔬在自然呼吸条件下产生出与周围大气环境不同的低浓度氧气和高浓度二氧化碳。

（5）其他条件。除了以上的条件外，还需要做好透风换气工作，对储藏室内二氧化碳的浓度进行调节，避免果蔬受到有害物质的影响；并且需要进行定期检查，如果出现了腐烂、受病虫害损伤的果蔬，需要及时清除；有一些果蔬不耐寒，在进行低温储藏之前，不能直接放入低温储藏室，防止蔬菜发生冻害。

4.3 食品冷冻方法

4.3.1 用空气鼓风冷冻

利用低温的空气来冷冻时，鼓风冻结隧道是一种常用方法，主要有下列两种形式：

（1）在小车上装上冷冻的食品推进隧道，吹进道的低温空气会将食品冷却冻结，之后再将小车推出隧道。这种方法常用于产量小于200kg/h的场合，低温气流的流速范围为2~3m/s，温度范围为-35~-45℃，其相应制冷系统蒸发器温度为-42~-52℃，包装食品在隧道中停留的时间为1~4h，较厚的食品在隧道中停留的时间为6~12h。螺旋式冻结装置如图4-1所示。

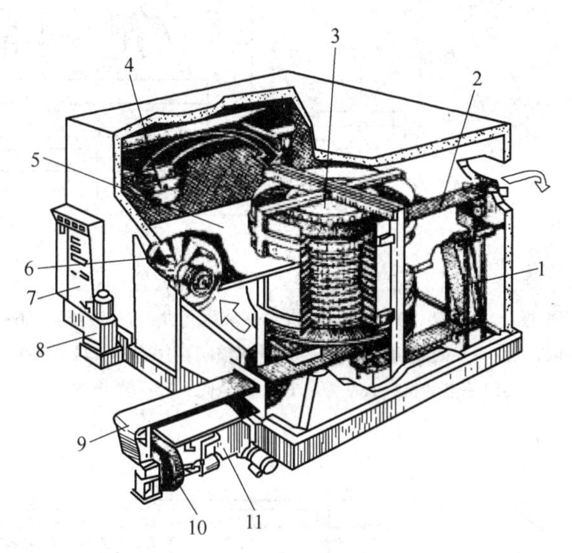

图4-1 螺旋式冻结装置

1—平带张紧装置；2—出料口；3—转筒；4—翅片蒸发器；5—分隔气流通道的顶板；6—风扇；7—控制板；8—液压装置；9—进料口；10—干燥传送带的风扇；11—传送带清洗系统

（2）除了小车，还可以利用传送带。食品包装、散装的都可以。传送带上也会有许多小孔，冷空气会通过小孔吹向食品。包装好的食品，使用的冻结机可做成螺旋式，被称为螺旋式冻结装置；散装的食品，如胡萝卜丁，会被冷风吹起悬浮在传送带的上空，能得到很好的冷却与冻结。这种方法又称为流态化冻结装置，并且这种方法可以大量冷冻，冻结时间很短，一般只有几分钟，可做到单体快速冻结。

4.3.2 直接接触冷却食品

这种方法是利用低温金属板（冷板）为蒸发器，制冷工质在内部会直接蒸发，食品会与冷板直接接触从而冻结，对于-35℃的冷板，食品冻结速度约 25mm/h，如图 4-2～图 4-4 所示。

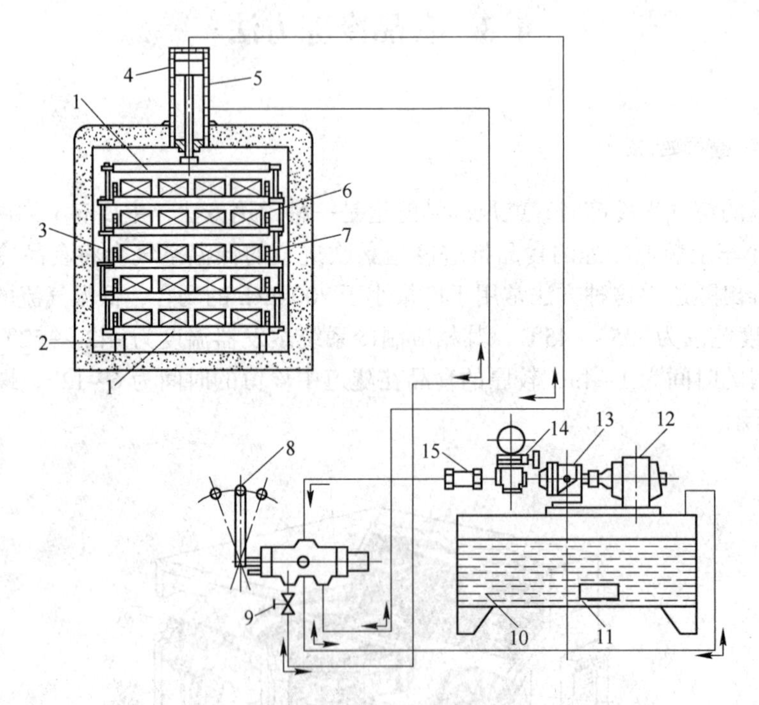

图 4-2 间歇卧式平板冻结装置

1—冻结平板；2—支架；3—连接铰链；4—液压元件；5—液压缸；6—食品；
7—限位块；8—四通切换阀；9—流量调整阀；10—油；11—过滤器；
12—电动机；13—泵；14—安全阀；15—逆止阀

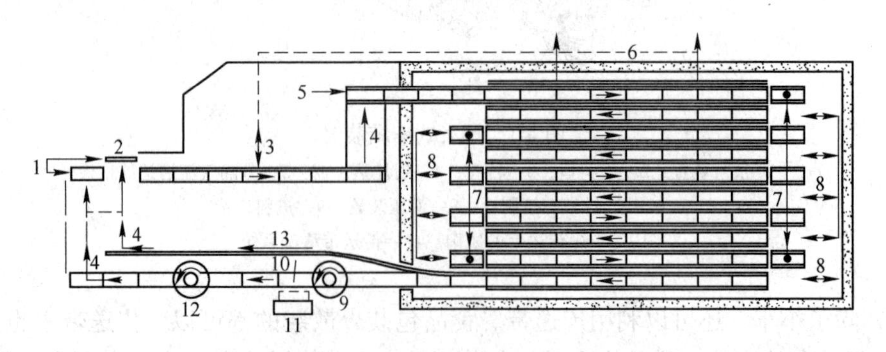

图 4-3 连续卧式平板冻结装置

1—货盘；2—盖；3—冻结前预压；4—升降机；5—推杆；6—液压装置；
7—降低货盘的装置；8—液压推杆；9—翻盘装置；10—卸料；
11—传送带；12—翻转装置；13—盖传输带

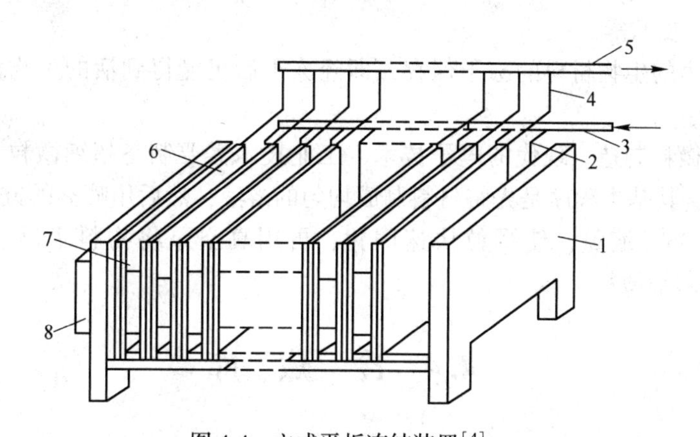

图 4-4 立式平板冻结装置[4]
1—机架；2，4—香蕉软管；3—供液管；5—吸入管；6—冻结平板；7—定距螺杆；8—液压装置

4.3.3 利用低温工质 CO_2 和液氮对食品进行喷淋冷冻

CO_2 是一种抑制细菌生长繁殖的抑菌气体剂。因为 CO_2 的沸点为-78℃，液氮的沸点为-196℃，两者的沸点都很低，所以叫做低温冻结。喷淋冷冻的传热效率很高，初投资低，所以可以快速冻结，但是运行费用较高。喷淋冷冻装置如图 4-5、图 4-6 所示。

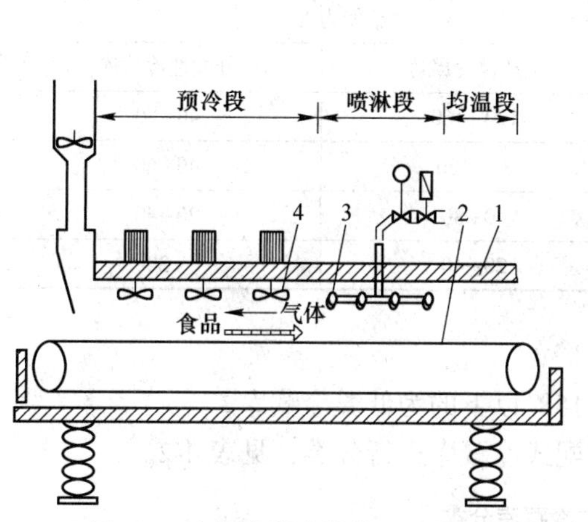

图 4-5 液氮喷淋冻结装置示意图
1—壳体；2—传送带；3—喷嘴；4—风扇

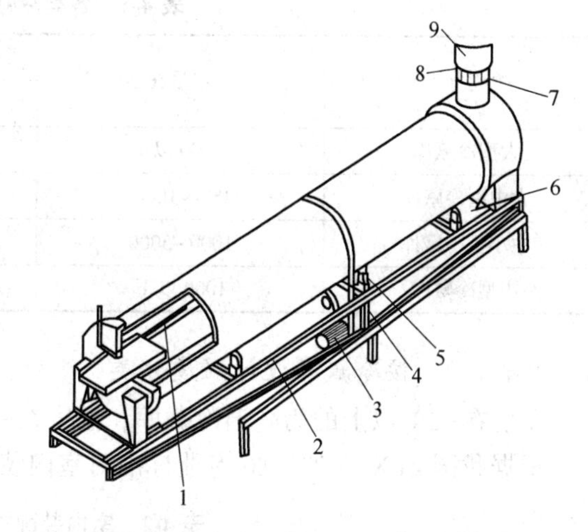

图 4-6 旋转式液氮喷淋隧道示意图
1—喷嘴；2—倾斜度；3—变速电动机；4—驱动带；5—支撑轮；6—出料口；7—氮气出口；8—空气；9—排气管

4.3.4 冷冻干燥

冷冻干燥技术也称冻干技术，方法是先将物料低温冻结，然后用真空技术将食品中的水分抽干，将其干燥。目前，冻干技术主要应用在以下几个方面：

（1）食品材料，如价格较高的食品、营养食品、调味品等的保存。

（2）无活力的生物材料的冻干保存，如血浆、血清、荷尔蒙等以及作为移植骨架用的动脉、骨骼、皮肤等。

(3) 有活力的生物材料的冻干保存，即经冻干后仍能得到活的生物体，主要指的是微生物冻干保存。

(4) 超细微粒制造。现代的电子技术、工业技术需要制备超细微粒，而冷冻干燥是一种有效方法。其基本程序是先将材料制成均匀的溶液，然后用喷雾的方法，将溶液以雾状颗粒喷入-196℃液氮，使颗粒快速固化；再用真空泵将物料干燥，能形成毫微米(10^{-9}m) 级的超细微粒。

4.4 冷 藏 库

食品冷藏库是用人工制冷的方法对易腐食品进行加工和贮藏，以保持食品食用价值的建筑物，是冷藏链的一个重要环节。冷藏库对食品的加工和贮藏、调节市场供求、改善人民生活等都发挥着重要的作用。

4.4.1 冷藏库的种类

4.4.1.1 按冷藏库容量分类

我国商业系统冷藏库按容量可分为四类，见表 4-1。

表 4-1 各类冷藏库的容量

规模分类	容量/t	冻结能力/t·天$^{-1}$	
		生产性冷藏库	分配性冷藏库
大型冷藏库	10000 以上	120~160	40~80
大中型冷藏库	5000~10000	80~120	40~60
中小型冷藏库	1000~5000	40~80	20~40
小型冷藏库	1000 以下	20~40	<20

4.4.1.2 按冷藏库设计温度分类

温度在-2℃以上的为高温冷藏库；温度在-15℃以下的为低温冷藏库。

根据我国 ZBX99003—86 专业标准对室内装配式冷藏库进行分类，见表 4-2。

表 4-2 室内装配式冷藏库分类

冷库种类	L 级冷库	D 级冷库	J 级冷库
冷库代号	L	D	J
库内温度/℃	-5~5	-18~-10	-23

4.4.1.3 按使用性质分类

(1) 生产性冷藏库。主要建在食品产地附近、货源比较集中的地区，主要储存肉、禽、蛋、鱼、果蔬，同时进行食品的加工。生产性冷藏库主要是对食品进行大批量、连续性的冷加工，且加工后的食品必须尽快运出，所以应该建在交通便利的地方。特点是冷冻加工能力强，并且设有一定容量的周转用冷藏库。

（2）分配性冷藏库。主要建在大中城市、人口较多区和水陆交通枢纽，用来进行市场供应、中转运输和贮藏食品。特点是冻结量小，冷藏量大，缺点是要考虑多种食品的贮藏。因为冷藏量大，进出货物比较集中，所以要求库内运输通畅。

4.4.2 食品冷藏库的工艺流程

4.4.2.1 生产性冷藏库的工艺流程

（1）肉类。

白条肉→检验、分级、过磅→冻结→过磅→冻藏→过磅→出库

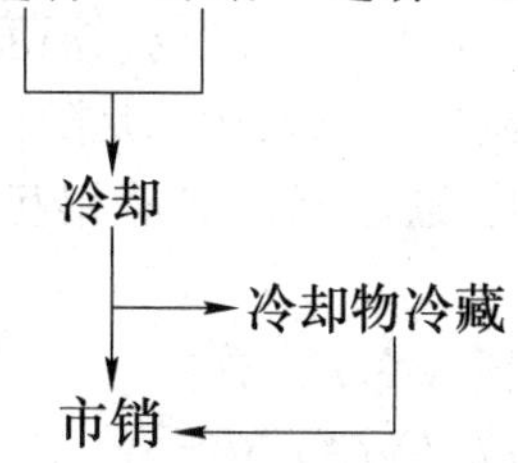

（2）禽类。

宰杀后的家禽→检验、分级、过磅→冷却→包装→冻结→冻藏→出库

（3）鱼类。

鲜鱼清洗、分级、装盘→冻结→脱盘、过磅→冻藏→过磅→出库

（4）鲜蛋、水果。

鲜蛋、水果挑选、分级、过磅、装箱→冷却→冷藏→过磅→出库

不超过库容量5%可直接进入冷藏间

4.4.2.2 分配性冷藏库的工艺流程

（1）冻结食品。

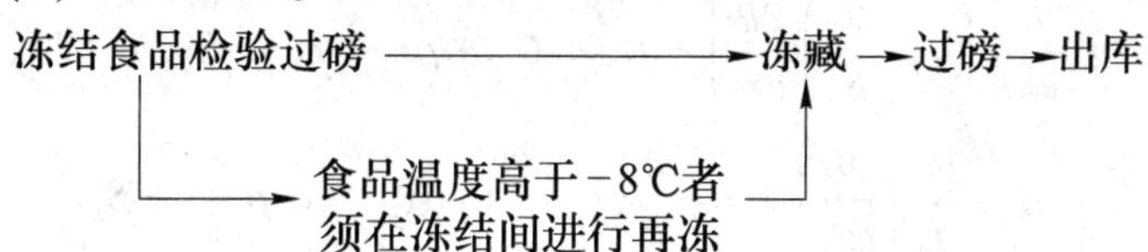

（2）鲜蛋、水果的工艺流程与生产性冷藏库的流程相同。

4.4.3 冷库的组成

冷库主要分为冷加工间及冷藏间、生产辅助用房、生活辅助用房和生产附属用房四大部分。

冷加工间及冷藏间的组成如下：

（1）冷却间。对进库冷藏或者需要先经预冷后冻结的常温食品进行冷却或预冷。产品预冷后温度一般为4℃左右。

（2）冻结间。用来将需要冻结的食品由常温或冷却状态快速冻结至-15℃或-18℃。

（3）冷却物冷藏间。又称高温冷藏间，用于贮藏鲜蛋、果蔬等食品。若贮藏冷却肉，时间不宜超过14~20天。

（4）冻结物冷藏间。又称低温冷藏间或冻藏间，主要用于长期贮藏经冻结加工过的

食品，如冻肉、冻鱼等。

(5) 冰库。用以储存人造冰、解决用冰旺季的需求。

4.4.4 冷库内部环境影响因素

4.4.4.1 冷库气流组织对冷库存储环境的影响

冷库内气流组织不仅影响冷藏食品的品质，而且还影响冷库能耗。良好的气流组织，速度场、温度场和相对湿度场可以提高货物之间的传热效率，提高食品冷藏质量，节约能源。

冷库中气流组织的流动属于湍流流动，流体的速度场、温度场、相对湿度场都在不断地发生变化。湍流运动会形成涡旋流动，涡旋大小及运动是随机的。在速度、边界和扰动等因素的影响下，气流就会产生涡旋运动，通过新旧涡旋相互更替运动，就形成了湍流运动。

在标准 K-ε 两方程模型中，对于湍动耗散率 ε，有：

$$\varepsilon = \frac{\mu}{\rho}\left(\frac{\partial u_i'}{\partial x_k}\right)\left(\frac{\partial u_i'}{\partial x_k}\right) \tag{4-4}$$

湍动动能 k 可表示为：

$$k = \frac{1}{2}(\bar{u}_1^2 + \bar{u}_2^2 + \bar{u}_3^2) \tag{4-5}$$

湍动黏度 μ_t、耗散率 ε 和湍动能 k 之间的关系式为：

$$\mu_t = \rho C_u \frac{k^2}{\varepsilon} \tag{4-6}$$

式中，ε 和 k 是两个未知量。在冷库内，气流组织流动可看作是不可压缩流动，忽略浮力和自定义源项，方程为：

$$\frac{\partial(\rho k)}{\partial t} + \frac{\partial(\rho k u_i)}{\partial x_i} = \frac{\partial}{\partial x_j}\left[\left(\mu + \frac{\mu_t}{\delta_k}\right)\frac{\partial k}{\partial x_j}\right] + G_k + G_b + \rho\varepsilon - Y_M + S_k \tag{4-7}$$

$$\frac{\partial(\rho k)}{\partial t} + \frac{\partial(\rho \varepsilon u_i)}{\partial x_i} = \frac{\partial}{\partial x_j}\left[\left(\mu + \frac{\mu_t}{\delta_\varepsilon}\right)\frac{\partial k}{\partial x_j}\right] + C_1\frac{\varepsilon}{k}(G_k + C_3 G_b) - C_2\rho\frac{\varepsilon^2}{k} + S_\varepsilon \tag{4-8}$$

式中 S_k，S_ε——自定义源项；

δ_k，δ_ε——k 和 ε 对应的 Prandtl 数；

C_1，C_2，C_3——经验常数；

G_k——由层流速度梯度而产生的湍流动能；

G_b——由浮力而产生的湍流动能；

x_i，x_j——坐标位置，m，i，j=1，2，3，分别表示 x，y，z 三个方向。

4.4.4.2 风速对冷库存储环境的影响

随着冷风机出口风速的增大，冷库内射流区域逐渐增大，气流组织到达冷风机对面壁面后，在冷库远端中下部形成明显的回流区域，并且随着送风速度增大，回流区域逐渐变小。

4.4.4.3 风机位置对冷库存储环境的影响

A 冷风机布置在长度方向一侧

因为横向距离较短，气流组织可以很好地均匀分布在整个冷库内，死角区域相对较小，但是由于横向距离较短，就会导致在冷风机直吹的远端库体所能承受的压力明显增加。如果库体结构不能很好承受应力，就会导致冷库使用年限降低；如果超出库体所承受极限应力，就会导致冷库直接损坏，造成严重的损失。

B 冷风机布置在宽度方向一侧

当出口速度较小时，气流组织不能很好地到达冷风机远端位置，气流组织就不能很好地均匀分布在冷库内。随着速度的增加，气流组织逐渐能较好地均匀分布在冷库内。

C 冷风机布置在中间位置

气流组织在中间位置速度变化较为明显，会出现明显的涡旋现象，不适宜食品的冷冻冷藏。除此之外，尽管气流组织较均匀地分布在冷库内，但是在拐角处，也存在着小漩涡区域。此类冷风机布置位置主要适用于狭长型冷库，其能够很好地避免速度过大对设备要求过高的问题，而如果放在长度方向则需要很多台冷风机，不易控制。

4.4.4.4 果蔬的呼吸作用对冷库存储环境的影响

冷藏环境中温度、湿度、氧气和二氧化碳浓度的变化会影响贮藏的保鲜效果。

A 呼吸作用对温度的影响

果蔬在实际冷藏过程中，会产生呼吸热，在不同温度下果蔬的呼吸热会发生很大的变化，并且果蔬在储藏期间呼吸热也会发生明显的变化。在不同贮藏条件下早晚期的呼吸热也有很大的差异，因此，研究果蔬贮藏早晚期的呼吸热对冷库内热湿环境的影响，可以为果蔬在储藏过程中及时采取合理的措施，使库内的温、湿度能够满足果蔬的贮藏要求，降低果蔬损耗。

B 呼吸作用对湿度的影响

因为呼吸作用导致呼吸热增加，从而货物区的温度增加，水分蒸发加快，造成相对湿度降低，这对于货物的贮藏是不利的。

4.5 食品输送

食品的运输是商品生产制造销售中的重要环节，如果在某一个环节出现了温度的超标，将会降低食品的质量，甚至有可能会使食品发生腐败。

4.5.1 输送手段

易腐蚀食品在生产、贮藏、运输、销售，一直到消费前的环节中都需要在规定的低温环境下进行。保证食品质量，减少食品损耗的一系列工程，称为食品冷藏链。食品冷藏链主要由冷冻加工、冷冻贮藏、冷藏运输和冷冻销售组成，如图 4-7 所示。

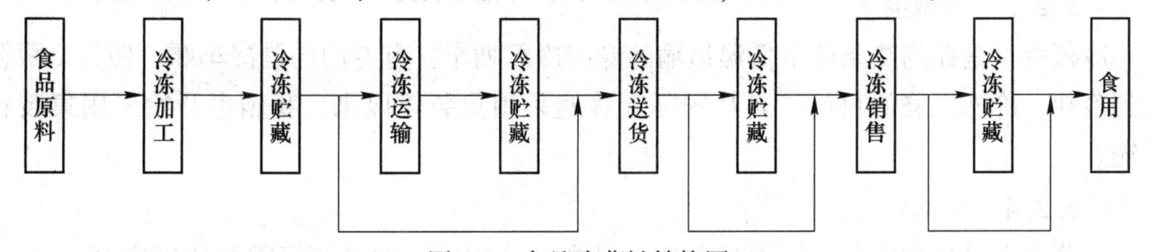

图 4-7 食品冷藏链结构图

（1）冷冻加工。包括肉类、鱼类的冷却与冻结，果蔬的预冷与速冻，各种冷冻食品的加工等。

（2）冷冻贮藏。包括食品的冷藏和冻藏，也包括果蔬的气调贮藏。

（3）冷藏运输。包括食品的中、长途运输及短途送货等，主要涉及冷藏飞机、冷藏汽车、冷藏船、冷藏集装箱等低温运输工具。

（4）冷冻销售。包括冷冻食品的批发及零售等。

4.5.2 冷藏运输

在食品冷藏运输过程中，温度的波动会引起食品质量下降，因此，运输工具必须具有良好的冷藏性能，可根据食品种类或环境变化调节温度，所占空间要尽可能地小，制冷装置重量轻，安装稳定，安全可靠，不易出故障，运输成本低。

4.5.2.1 冷藏飞机

冷藏飞机是降低运货飞机的货舱温度。但是现在国际上已普遍采用集装箱，所以可以将飞机上的装货舱改为可直接装集装箱的货舱。

4.5.2.2 冷藏船

冷藏船是采用制冷剂让货舱保持低温，有的船上安装有加工鲜鱼的冷却和冷冻设备。冷藏船分 3 种：冷冻母船、冷冻运输船、冷冻渔船。

（1）冷冻母船是万吨以上的大型船，有冷却、冻结装置，可以进行冷藏运输。

（2）冷冻运输船主要是集装箱船，隔热保温要求非常严格，温度波动范围不超过 ±0.5℃。

（3）冷冻渔船，一般是指备有低温装置的远洋捕鱼船，如图 4-8 所示。

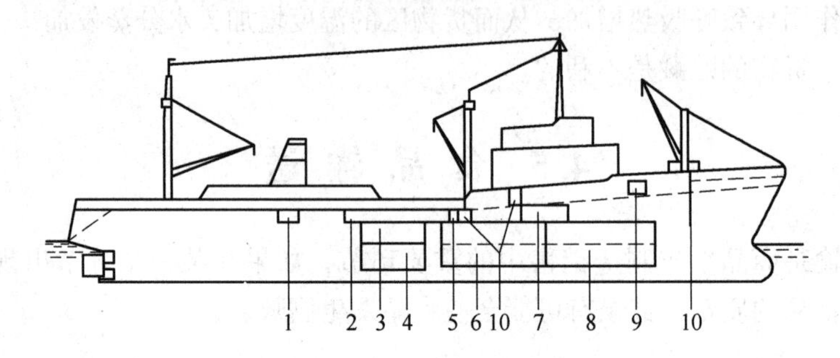

图 4-8 船用制冷装置示意图

1—平板冻结装置；2—带式冻结装置（LBH）；3—中心控制室；4—机房；5—大鱼冻结装置；6，8—货舱；7—空气冷却器室；9—供食品用的制冷装置；10—空调中心

4.5.2.3 冷藏货车

冷藏货车是在隔热条件下低温运输的专用冷藏列车，有专门的制冷车厢，使各冷藏箱达到冷却、冷冻贮藏的目的。自从国际上普遍采用集装箱以来，我国也开始采用集装箱运输。

4.5.2.4 冷藏汽车

冷藏汽车是目前冷藏运输中最普通、最常见的方式。这种车辆需要特别定制，有一定的制冷设备，但也有不具备制冷设备的保温车。冷藏汽车大多在短距离内使用，对照标准操作，但这种车辆不具备输送冷冻食品的条件。其示意图如图 4-9、图 4-10 所示。

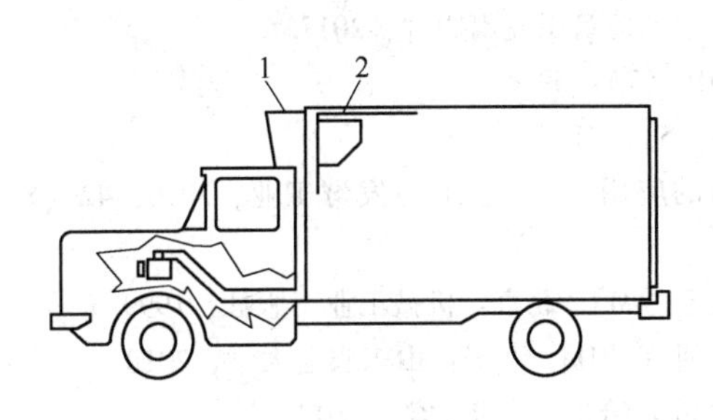

图 4-9　机械制冷冷藏车
1—冷凝器；2—蒸发器

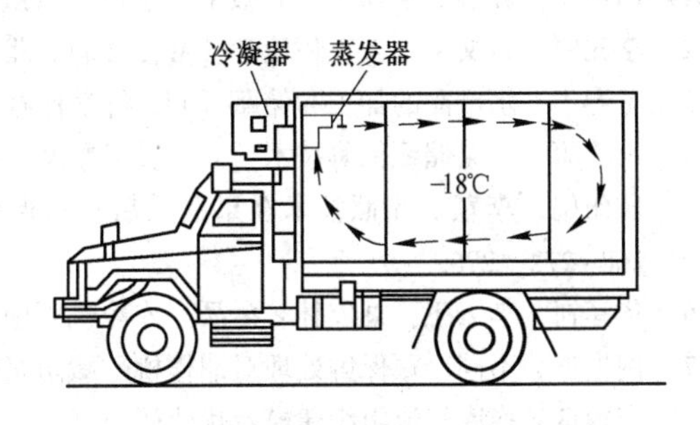

图 4-10　机械制冷汽车车内气流组织示意图

4.5.2.5　冷藏集装箱

冷藏集装箱是为运输易腐食品而专门设计制造的，其优点是易腐食品装入集装箱后可从发货地点直接运到收货地点，中途避免了多次装卸，降低了生产成本，同时也保证了产品品质。

4.5.2.6　活动式冷库

这种冷库由隔热材料组装，只要 2~3h 便可装配好，并配有小型冷冻机制冷。这种冷库也有几千吨的较大型的。其优点是可因季节、原料产地的变化而移动。

4.5.3　各输送手段应具备的环境控制标准

（1）在装货前，要将货库进行预冷 ，在库温达到-7℃后再装货。

（2）食品的温度高于-18℃的冷冻食品不能输送。

（3）在输送过程中，为保证冷气在货库完全循环，装载货物体积适当。

（4）从开始进货到运输结束，都不能关闭车辆的冷却装置。

（5）为确保冷冻食品温度上升的幅度小，必须快速装卸，堆积的密度须能使货物外侧完全受到冷气包围。

（6）输送过程中，冷冻食品的温度不能高于-18℃，反复查验温度非常必要。

4.5.4　输送、装卸中的环境控制

输送过程中的环境控制，主要是温度控制。温度计的读数是确认温度的主要根据，在运输过程中需要确认冷冻食品的温度及其温度变化，当场检查温度变化，记录和测定现场温度。严格的温度控制，必须由运输、发货、入货三方共同确定。

液态氮冷冻车通常在近距离配送时使用，也可在长距离输送中使用 ，液态氮冷冻车的设备费不到冷冻机方式的一半，但长距离运输要解决液态氮的补给问题。对输送用车辆的车厢（保冷箱内部），在装入冷冻食品前必须认真清扫，不能使冷冻食品受到恶臭和不良因素的污染，严格实行卫生管理。冷藏车、冷冻车、保温车等是食品的专用车，不允许装载其他种类的货物。

参考文献

[1] 白可立，郭静．食物变质的微生物学机理及预防［J］．技术监督，1995（2）：28.

[2] 李先庭，石文星．人工环境学［M］．2版．北京：中国建筑工业出版社，2017.

[3] 王春华．水产品的加工和储藏［J］．科学种养，2016（7）：59.

[4] 马涛丽．蔬菜储藏保鲜技术［J］．农家参谋，2019（5）：71.

[5] 詹丽娟，李颖．光照技术在果蔬采后贮藏保鲜中的应用［J］．食品与发酵工业，2016，42（8）：268~272，278.

[6] 华泽钊，李云飞，刘宝林．食品冷冻冷藏原理与设备［M］．北京：机械工业出版社，1999.

[7] 倪世杰．不同冷藏保鲜处理对甜樱桃贮藏防腐效果研究［D］．泰安：山东农业大学，2018.

[8] 李福良．冷库气流组织建模及优化研究［D］．哈尔滨：哈尔滨商业大学，2014.

[9] 史维一．冷冻食品运输过程的质量管理［J］．冷饮与速冻食品工业，1997（2）：37~38.

[10] 于曼雨．水产品冷却保鲜技术［J］．农村新技术，2017（11）：53~54.

[11] 励建荣．生鲜食品保鲜技术研究进展［J］．中国食品报，2010，10（3）：1~12.

5 数据中心环境

随着移动通信、物联网、大数据、云计算等应用的飞速发展，人们的生活生产方式发生剧变，导致全球数据爆发式增长，数据中心已经成为全球经济发展的基石，在个人和商业信息的移动、存储和分析中扮演着越来越重要的角色。近年来，全国大数据产业呈现爆发式增长态势，2018年产业规模突破6000亿元。随着大数据产业的深入发展，大数据产业与实体经济的融合日益加深，已经从早期的电商、金融、电信领域渗透至农业、医疗、工业等方方面面，中国数据中心市场正迎来一个空前开放、繁荣蓬勃的历史性发展机遇。数据中心的冷负荷大，需要稳定可靠的人工环境系统保证其安全运行，一旦制冷系统出现故障，很可能导致宕机或者IT设备损坏，造成无法挽回的损失。但是数据中心冷却的耗电量巨大，国际环保组织与华北电力大学联合发布的一份报告显示，2018年，中国数据中心总用电量为1608.89亿千瓦时，占全社会用电量的2.35%，超过上海市2018年全市用电量，也远远超过了三峡大坝全年发电量和葛洲坝电厂全年发电量之和。此外，数据中心对空气质量的要求也很高，因此营造安全稳定的数据中心人工环境，促进数据中心节能是当务之急。

5.1 数据中心热环境特点

(1) 发热量大。由于IT设备发热密度很高，且连续运行，对于绝大多数机房来说，需要全年不间断供冷。由于IT设备对温湿度和空气洁净度的要求高，单纯依靠围护结构和自然冷却等措施很难保证机房对热环境的要求。

(2) 送风参数相对稳定。由于通过围护结构传递到室外的热量相对较少，全年机房冷负荷变化不大，加上IT设备冷却空气入口参数的区间相对恒定，因此该环境下送风参数（风量、温度和含湿量）比较稳定。

(3) 高显热潜热比。由于多数机房没有固定值守人员，室内也没有产湿源，仅在人员进出或透过围护结构有新风渗入，因此数据中心具有高显热潜热比的特征。

(4) 气流组织复杂。由于数据中心IT设备散热不均匀，形成非均匀热环境，要求各个机柜都要得到足够的风量，还要保证冷却空气的温度，加之必须预留出必要的布置管线和检修空间，因此数据中心的气流组织比较复杂。

5.2 室内环境设计参数

数据中心的环境设计参数按照我国2017年新编制的《数据中心设计规范》(GB 50174—2017) 附录1中各级数据中心技术要求中空调部分的内容，具体要求如表5-1所示。

表 5-1　各级数据中心技术要求

项　　目	环境要求	备　注
冷通道或机柜进风区域的温度	18~27℃	不得结露
冷通道或机柜进风区域的相对湿度和露点温度	露点温度 5.5~15℃，同时相对湿度不大于 60%	
主机房环境温度和相对湿度（停机时）	5~45℃，8%~80%，同时露点温度不大于 27℃	
主机房和辅助区温度变化率	使用磁带驱动时<5℃/h，使用磁盘驱动时<20℃/h	
辅助区温度、相对湿度（开机时）	18~28℃、35%~75%	
辅助区温度、相对湿度（停机时）	5~35℃、20%~80%	
不间断电源系统电池室温度	20~30℃	

数据中心对室内空气质量的要求还有空气含尘浓度、颗粒污染物浓度以及腐蚀性气体的浓度。《数据中心设计规范》（GB 50174—2017）中 5.1.2 条要求，主机房的空气含尘浓度，在静态或动态的条件下测试每立方米空气中大于或等于 0.5μm 的悬浮颗粒子数应少于 17600000 粒[3]，相当于达到 ISO 14644-1：2015 中 8.5 级标准。

ISO 14644-1：2015 指定了 ISO 分级的各级别，用于根据空气中的颗粒浓度对空气清洁程度进行分级，以此作为洁净室及相关受控环境内空气洁净度的技术要求。数据中心的颗粒污染物必须满足 ISO 中 8 级标准，即空气中直径大于 0.5μm 的颗粒数不大于 3520000 个，同时必须严格遵守 95%的置信上限，且颗粒污染物的潮解相对湿度不应大于 60% RH[3]。另外数据中心内不得含有锌晶须这种导电颗粒污染物。

美国仪器协会标准 ISA-71.04-1985 将空气定义成了四个等级：G1，G2，G3，GX。该标准采用薄膜铜片在 30 天周期内，AMC（气载分子污染物，airborne molecular contaminant）对其的腐蚀度来表征室内环境的等级，具体如表 5-2 所示。

表 5-2　铜/银腐蚀反应度衡量水平

分　类	严重性描述	铜/银腐蚀反应水平	备　　注
G1	温和	铜 $<3\times10^{-8}$ m/月 银 $<2\times10^{-8}$ m/月	G1 级别环境的腐蚀性可得到良好控制，对设备可靠性的影响极轻
G2	中等	$<1\times10^{-7}$ m/月	G2 级别环境的腐蚀性是可测量的，腐蚀可能是影响设备可靠的一个因素
G3	苛刻	$<2\times10^{-7}$ m/月	G3 级别环境发生腐蚀的概率很大，需对环境加以评估和控制，或采用专用耐腐蚀设备
GX	严重	$\geqslant2\times10^{-7}$ m/月	GX 级别环境需要专门加以控制，并且在用户和供应商之间达成设备的各项指标的一致认可

ANSI/ISA 71.04—2013 对大气污染物按照污染物类别划分进行了分类，针对每一种类别，又建立了污染严重程度等级，按照污染物的类别和严重程度列出了参数极限，如表 5-3 所示。

表 5-3 数据中心腐蚀性气体浓度限定值

分 组	气体种类	气体浓度（体积分数，$\times10^{-4}\%$）			
		G1（温和）	G2（中等）	G3（苛刻）	GX（严重）
A	H_2S	<3	<10	<50	50
	SO_2，SO_3	<10	<100	<300	300
	Cl_2	<1	<2	<10	10
	NO_2	<50	<125	<1250	1250
B	HF	<1	<2	<10	10
	NH_3	<500	<10000	<25000	25000
	O_3	<2	<25	<100	100

腐蚀是由温度、相对湿度、腐蚀性气体、通风条件等环境综合影响的结果，而非单一因素决定，任何因素的改变都会对气体腐蚀等级造成影响，因此表 5-3 提供的数据中心腐蚀性气体浓度限定值仅作参考而非绝对限定。

5.3 数据中心内热湿负荷计算

数据中心通信机房内的热量大致可以分为以下七个部分：

（1）机房内 IT 设备的散热；

（2）建筑围护结构的得热；

（3）通过外窗进入的太阳辐射热；

（4）照明装置散热；

（5）新风负荷；

（6）人体散热；

（7）伴随各种散湿过程产生的潜热。

由于机房内人员走动较少，人体散热可以忽略，而通过外窗进入的太阳辐射热可以和建筑围护结构的得热归纳为建筑负荷，所以机房的主要冷负荷可以大致分为来源于室内设备装置的室内负荷和建筑负荷这两部分，其中室内负荷应该主要是包括机房内设备的散热、照明装置散热和新风负荷这三项。整个机房设备的发热系统应主要包括 IT 设备、UPS、配电系统和精密空调系统。

5.3.1 数据中心热平衡模型

计算数据中心的空调负荷时，建立传热模型，分析和模拟传热过程是最重要的手段，其热平衡方程组和空气热平衡方程是这一数学模型的重要组成部分，是计算房间冷热负荷的最基本方程。

5.3.1.1 围护结构内表面的热平衡方程

n 时刻房间某围护结构内表面 i 的热平衡方程式的文字表达为：

导热量 + 与室内空气的对流热量 + 各表面之间辐射热量 + 直接承受的辐射热量 = 0

其数学表达式如式（5-1）及式（5-2）所示：

$$-[a_i + Z_i(0)]t_i(n) + \sum_{\substack{k=1 \\ k\neq i}}^{N_i} a_{ik}^r t_k(n) + a_i^c t_r(n) = -\sum_{j=0}^{N_s} Y_i(j)t_{0i}(n-j) + \sum_{j=1}^{N_s} Z_i(j)t_i(n-j) - q_i^r(n)$$

$$(i = 1, 2, \cdots, m) \tag{5-1}$$

$$-\left(a_i + \frac{K_i a_i}{a_i - K_i}\right)t_i(n) + \sum_{\substack{k=1 \\ k\neq i}}^{N_i} a_{ik}^r t_k(n) + a_i^c t_r(n) = -\frac{K_i a_i}{a_i - K_i} t_{0i}(n) - q_i^r(n) \tag{5-2}$$

$$(i = m+1, m+2, \cdots, N_i)$$

式中 a_i——第 i 面围护结构（门窗）内表面总换热系数，W/(m^2 · ℃)；

a_i^c——第 i 面围护结构（门窗）内表面的对流换热系数，W/(m^2 · ℃)；

$t_r(n)$——室温，℃；

$t_i(n)$，$t_k(n)$——第 i 和第 k 围护结构内表面温度，℃；

$t_{0i}(n)$——围护结构外表面温度，℃；

N_i——房间不同围护结构内表面总数；

K_i——第 i 面门窗的传热系数，W/(m^2 · ℃)；

$Y_i(j)$，$Z_i(j)$——围护结构的传热反应系数和内表面吸热反应系数，W/(m^2 · ℃)；

N_s——取用的反应系数的项数。

5.3.1.2 房间空气热平衡方程

房间空气热平衡的文字表达式为：

与各表面的对流换热量 + 各种对流的热量 + 空气渗透的热量 + 空调系统显热除热量 =单位时间内房间空气中显热量的增值量

其数学表达式如式（5-3）所示：

$$\sum_{k=1}^{N_i} F_k a_k^c t_k(n) - \left[\sum_{k=1}^{N_i} F_k a_k^c + \frac{L_a(n)(c_p)_a}{3.6} + \frac{V(c_p)_r}{3.6\Delta\tau}\right] t_r(n) - HE_S(n)$$

$$= -\left[q_1^c(n) - q_2^c(n) + \frac{L_a(n)(c_p)_a t_a(n)}{3.6} + \frac{V(c_p)_r}{3.6\Delta\tau} t_r(n-1)\right] \tag{5-3}$$

$$q_1^c(n) = HG_l C_l + HG_{bs} C_b + HG_{as} C_a$$

式中 $q_1^c(n)$——n 时刻来自照明、人体显热和设备显热等的对流散热量，W；

$q_2^c(n)$——n 时刻因吸收房间热量致使水分蒸发所消耗的房间显热量，W；

$L_a(n)$——n 时刻的空气渗透量，m^3/h；

$(c_p)_a$，$(c_p)_r$——室外环境和室内环境空气单位热容量，kJ/(m^3 · ℃)；

V——房间体积，m^3；

$HE_S(n)$——n 时刻空调系统的显热除热量，W。

5.3.2 数据中心负荷计算

5.3.2.1 各系统累加法

(1) 设备负荷：

$$Q_1 = P \times \eta_1 \times \eta_2 \times \eta_3 \tag{5-4}$$

式中 Q_1——IT、通信等设备热负荷，kW；

P——机房内各种设备的总能耗，kW；

η_1——同时使用系数；

η_2——利用系数；

η_3——负荷工作均匀系数。

通常情况下，$\eta_1 \times \eta_2 \times \eta_3$ 取值0.6~0.8，考虑到冷量的冗余，$\eta_1 \times \eta_2 \times \eta_3$ 取值为0.8。

（2）机房照明负荷：

$$Q_2 = C \times S \tag{5-5}$$

式中 C——照明功耗，W/m^2，一般机房照度应大于200lx，其功耗约为20W/m^2；

S——机房面积，m^2。

（3）建筑围护结构负荷：

$$Q_3 = K \times S/1000 \tag{5-6}$$

式中 K——建筑围护结构负荷系数，一般取50W/m^2；

S——机房面积，m^2。

因数据中心对室外温湿度外扰波动要求比较严格，保温隔热效果普遍较好，因此在理论计算过程中，不考虑室内负荷随时间变化时围护结构的降温。

（4）人员负荷：

$$Q_4 = P \times N/1000 \tag{5-7}$$

式中 P——人体发热量，轻体力工作人员热负荷为显热与潜热之和，在室温为21℃和24℃时均为130W/人。

（5）新风负荷：

$$Q_5 = G \times \Delta h \times c_p \tag{5-8}$$

式中 G——设计新风量，kg/s；

Δh——室内设计点焓值与室外焓值之差，kJ/kg$_{\text{干空气}}$；

c_p——定压比热容，为1.01kJ/(kg·℃)。

以上五种组成了机房的总热负荷，即机房负荷为

$$Q_t = Q_1 + Q_2 + Q_3 + Q_4 + Q_5 \tag{5-9}$$

5.3.2.2 估算法

在有些条件不允许时，也可以利用估算的方法计算负荷。

（1）功率及面积法。一般IT通信等设备的发热量为设备功率的70%~80%,；机房围护结构的传热、太阳辐射热、照明、人员等的散热量以及新风负荷一般按照机房面积100~150W/m^{2}的制冷量考虑。

$$Q_t = Q_1 + Q_2 \tag{5-10}$$

式中 Q_t——总制冷量，kW；

Q_1——室内设备负荷，kW；

Q_2——环境热负荷，kW。

（2）面积法。在设备负荷难以确定时，可以采用式（5-11）进行估算。

$$Q_t = S \times P \tag{5-11}$$

式中 S——机房面积，m^2；

P——冷量估算指标，不同用途机房的估算指标据表 5-4 选取。

表 5-4 不同类型机房的冷量估算指标

机房类型	冷量估算指标/$W \cdot m^{-2}$
交换机房、移动基站	300~400
传输机房	250~350
IDC 数据中心	600~900
计算机房、控制中心	400~500
UPS 和电池室、动力机房	250~350

5.3.3 湿负荷

空调区域夏季计算散湿量，应考虑散湿源的种类、设备同时使用系数以及通风次数，还要考虑人体散湿量、新风及渗透空气带入的湿量、围护结构散湿量以及其他散湿量等。而在数据中心内湿负荷极小，主要是数据中心内的工作人员以及机房和外界空气交换产生的湿负荷，因此数据中心内空调设备主要是在制冷状态下运行，很少在除湿状态下运行。

5.4 数据中心冷却方式

数据中心室内显热负荷大，显热量约占总热量的 95%，潜热及湿负荷很小，常年需要制冷，空气处理过程可近似认为是等湿冷却过程。数据中心内的设备散热分布不均匀，因此数据中心内的空调系统应具备如下特点：可靠性高、绿色高效、温湿度波动范围小、洁净度要求高、能提供适量新风，以及大风量、小焓差。大送风量是为了确保设备散热能够迅速排除，小送风焓差则是为了避免数据中心内产生结露。

5.4.1 芯片级冷却

目前较为成熟的芯片冷却方式主要有浸泡式液冷设备冷却技术以及热管式液冷。

5.4.1.1 *浸泡式液冷设备冷却*

将服务器的整个主板以及它的所有元器件都浸泡在一种特殊的液体当中，芯片上的元器件与冷却液直接接触（如图 5-1 所示），以此进行换热。此冷却方法传热效率较高，输送能耗较低，冷却温度提高易于自然冷能的利用，但是在进行冷却液的选择、流场的散热优化以及运行维护上有一定的难度。不同冷却介质特性的比较如表 5-5 所示。

5.4.1.2 *热管液冷*

液冷式热管的关键在于通过热管散热，热管一端受热，液体蒸发吸热，另一端冷凝放热，在重力和毛细作用下，再通过热管内的吸热芯回流到热端（如图 5-2 所示）。液冷式热管能够有效避免区域温度过高，对局部热点进行冷却，进行无动力或微动力传输，同时没有水进入机房，还可实现热电一体化设计。

图 5-1 浸没式液冷运行示意图

表 5-5 不同冷却介质的冷却

参 数	冷却介质	
	空气	冷却液
CPU 功率/W	120	120
进口温度/℃	22	35
出口温升/K	17	5
介质流量/$m^3 \cdot h^{-1}$	21.76	0.053
CPU 散热片温度/℃	46	47
CPU 温度/℃	77	75

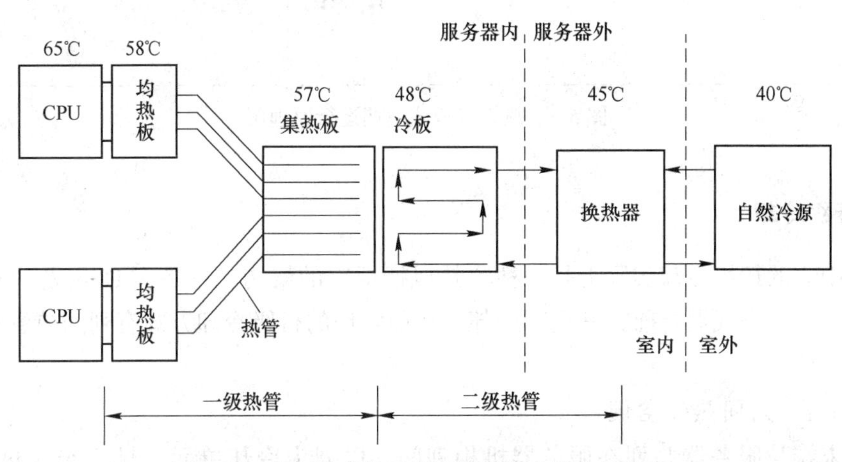

图 5-2 基于液冷的双级回路热管自然冷却流程

5.4.2 机柜级冷却

对于新建高中密度的数据机房服务器机柜进行冷却多采用热管背板式空调冷却形式。它是直接将热管背板系统装在服务器机柜上的制冷降温设备，服务器排出的热风与安装在机柜背后的制冷终端内的工质间接进行热交换后变为冷风排到室外环境（如图 5-3 所示）。热管背板空调的主要特点是：

（1）安全可靠。系统利用温差和工质自然相变传热，无压缩机、水泵等大功率部件；采用工质换热，无水进入机房；全显热换热，无冷凝水的产生。

（2）高效节能。安装靠近电源，换热效率高；系统依靠重力循环，本身无动力消耗，用电功率小，约为传统机房空调功率的 10%。

（3）节省空间及投资。制冷终端采用与机柜一体化设计，单位面积装机率高；无需架空地板，不占用机房地面。

（4）安装维护方便。制冷终端与机柜一体，采用专用软管连接，安装方便；温湿度独立控制；不需要封闭冷通道，气流组织好，舒适性较高。

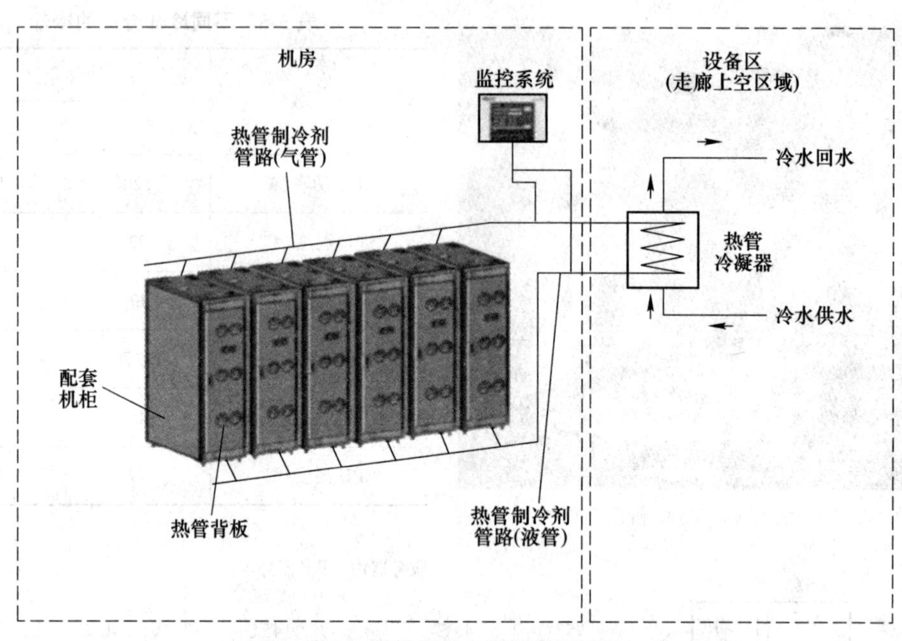

图 5-3　热管背板式空调运行原理图

5.4.3　行级冷却

数据中心的行级冷却实际上是一种“热风捕捉”的架构，它是在 IT 设备的热排风可能与机房内环境空气混合前将其进行冷却。目前常用的行级冷却方式有列间热管空调和顶置式热管空调。

5.4.3.1　列间热管空调

空调末端与服务器并列在服务器机柜列间，以列为冷却单元，封闭冷（热）通道，形成冷通道或者热通道（如图 5-4 所示）。热量由机柜传到热通道再传入列间热管空调，最

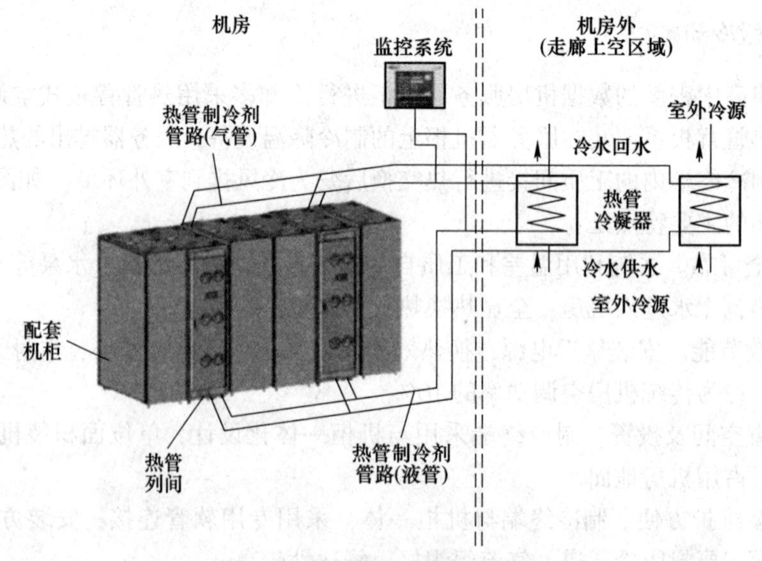

图 5-4　列间热管空调运行原理图

后与冷源进行换热，从而达到冷却的目的。使用列间热管空调，无水进入机房，安全可靠性高；换热效率高，用电功率小，节约能耗；无需架空地板，节省空间和初投资，性价比高；可实现温湿度独立控制；机柜的适应能力强，安装位置也可在线调整，适用于各种规模的数据中心。

5.4.3.2 顶置式热管空调

顶置式热管空调将热管安装在机柜顶部上方，其工作原理如图 5-5 所示，热量从机柜散出后通过热通道再穿入顶置式热管，最后与冷源进行换热，从而达到降温冷却的目的。使用顶置式热管空调具有与列间热管空调同样的优点，适用于各种规模尤其是需要快速部署的数据中心。

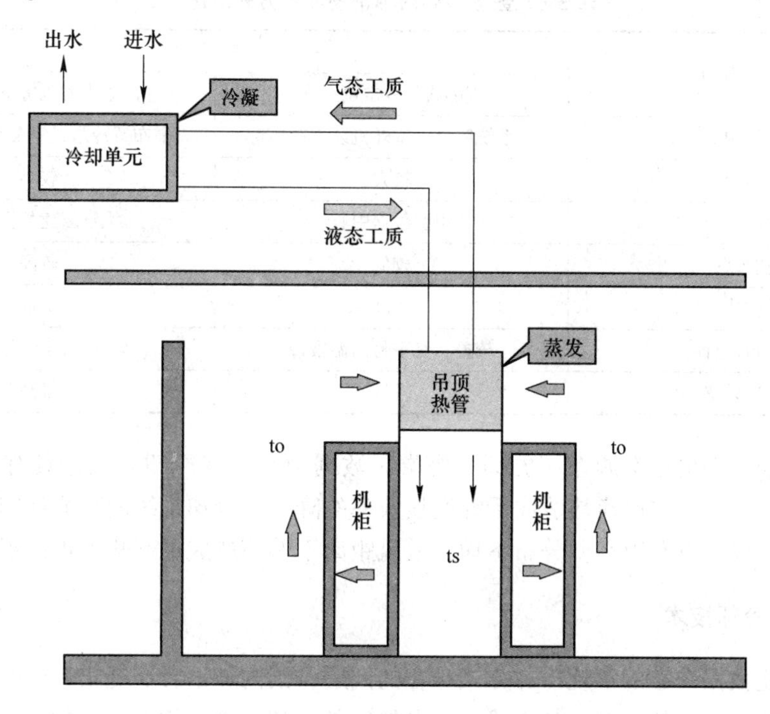

图 5-5 顶置式热管空调运行原理图

5.4.4 房间级冷却

数据中心常规的房间级空调冷却形式有两种：直膨式风冷机房空调、冷冻水型机房空调系统。

（1）直膨式风冷精密空调系统。空气通过室内机组内蒸发盘管冷却降温后，在数据中心内进行空气循环。使用的制冷剂一般为氟利昂，单机制冷量为 10~120kW。

该系统主要应用于小型数据机房，该空调系统适应性强，运行维护费用低，安装与维修方便。但是产生的噪声和热量对周围环境影响很大，并且由于室外机长期与空气接触，冷凝器翅片易积灰，降低其换热效率；若在严寒地区，冬季冷凝温度过低，机组运行困难，极易产生低压警报；室外机集中布置，易形成热岛，散热效果差；另外，当设备供电系统发生故障时，无法实现延时供冷，不利于对服务器的保护。

（2）冷冻水型机房空调系统。该系统主要由室内机、冷水机组、冷却塔、膨胀水箱、循环水泵、连接管路等组成，在标准工况（回风温度24℃，相对湿度50%）下的制冷量为30~150kW。

该系统适用于大型新建数据机房，所需的室外安装空间较小，可以充分地利用建筑空间，能灵活配管；在室外气温很高的情况下，冷却塔也能保持很好的散热，这样使空调能效比较高。冷冻水型机房空调系统虽然比较复杂，但可以节省安装空间，还具有高效节能的优势，在10000m^{2}以上的大型数据中心应用广泛。

以上两种数据中心冷却方式都具有各自的优缺点，现将两种冷却方式从结构性能、经济性等多方面进行比较，具体见表5-6。

表5-6 数据中心两种常规冷却方式对比

比较项目	系统类型	
	直膨式风冷空调系统	冷冻水型机房空调系统
结构	系统简单，室外机易于布局	需布置冷水机组及空调水系统
占地面积	较大	较小
适用场所	小型数据中心	大型新建数据中心
初投资	较低	较高
维护成本	较高	最低
运行稳定性	较差，夏季易高温报警	较好，但水易进机房
制冷效率	较低	最高

由于数据中心精密空调系统的固有弊端，数据中心常规冷却方式也具有一定的局限性。如冷却介质间的多次换热造成系统换热效率的降低，冷却系统的高能耗问题增大了数据中心的运行成本以及因空调分布不均，送风距离不够等造成局部热点难以消除等问题。

5.4.5 自然冷却技术

针对上述数据中心的常规冷却方式存在的问题，国内外学者们提出并研究了利用自然冷源来冷却数据中心的新型冷却方式——自然冷却。数据中心的自然冷却技术主要包括风侧自然冷却、水侧自然冷却和热管自然冷却技术。

5.4.5.1 风侧自然冷却技术

风侧自然冷却技术分为直接风侧自然冷却、间接风侧自然冷却、蒸发冷却等。在室外温度适宜时，直接将室外冷空气引入数据中心进行冷却的方法称为直接风侧自然冷却。如图5-6所示，该系统主要由控制器、气流调节器、风扇等设备组成。直接风侧自然冷却系统具有结构简单、投资小等优势，实现了冷源与负荷中心的直接接触，不再通过常规空调系统中的制冷机组产生低温冷媒对数据中心进行降温，可显著降低数据中心空调系统能耗。

直接风侧自然冷却技术在引入室外空气的同时，可能会使空气中的水分、尘埃、微量硫氧化物等进入数据中心，造成室内污染物浓度提高，从而给数据中心内的IT、通信等设备及电子元件带来损害。直接引入新风进行冷却的节能性受室外空气湿度的影响较大，节能潜力最大的是半湿润性和海洋性气候区，而对于干冷或特干燥地区则需要较高的加湿

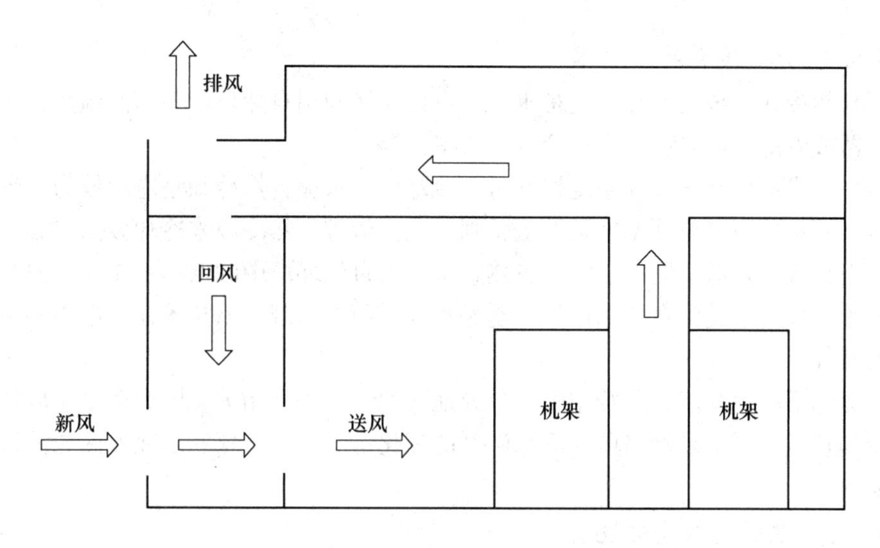

图 5-6 直接风侧自然冷却系统原理图

成本。因此，数据中心在应用直接风侧自然冷却技术之前，应当综合考虑当地的空气质量、气候条件等因素。

间接风侧自然冷却是通过换热器来利用室外冷空气进行冷却，如图 5-7 所示。在该系统中，转轮换热器在两个封闭风道内缓慢旋转，转轮内的填料被室外空气冷却后，再与室内空气进行换热，可有效避免室外空气对室内环境的污染和设备的破坏，保障数据中心的安全可靠运行。但是，由于转轮的体积庞大，价格昂贵，安装转轮时需要对外墙大幅改造，因此该系统在数据中心的应用受到限制。

蒸发冷却是利用室外干空气制取冷风或冷水来冷却数据中心的技术，分为直接蒸发冷却和间接蒸发冷却。蒸发冷却技术以水为冷却介质，利用水分蒸发吸热进行冷却，具有节能、环保、经济、高效等优势。但是，目前蒸发冷却空调系统在数据中心的应用还存在着局部热点、室内湿度和洁净度控制等方面的问题需要解决。

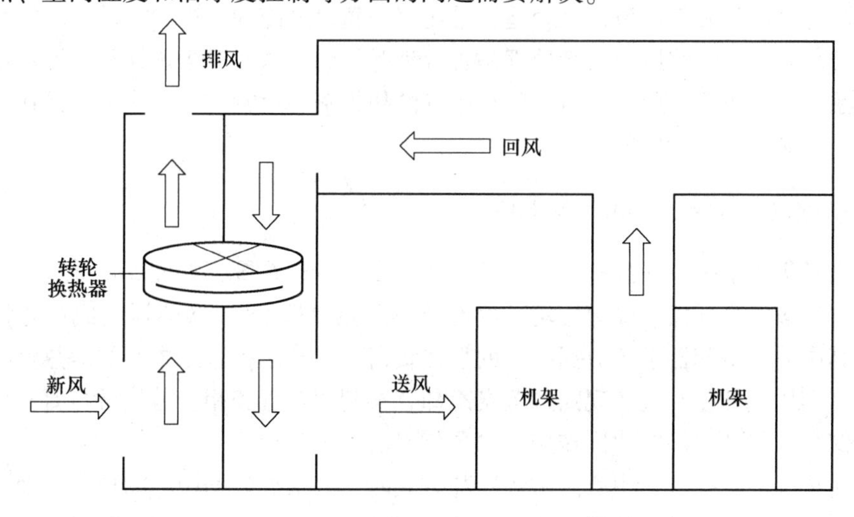

图 5-7 转轮系统原理图

5.4.5.2 水侧自然冷却技术

水侧自然冷却系统的冷却介质是水，既可以直接利用自然环境中的低温水，又可通过干式冷却器或者冷却塔来利用室外冷空气获得低温水。

在冬季，当室外空气湿球温度较低时，冷却塔式水侧自然冷却是应用较为广泛的自然冷却方案。若室外空气湿球温度足够低，则可完全依靠自然冷源来冷却数据中心，无需开启冷水机组，大大降低了制冷能耗。虽然直接利用自然环境中的低温水作为冷源的节能效果十分显著，但由于受到自然条件、环境保护等方面的限制，该技术在数据中心中的应用仍需深入开发。

由于冷却塔的冷却能力与数据中心所处地区的气候条件相关，因此在采用冷却塔式水侧自然冷却技术时，必须严格监控冷水温度的变化情况，在严寒和寒冷地区还需采取一定的防冻措施。

5.4.5.3 热管自然冷却技术

热管自然冷却是通过热管传递室外冷量的一项自然冷却技术。与直接风侧自然冷却相比，热管自然冷却不会影响室内空气湿度和质量；与水侧自然冷却相比，热管自然冷却属于相变传热，对自然冷源的利用率更高，传热效果更好。

热管自然冷却系统分为分离式、复合式、蓄冷式等。其中分离式热管系统无需机械制冷即可对数据中心进行冷却，但当环境温度较高时，需要蒸气压缩式制冷系统辅助制冷；整体式热管系统将集热管与蒸气压缩式制冷系统结合为一个整体，减少了初投资；蓄冷式热管系统将集热管与蓄冷装置相结合，可有效降低数据中心的耗电量。为了使热管自然冷却技术能够在实际应用中起到更好的节能效果，还需进一步考虑制冷剂的分配与泄漏、冷量衰减、室外机连接管与高差、机械制冷空调机组与热管空调机组间的配合等问题。

5.4.5.4 自然冷却技术的局限性

自然冷却技术对周围的环境气候要求比较苛刻，这就需要在数据中心建设之初慎重考虑选址问题。根据已知的相关数据，可以估算得到自然冷却系统的全年运行时间，还能评估出周围的空气质量和气候条件是否适合采用室外新风来冷却、周围可供冷却的水资源是否丰富、冷却塔是否结冰以及污水处理是否合理等问题，这些对于选择和设计数据中心的自然冷却系统至关重要。此外，自然冷却系统的初投资、运行、维护成本也是在数据中心的生命周期内必须加以考虑的问题。

5.4.6 多能源驱动的数据中心冷却系统

赫尔大学提出了一种新型多能源驱动的数据中心冷却系统，如图 5-8 所示。该系统主要由露点间接蒸发冷却器、除湿转轮、微通道环路热管以及蓄/换热器组成，并将这些部件耦合，其中露点冷却器承担数据中心的显热负荷，转轮承担数据中心的潜热负荷，通过露点冷却器利用室外冷空气实现间接蒸发冷却，再利用热管和相变蓄热材料对机房余热进行回收和储存，并和太阳能协同作用于除湿材料的再生过程。

综上所述，在选择数据中心的常规冷却方式时，要根据数据中心的规模、地域、建筑条件等因素综合考虑，通常情况下，在严寒和寒冷地区采用冷冻水型空调系统更有利，而在夏热冬暖地区则采用风冷式系统更优。

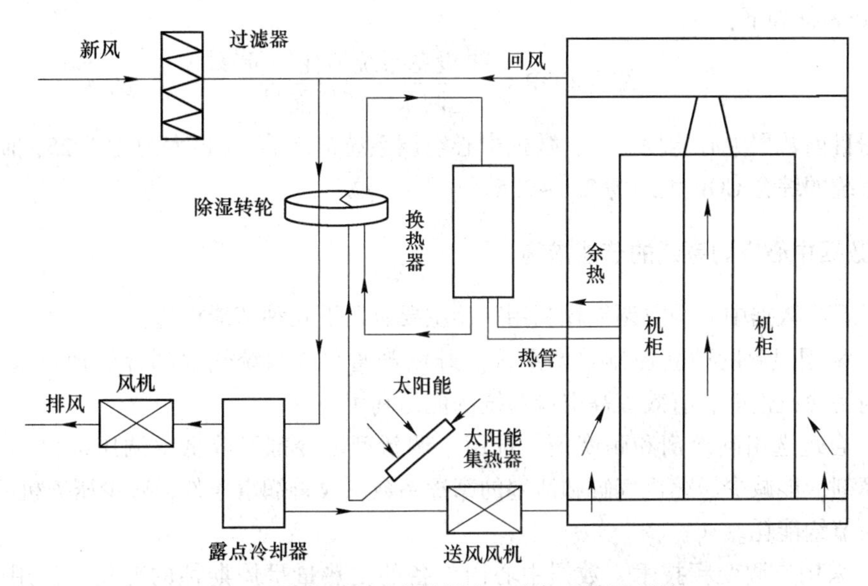

图 5-8 多能源驱动的数据中心冷却系统原理图

在选择自然冷却技术时，数据中心所处地理位置与周围的环境气候是该技术能否成功运行的决定性因素。

利用多能源驱动的数据中心冷却系统，在多种能源共同驱动下，系统的能源利用率将大大提高，与数据中心常规的冷却系统相比，将会实现60%~90%的节能效果。

5.5 数据中心空调系统节能

数据中心能耗包括 IT 设备能耗、空调系统能耗以及配电等辅助系统的能耗，其中空调系统的能耗占总能耗的 40%左右，在数据中心总能耗中排第二位，如图 5-9 所示。因此，降低空调系统能耗是提高数据中心能源效率的重要措施。

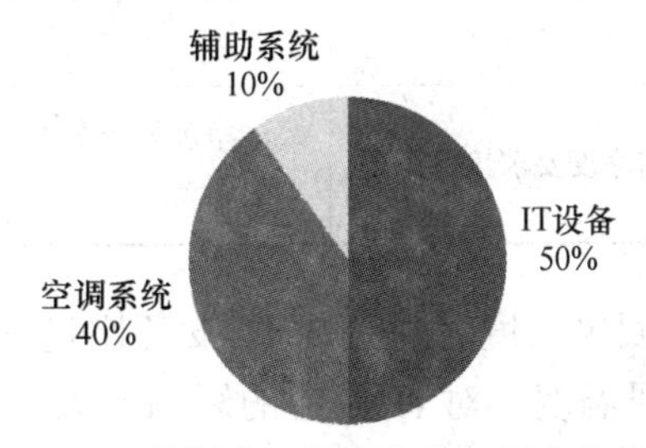

图 5-9 数据中心各部分能耗所占比重

5.5.1 数据中心空调系统的能效指标

空调系统能效用综合 COP 来表征，即整个空调系统提供的冷（热）量与其消耗的能量之比。

数据中心内空调系统主要是带走数据中心内部的发热量，发热量绝大部分来自 IT 设备，IT 设备消耗的电力绝大部分最终转换成热量散发到室内。因此数据中心空调系统的综合 COP 表征如下：

$$综合\ COP = \frac{IT\ 设备系统消耗能量}{空调系统消耗能量} \tag{5-12}$$

根据目前数据中心能耗构成，数据中心空调系统的综合 COP 大约为 1.25，而普通建筑空调系统的综合 COP 大约为 2.0~2.5。

5.5.2 数据中心空调系统的节能措施

为了提高数据中心的空调能耗利用率，主要有以下几种节能措施：

（1）采用温湿度独立控制空调系统。避免普通空调系统热湿耦合处理带来的问题，明显提高制冷机性能，有效提高空调系统的能源利用效率。

（2）合理选用制冷剂和耐摩剂。选用空调新型制冷剂可降低空调压缩机运行电流。使用耐摩剂，能减少压缩机气缸和活塞的摩擦系数，改善润滑条件，减少压缩机的运行电流，从而节约能耗。

（3）采用空调变频技术。数据中心内设备的发热量呈周期性的变化，使用变频器，避免压缩机的频繁启停，还能防止数据中心温度波动。

（4）合理利用自然冷源。充分合理利用室外环境的冷源，可缩短空调的运行时间，大幅降低能耗，并延长空调设备使用寿命。自然冷源利用方案的比较见表 5-7。

表 5-7 自然冷源利用方案的比较

比较项目	直接利用	间接利用	
	控湿，除尘	空—空换热器	热管技术
结构特性	结构简单，体积小	体积较大	结构紧凑
降温效果	好	较好	较好
初投资	较低	较高	较高
维护费用	高	中	低
适用场合	洁净度要求较低	洁净度要求较高，安装空间较大	洁净度要求较高，安装空间有限

（5）提高水冷空调的送回风温度。现有的 IT 设备比过去的更适应较高的环境温度。适当地提高水冷空调的送回风温度，对 IT 设备的影响不大，但能有效提高空调的制冷效率。对于定速冷却器，每 0.6℃ 下节约的能耗为 0.75%~1.25%，对于变频冷却器为 1.5%~2%。

（6）划分冷热通道。设置机柜时，使用热通道和冷通道的模式，机柜面对面、背对背排布，如图 5-10 所示。机柜间形成冷通道和热通道，从空调系统出来的冷气流从冷通道进入机柜，冷却服务器后形成的热空气从机柜背部流出进入热通道返回到空调系统，从而将冷气流和热气流隔开，可有效地抑制冷热气流的掺混，降低机柜的进风温度，提高冷却效率。

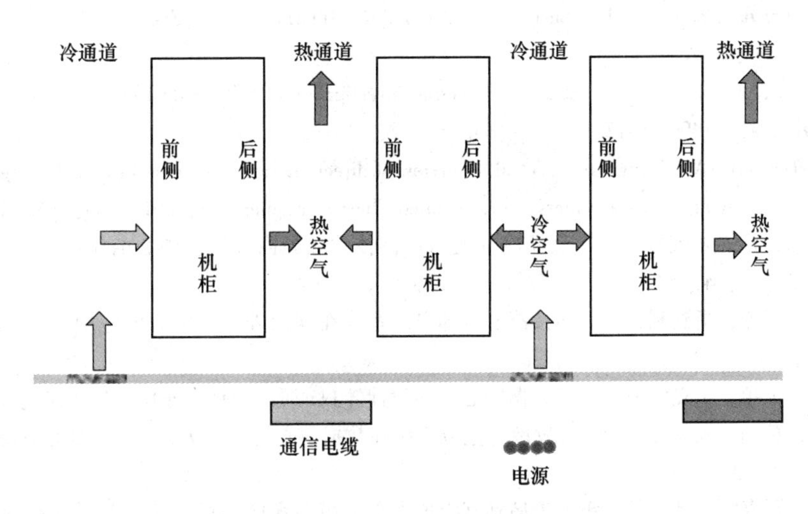

图 5-10 冷热通道安排模式示意图

参 考 文 献

[1] 赵保华．数据中心的基础设施与环境建设［M］．成都：西南交通大学出版社，2015.

[2] 钟志鲲，丁涛．数据中心机房空气调节系统的设计与运行维护［M］．北京：人民邮电出版社，2009.

[3] 中华人民共和国工业和信息化部．数据中心设计规范 GB 50174—2017［S］．北京：中国计划出版社，2017.

[4] Clean rooms and asociated controled environments Part1：classification of aircleanlines by particle concentration：ISO14644-1：2015［S］.

[5] Environmental conditions for process measurement and control systems：airborne contaminants：ANSI/ISA-71.04-2013［S］.

[6] 雷云飞，罗凌，谢亿．电气设备金属腐蚀及抑制措施研究［J］．全面腐蚀控制，2019，33（1）：19~26.

[7] Li Z，Kandlikar S G. Currentstatus and future trends in data center cooling technologies［J］. Heat Transfer Engineering，2015，36（6）：523~538.

[8] Cho J，Lim T，Kim B S. Viability of data center cooling systems for energy efficiency in temperate or subtropical regions：Case study［J］. Energy and Buildings，2012，55（10）：189~197.

[9] Lee K P，Chen H L. Analysis of energy saving potential of air-side free cooling for data centers in worldwide climate zones［J］. Energy and Buildings，2013，64（5）：103~112.

[10] Siriwardana J，Jayasekara S，Halgamuge S K. Potential of air-side economizers for data center cooling：A case study for key Australian cities［J］. Applied Energy，2013，104（2）：207~219.

[11] Ham S W，Kim M H，Choi B N，et al. Energysaving potential of various air-side economizers in a modular data center［J］. Applied Energy，2015，13（8）：258~275.

[12] 王前方，彭少华，丁麒钢．数据中心直接蒸发型风冷机房空调和水冷冷水空调方案的能效分析［J］．暖通空调，2014，44（7）：29~31.

[13] 王振英，曹瀚文，李震．数据中心制冷系统冷源选择及能效分析［J］．工程热物理学报，2017，38（2）：326~332.

[14] Endo H，Kodama H，Fukuda H，et al. Effect of climatic conditions on energy consumption in direct fresh-

air container data centers [J]. Sustainable Computing: Informatics and Systems, 2015, 6 (2): 17~25.

[15] Hassan S F, Ali M, Sajid A, et al. Free cooling investigation of SEECS data center [J]. Energy Procedia, 2015, 75: 1406~1412.

[16] Oro E, Depoorter V, Pflugradt N, et al. Overview of direct air free cooling and thermal energy storage potential energy savings in data centers [J]. Applied Thermal Engineering, 2015, 85: 100~110.

[17] 黄翔，韩正林，宋姣姣，等．蒸发冷却通风空调技术在国内外数据中心的应用 [J]. 制冷技术，2015，35 (2)：47~53.

[18] 耿志超，黄翔，折建利，等．间接蒸发冷却空调系统在国内外数据中心的应用 [J]. 制冷与空调（四川），2017，31 (5)：527~532.

[19] 穆正浩，王颖．宁夏中卫云计算数据中心空调设计 [J]. 暖通空调，2016，46 (10)：23~26.

[20] 刘凯磊，黄翔，杨立然，等．蒸发冷却空调系统在数据中心的应用实验 [J]. 暖通空调，2017，47 (12)：124~130.

[21] 牛晓然，夏春华，孙国林，等．千岛湖某数据中心采用湖水冷却技术的空调系统设计 [J]. 暖通空调，2016，46 (10)：14~17.

[22] Elahee K, Jugoo S. Oceanthermal energy for air-conditioning: Casestudy of a green data center [J]. Energy Sources, Part A: Recovery, Utilization, and Environmental Effects, 2013, 35 (7): 679~684.

[23] 折建利，黄翔，刘凯磊，等．自然冷却技术在数据中心的应用 [J]. 制冷，2017，36 (1)：60~65.

[24] 折建利，黄翔，刘凯磊，等．冷却塔自然供冷系统在兰州某数据中心应用的测试分析 [J]. 暖通空调，2016，46 (10)：18~22.

[25] 宫晔，钟世民，韩海泉．大连市某数据中心空调系统节能设计及经济分析 [J]. 建筑热能通风空调，2017，36 (10)：56~60.

[26] 李林达，洪晓涵，陈胜朋，等．“闭式冷却塔+磁悬浮冷水机组”用于数据中心空调系统的节能设计 [J]. 制冷与空调，2017，17 (8)：63~67.

[27] 张素丽．数据中心冷水系统自然冷却节能分析 [J]. 暖通空调，2016，46 (5)：80~83.

[28] Hammann H F, Iyengar M K, Kessel T G. Cooling infrastructure lever aging a combination of free and solar cooling: UnitedStates, US 8020390B2 [P]. 2001-9-20.

[29] Zhan C H, Duan Z Y, Zhao X D, et al. Comparativestudy of the performance of the m-cycle counter-flow and cross-flow heat exchangers forindirect evaporative cooling—Paving the path toward sustainable cooling of buildings [J]. Energy, 2011, 36 (12): 6790~6805.

[30] Xu P, Ma X L, Zhao X D, et al. Experimental investigation of a super performance dew point air cooler [J]. Applied Energy, 2017, 203: 761~777.

[31] 钱晓栋．数据中心空调系统节能研究 [J]. 暖通空调，2012，42 (3)：91~96.

[32] 周兰兰．某数据中心空调系统设计与节能优化分析 [J]. 暖通空调，2009，39 (10)：102~106.

[33] 严瀚．数据中心预冷节能方案研究 [J]. 暖通空调，2015，45 (5)：50~55.

[34] 朱慧宾．探索数据中心空调系统的节能 [J]. 机电节能，2014，8 (4)：37~41.

[35] 王前方．数据中心直接蒸发型风冷机房空调和水冷冷水空调方案的能效分析 [J]. 暖通空调，2014，44 (7)：29~31.

[36] 田浩．数据中心分布式冷却系统研究 [J]. 暖通空调，2015，45 (9)：42~48.

[37] 江亿，李震，等．用于高密度显热机房排热的分离式热管换热器性能优化分析 [J]. 暖通空调，2011，41 (3)：38~43.

6 科学实验与检测环境

科学实验与检测环境有很多，如恒温恒湿环境、环境模拟实验室、生物安全实验室等，本章以人工气候室和生物安全实验室为重点进行阐述。

6.1 环境模拟技术

环境模拟技术是在地面实验室（舱）中“复现（模拟）”各种自然和诱发环境的技术。在这种实验室（舱）的模拟环境下进行各类产品、设备甚至“人+机”组合的环境试验，以研究和考核人机装备的环境适应性和环境可靠性。它不受季节、昼夜、机遇、地点的限制，而且可以随时模拟严酷和极端环境。环境模拟技术主要研究各种环境的模拟方法和理论，环境模拟设备的工程设计理论和方法以及它的制造工艺和试验技术，是多门学科（热学、力学、电学、材料、生物学、医学、光学等）和多项技术（制冷、真空、空调、自动控制、检测、机械、制造等）交叉的一门新的、工程性很强的工程科学技术。

环境模拟技术分为气候环境模拟技术、力学环境模拟技术、电磁环境模拟技术等，按照几何空间不同又可以分为地面环境模拟、空中环境模拟技术、空间环境模拟技术（含外太空）、海洋环境模拟等。环境模拟实验室可以进行产品性能实验、温度实验、湿热实验、盐雾实验、霉菌实验、高空及太空实验、组合环境实验，如全天候汽车空调环境模拟实验室、建筑环境模拟实验室、大型综合环境模拟实验室等。

6.1.1 人工气候室

人工气候室是用来模拟自然界环境的一种实验设备，能够控制温度、湿度、CO_2浓度、光照强度等诸多气象因子，并使其维持在一定精度内，同时要求能根据需要对其进行调节。例如，在夏天的晚上，气温能降到16℃；在冬天能够模拟夏天白天的高温，达到30℃。在系统结构上，人工气候室是一个多变量相互耦合的复杂系统，属于典型的非线性系统，其三个变量——温度、湿度和照度之间存在强耦合，其中任何一个量的变化都会引起其他两个的变化。此外，温度和湿度还具有纯滞后、大惯性特性。

1949年6月，美国著名植物学家、园艺学家温特（F. W. Went）教授主持建造了世界上第一座植物人工气候室。人工气候室的出现给生物学领域带来了一场革命性的改变，从而引起了全世界各国相关机构的高度关注。随后，近30个国家先后建立起了不同规模和用途的人工气候室。1969年中国科学院上海植物生理研究所建成了大型植物人工气候室，有自然光照室和人工光照室，共25间。此外，中国还生产了多种类型的人工气候箱，可进行特定环境情况下的相关研究。目前我国的人工气候室已经广泛应用于各个领域。

人工气候室一般由控制室、空气处理室和环境实验室组成。控制室内有控制各类环境因素的调控和显示装置。空气处理室包括空气过滤器、热源、冷源、除湿器、加湿器等设备；环境实验室内装有电光源和监测光、温度、湿度、气体成分等因素的传感器，将各自感应到的实际值传给控制室的调控装置中。

人工气候室与人工气候箱分别如图6-1与图6-2所示。人工气候箱在环境及其控制科学领域中是常用的设备。由于设备可长时间持续运行和设置多个循环，所以可用于工农业多学科的生物测定、生物培养、产品品质和性能测定，亦可用于探测极端环境因子对供试样品的影响。这是其他方法难以替代的，而且具有省时、省工的特点。用人工气候箱可了解在该控制条件下供试生物的生长和繁殖能力，或供试产品的损坏程度和寿命。

图6-1 人工气候室

图6-2 人工气候箱

6.1.2 人工气候室温度控制

人工气候室温度的微分方程式：

$$C\frac{\mathrm{d}\theta}{\mathrm{d}t}=(Q_1+q_n)-(Q_2+Q_3) \tag{6-1}$$

式中 C——温度容量系数，相当于室温每升高1℃所储蓄的热量，W/℃；

$\frac{\mathrm{d}\theta}{\mathrm{d}t}$——人工气候室内温度变化率；

Q_1——单位时间内送风带入人工气候室的热量，W；

q_n——单位时间内人工气候室内设备、照明和人体等的散热量，W；

Q_2——单位时间内回风从人工气候室带走的热量，W；

Q_3——单位时间内人工气候室围护结构的散热量，W。

采用反馈调节温度的方法，如图 6-3 所示。

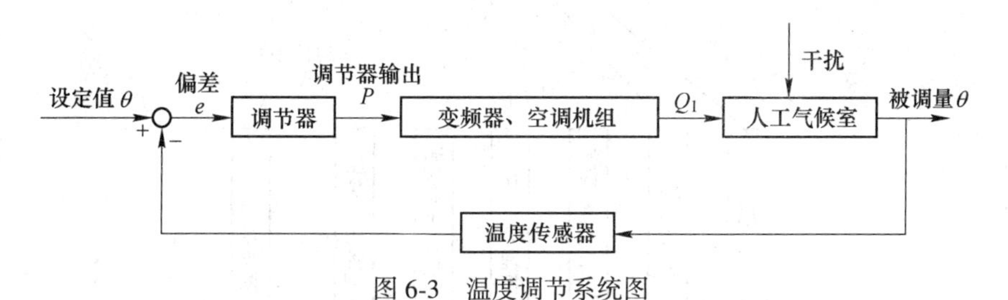

图 6-3 温度调节系统图

记录室温随时间减小（或增大）的过程，结果如图 6-4 所示。

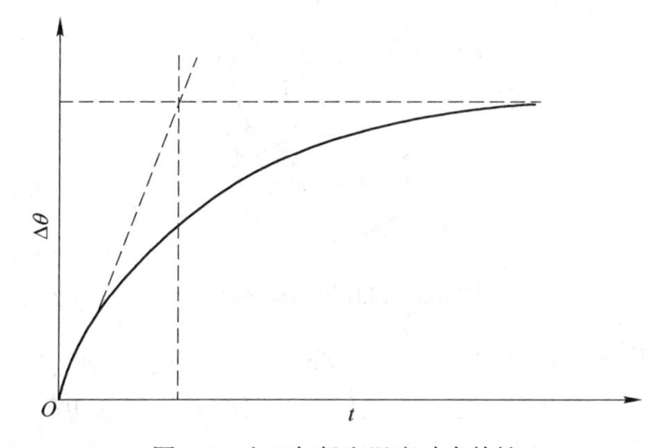

图 6-4 人工气候室温度动态特性

这一特性表明人工气候室的温度调节可以使用 PID 调节器，其算法为：

$$u(k) = K_P\left[e(t) + \frac{1}{T_i}\int_0^t e(\tau)\mathrm{d}\tau + T_d\frac{\mathrm{d}e(t)}{\mathrm{d}t}\right] \tag{6-2}$$

PLC 是人工气候室温湿度控制的主体，PLC 控制程序结构如图 6-5 所示。这一结构参考了高级语言程序设计思想，采用模块化程序结构，各模块功能明确，特别是中心数据库的使用，基本实现了各模块的数据独立，使得程序设计和调试工作变得容易。

通过对空调机组进行变频控制和采用良好的 PID 调节算法，可以达到相关控温精度要求。

6.1.3 人工气候室实例——建筑材料耐久性实验

人工气候环境模拟实验是在人工气候实验室中用高温、高湿、盐水喷淋、红外灯照等人工方法模拟自然气候环境（日光、雨淋、温度、湿度、CO_2 等）。以建筑钢筋混凝土结构为例，在工业侵蚀环境下，该结构容易在短期内发生破坏，因此需要进行大气污染模拟、雨水和其他液体污染的侵蚀环境模拟以及模拟自然环境中的各种温、湿度条件。恶劣工业环境、海洋环境等对钢筋混凝土结构的老化作用，其过程在人工气候室进行，首先试件脱模后在室内自然环境下洒水养护，随之将试验梁放置在人工气候室内进行加速锈蚀，设定人工气候室内温度 T=40℃，湿度 RH=90%，其中温度采用水箱加热，通过放置在人工气候室内的温度传感器控制温度。为了更快地加速锈蚀钢筋混凝土梁，试验还采用了干

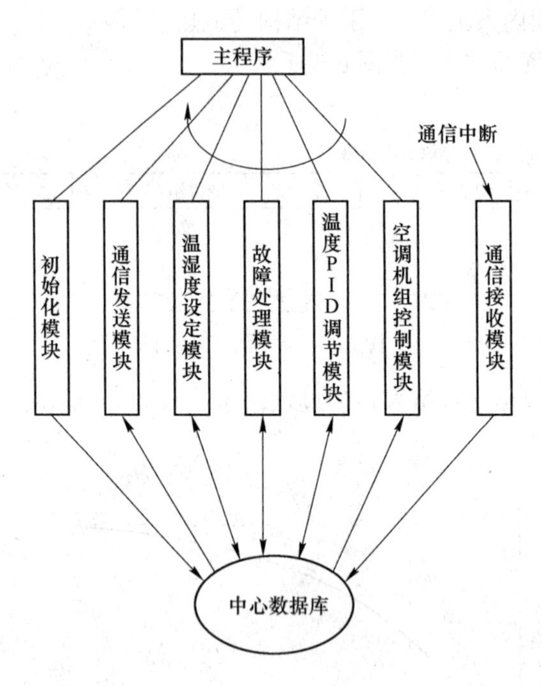

图 6-5 PLC 控制程序结构

湿循环法，具体的干湿循环制度为“干”8h，“湿”1h。其中“干”采用红外灯照，“湿”采用清水喷淋，具体操作通过人工气候控制室的人工气候电控柜手动控制。加载试验结束后，对不同锈蚀裂缝宽度的钢筋混凝土梁进行破型，观察混凝土中钢筋的锈蚀特征，结果发现人工气候加速锈蚀的钢筋沿圆周方向锈蚀是不均匀的，靠近保护层一侧锈蚀较背向保护层一侧严重，从锈蚀产物和锈蚀均匀性方面讲，人工气候加速钢筋锈蚀能更好地贴近实际环境。人工气候环境加速条件下梁破坏形态和恒电流加速下裂缝宽度较小的梁基本一致，都是最后在梁的纯弯段出现受压区混凝土压碎破坏而导致结构的最终失效，结构的破坏形式均表现为正截面受弯的适筋延性破坏；而通电加速锈蚀裂缝达到 0.8mm 时，试验梁发生黏结撕裂破坏。这主要与钢筋锈蚀特征和锈蚀程度有关。已有的研究结果表明：两种气候条件下的混凝土碳化产物、碳化后混凝土微观孔结构变化都是非常一致的，说明两种气候条件下混凝土的碳化机理相同，人工气候条件下混凝土的碳化同自然气候条件下混凝土的碳化存在相关关系，因此利用人工气候条件所获得的混凝土碳化速度预测模型可以适用于自然气候条件下混凝土的碳化速度预测。

6.2 生物安全实验室环境

随着医药、生化等领域科学技术的飞速发展，生物安全实验室作为该领域科学研究的环境设施保障日益凸显其重要性。生物安全实验室是从事病原微生物检测和科学研究的重要技术平台，同时也是保护实验室工作人员不被感染、外界环境不受污染的防护屏障。

各类疫情的陆续暴发使我国认识到了生物安全实验室在烈性传染病防控研究方面的重

要意义，2004年我国先后颁布了《实验室生物安全通用要求》（GB 19489—2004），《生物安全实验室建筑技术规范》（GB 50346—2004）和国务院第424号令《病原微生物实验室生物安全管理条例》，使我国生物安全实验室的建设和管理走上了规范化和法制化轨道。随后的十余年时间，国内一批高级别生物安全实验室相继建成并投入使用。

我国的高级别生物安全实验室建设历经十余年，从几乎一片空白，到今天已经初具规模和体系。作为生物安全保障最重要的硬件设施，生物安全实验室的建设已经取得了前所未有的发展。

6.2.1 相关概念

6.2.1.1 生物安全与生物安保

生物安全是国家安全的重要组成部分，国家生物安全包括生物安全和生物安保两个部分，内容涉及影响国家安全和社会稳定的新发人类和动物传染病、生物威胁、实验室生物安全、细菌耐药、有害生物入侵、合成生物学等两用技术滥用以及人类遗传资源的流失。

目前，全球生物安全形势呈现影响国际化、危害极端化、发展复杂化的特点。联合国《禁止生物武器公约》有令难行，生物武器研发屡禁不止，生物战的威胁仍然存在；病原体跨物种感染、跨地域传播，造成新发突发传染病不断出现；由自然灾害、人为因素造成的突发公共卫生事件层出不穷；环境污染、外来物种入侵等造成严重生态环境破坏，基因资源流失现象时有发生。

我国高度关注生物安全问题，提出要加快发展生物安全技术，构建先进国家安全和公共安全体系，有效防范对人民生活和生态环境的生物威胁。目前，各级疾病预防控制中心、动物疫病预防控制中心、科研院所等逐步建立了病原微生物生物安全实验室科技支撑平台，初步构建了生物威胁防御体系，在非典型肺炎、高致病性H5N1禽流感等重大传染病疫情防控中发挥重要作用。

6.2.1.2 生物安全实验室

《生物安全实验室建筑技术规范》（GB 50346—2011）给出了生物安全实验室的术语定义："通过防护屏障和管理措施，达到生物安全要求的微生物实验室和动物实验室。包括主实验室及其辅助用房。"

2003年SARS的肆虐，曾给我国造成了重大损失，近几年在非洲爆发的"埃博拉"疫情，也很快在欧美出现病例。抵御这类威胁，必须构筑一道坚固的防线，生物安全实验室是这道防线的重要组成部分。在安全的实验室内对高风险的病原微生物进行检验、研究，可确保实验人员和外部环境的安全。

20世纪五六十年代，美国出现了最早的生物安全实验室，随后苏联、英国、法国、德国、日本、澳大利亚、瑞典、加拿大等国家也相继建造了不同级别的生物安全实验室，我国生物安全实验室建设虽然起步较晚，但发展迅速，截止到2019年5月，共有80余家生物安全实验室获得认可。

6.2.1.3 生物安全实验室分级分类

按照实验室处理的有害生物因子的风险，国际上将生物安全实验室分为四级，一级风险最低，四级最高，把三、四级生物安全实验室定义为高级别生物安全实验室。WHO

《生物安全手册》给出了1~3级生物安全实验室示意图，如图6-6所示。生物安全实验室

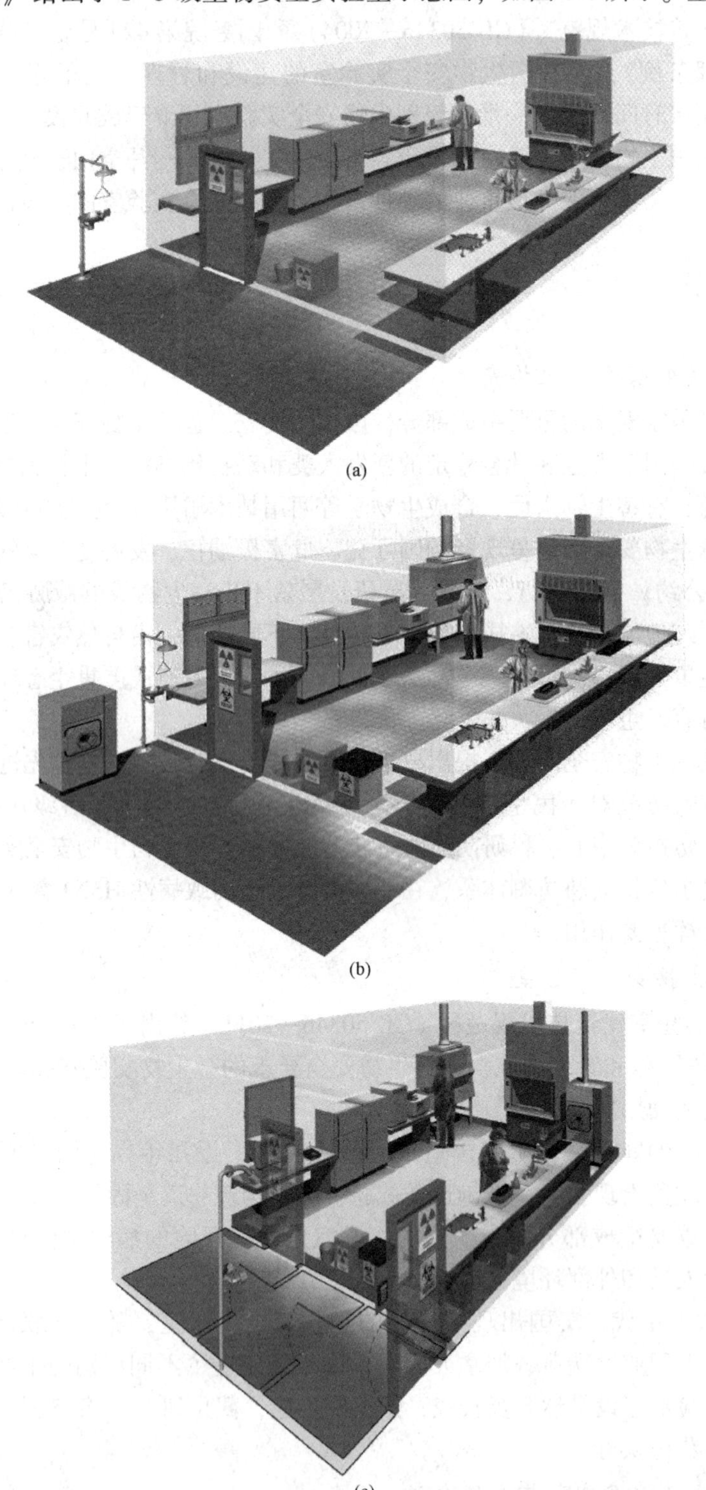

(a)

(b)

(c)

图6-6 WHO《生物安全手册》给出的1~3级生物安全实验室示意图
（a）1级生物安全实验室；（b）2级生物安全实验室；（c）3级生物安全实验室

一般分为细胞研究实验室和感染动物实验研究实验室，国际上通常分别用 BSL 和 ABSL 表示细胞研究实验室、感染动物实验动物研究实验室的生物安全水平，高级别生物安全实验室通常表示为 BSL-3、ABSL-3、BSL-4 和 ABSL-4。

《生物安全实验室建筑技术规范》（GB 50346—2011）第 3.1.2 条指出：根据实验室所处理对象的生物危害程度和采取的防护措施，生物安全实验室分为四级。微生物生物安全实验室可采用 BSL-1、BSL-2、BSL-3、BSL-4 表示相应级别的实验室；动物生物安全实验室可采用 ABSL-1、ABSL-2、ABSL-3、ABSL-4 表示相应级别的实验室。生物安全实验室应按表 6-1 进行分级。

表 6-1　生物安全实验室的分级

分　级	生物危害程度	操　作　对　象
一级	低个体危害，低群体危害	对人体、动植物或环境危害较低，不具有对健康成人、动植物致病的致病因子
二级	中等个体危害，有限群体危害	对人体、动植物或环境具有中等危害或具有潜在危险的致病因子，对健康成人、动物和环境不会造成严重危害。有有效的预防和治疗措施
三级	高个体危害，低群体危害	对人体、动植物或环境具有高度危害性，通过直接接触或气溶胶使人传染上严重的甚至是致命疾病，或对动植物和环境具有高度危害的致病因子。通常有预防和治疗措施
四级	高个体危害，高群体危害	对人体、动植物或环境具有高度危害性，通过气溶胶途径传播或传播途径不明，或未知的、高度危险的致病因子。没有预防和治疗措施

《生物安全实验室建筑技术规范》（GB 50346—2011）第 3.2.1 条指出：生物安全实验室根据所操作致病性生物因子的传播途径可分为 a 类和 b 类。a 类指操作非经空气传播生物因子的实验室；b 类指操作经空气传播生物因子的实验室。b1 类生物安全实验室指可有效利用安全隔离装置进行操作的实验室；b2 类生物安全实验室指不能有效利用安全隔离装置进行操作的实验室。

《实验室生物安全通用要求》（GB 19489—2008）第 4.4 条根据实验活动的差异、采用的个体防护装备和基础隔离设施的不同，给出了生物安全实验的分类，如表 6-2 所示。

表 6-2　生物安全实验室的分类

条文号	类　别　描　述
4.4.1	操作通常认为非经空气传播致病性生物因子的实验室
4.4.2	可有效利用安全隔离装置（如生物安全柜）操作常规量经空气传播致病性生物因子的实验室
4.4.3	不能有效利用安全隔离装置操作常规量经空气传播致病性生物因子的实验室
4.4.4	利用具有生命支持系统的正压服操作常规量经空气传播致病性生物因子的实验室

6.2.2　室内环境控制要点

6.2.2.1　微生物气溶胶与实验室感染

国外对近 4000 例实验室相关感染（laboratory associated infection）统计分析表明，实验室相关感染主要发生在微生物研究实验室、临床诊断实验室和动物实验室。其中，感染原因较明确（如针刺、鼠咬、食入等）的实验室感染只占全部感染的18%，原因不明的实验室感染却高达82%。后来在长期操作实践中得知，在这些不明原因的实验室感染中，大多数是因为在操作病原微生物时产生了感染性气溶胶（infectious aerosol），并在实验室内扩散，工作人员和有关人员吸入后，发生了空气传播感染（airborne infection）。

微生物实验室科学家曾用空气微生物采样器，测定了一些实验室操作中产生微生物气溶胶颗粒的大小，结果发现：搅拌粉碎机产生的气溶胶颗粒中，粒径小于5μm的占98%以上、冻干培养物产生的气溶胶颗粒中粒径大于5μm的占80%，其他操作如收取鸡胚培养液、用吸管吹吸毒液、混匀、离心悬液、超声波粉碎感染材料、打碎菌液瓶等所产生的微生物气溶胶颗粒，其平均粒子直径都小于5μm。

6.2.2.2 防止微生物气溶胶扩散的一级屏障隔离

无论是哪一种病原微生物实验室，总有一些操作本身不可避免地要产生气溶胶。尽管采取一些防范措施，可以减少病原微生物气溶胶的产生，但也不可能达到完全避免。因此，病原微生物实验室生物安全必然面临如何防止产生的微生物气溶胶扩散传播的问题。

任何涉及病原微生物的实验操作均须轻缓小心，以尽量减少微生物气溶胶的产生。有较大可能产生微生物气溶胶的各种操作，首先应考虑在生物安全柜、动物隔离器等一级防护屏障中进行，当不能在一级防护屏障中操作时，应加强二级屏障控制要求，提高个人防护水平。这类操作有对感染动物进行剖检、倾倒污染垫料、从动物体采集感染组织或体液，以及进行高浓度或大容量传染性材料操作等。

生物安全柜是生物安全实验室中最常用的一级防护屏障，实验室使用各级生物安全柜可以最大限度地减少工作人员接触传染性气溶胶的概率，任何涉及活菌的操作均应尽可能在生物安全柜内进行。该设备能够在保护实验样品不受外界污染的同时，避免操作人员暴露于实验操作过程中产生的有害或未知性生物气溶胶和溅出物。因此被广泛应用于各级医疗机构检验科室、各级疾病/疫病预防控制中心、各类高等级生物安全实验室及各类药品制造企业。

生物安全柜是实现第一道物理隔离的关键产品，是生物安全实验和研究的第一道屏障，也是最重要的屏障之一。生物安全柜的质量直接关系到科研和检测人员的生命安全，关系到实验室周围环境的生物安全，同时也直接关系到实验结果的准确性。

国内外相关标准均将生物安全柜分为Ⅰ级、Ⅱ级和Ⅲ级三个级别，另外Ⅱ级生物安全柜根据外排风比例又可以进行细分类，WHO《生物安全手册》[12]给出了各级各类生物安全柜特点对比，如表6-3所示。

表6-3 Ⅰ级、Ⅱ级和Ⅲ级生物安全柜特点对比分析

生物安全柜	正面气流速度/m·s^{-1}	气流百分数/%		排风系统
		重新循环部分	排出部分	
Ⅰ级①	0.36	0	100	硬管
Ⅱ级A1型	0.38~0.51	70	30	排到房间或套管连接处
外排风式Ⅱ级A2型①	0.51	70	30	排到房间或套管连接处
Ⅱ级B1型①	0.51	30	70	硬管
Ⅱ级B2型①	0.51	0	100	硬管
Ⅲ级①	不适用	0	100	硬管

①所有生物学污染的管道均为负压状态，或由负压的管道和压力通风系统围绕。

生物安全柜的工作原理主要是通过动力源将外界空气经高效空气过滤器（high-efficiency particulate air filter，HEPA）过滤后送入安全柜内，以避免处理样品被污染，同时，通过动力源向外抽吸，将柜内经过高效空气过滤器过滤后的空气排放到外环境中，使柜内保持负压状态。WHO《生物安全手册》给出了Ⅰ～Ⅲ级生物安全柜原理图，如图6-7所示。

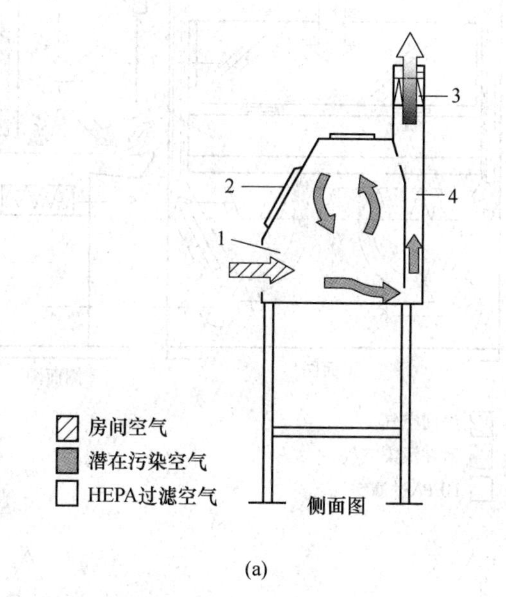

(a)

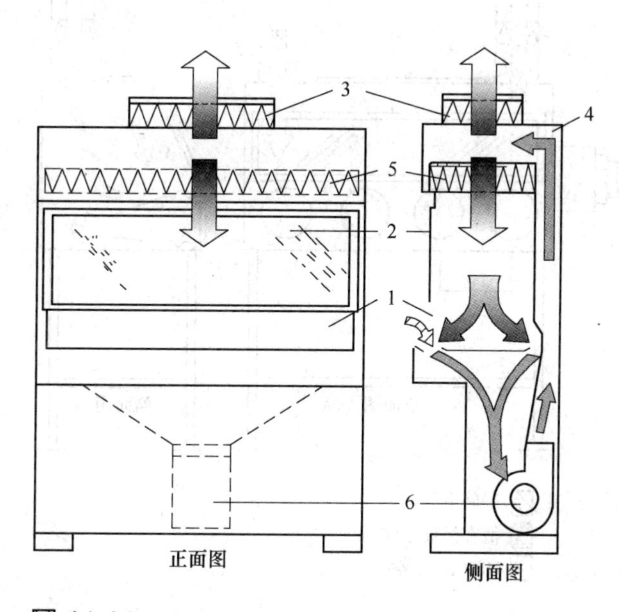

(b)

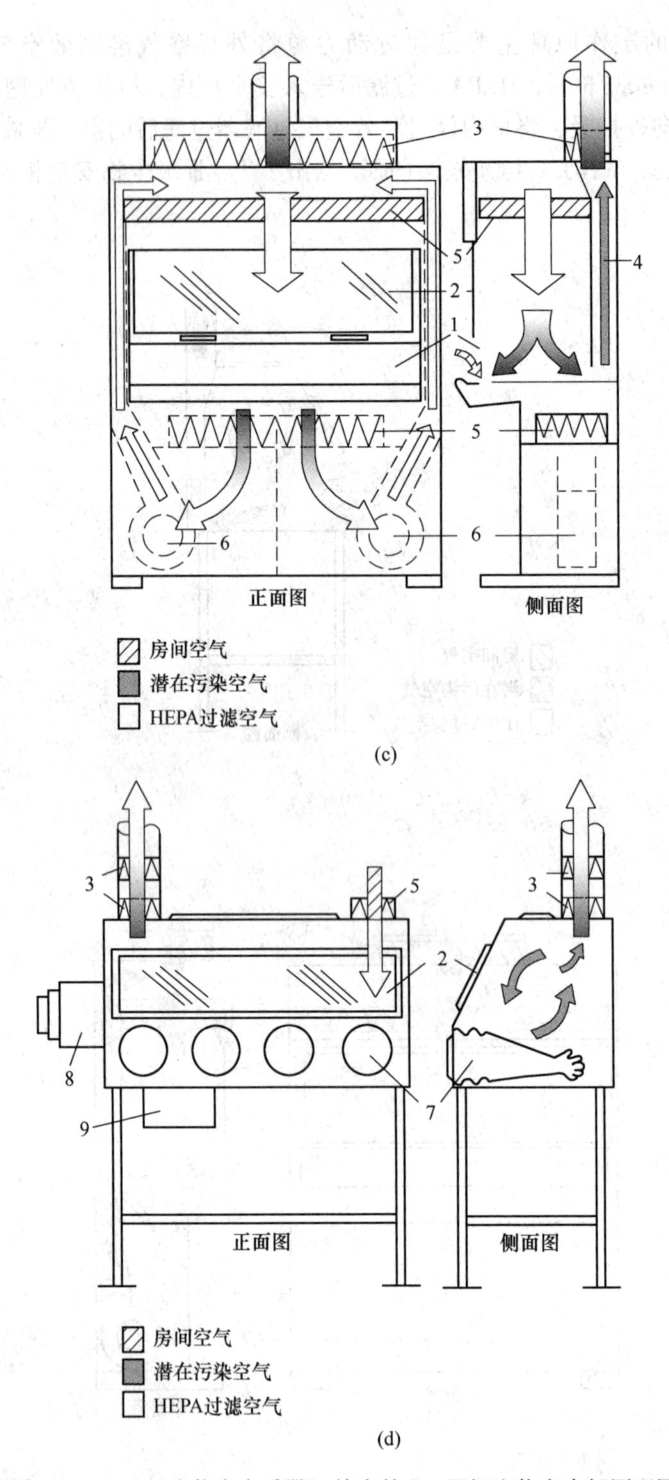

图6-7 WHO《生物安全手册》给出的Ⅰ~Ⅲ级生物安全柜原理图

（a）Ⅰ级生物安全柜；（b）Ⅱ级A1型生物安全柜；（c）Ⅱ级B1型生物安全柜（安全柜需要有与建筑物排风系统相连接的排风接口）；（d）Ⅲ级生物安全柜（手套箱）（安全柜需要有与独立的建筑物排风系统相连接的排风接口）

1—前开口；2—窗口；3—排风HEPA过滤器；4—排风系统；5—送风HEPA过滤器；6—风机；
7—用于连接等臂长手套的舱孔；8—双开门高压灭菌器或传递窗；9—化学浸泡槽

生物安全柜及其他一级防护屏障设备选用、设计及安装要点可参阅参考文献［15，16］，一级防护屏障设备的性能及检测方法可参阅参考文献［16~18］。

6.2.2.3 微生物气溶胶二级屏障控制

目前人类所面对的各类传染病（infectious diseases），均为由各种病原体引起的能在人与人、动物与动物或人与动物之间相互传播的一类疾病。纵观人类发展历史上历次重大的传染病大流行事件，都给当时的人类社会带来了无法弥补的严重损失。一份世界银行的报告《为健康投资》提供的资料，1990 年死于传染病的全球死亡人数达 1669 万，占总体死亡人数的 34.4%，而死于战争的人数仅为 32 万，占 0.64%，死于传染病的人数是死于战争人数的 50 多倍。就空气传染的疾病的普遍情况来看，室内气流组织和对室内污染空气的隔离和处理，是防止致病微生物在室内人员之间传染和对室外环境传染的重要措施。

自 2003 年“SARS”肆虐之后，中国建筑科学研究院科研人员在许钟麟研究员的带领下，对空气微生物气溶胶隔离控制原理、室内气流组织、缓冲室的作用、压差和温差的作用与影响等做了大量细致而严谨的科研攻关工作，通过理论论证、数值模拟与实验证明相结合，获得了多项科研成果。

A 静压差的作用

生物安全实验室防护区相对其邻室保持一定的负压，可以防止室内污染经缝隙外泄，是控制污染最重要的措施。当某一房间与相邻的房间之间有门窗和任何形式的孔口存在时，在这些门窗、孔口处于关闭情况下，该房间与相邻空间应维持一个相对静压差，这个压差就是以一定风量通过这些关闭的门窗、孔口的缝隙时的阻力，所以静压差反映的是缝隙的阻力特性，按流体力学原理，通过缝隙的流量与阻力的关系是：

$$Q = \mu F \sqrt{\frac{2\Delta p}{\rho}} \tag{6-3}$$

式中 Q——通过缝隙的流量，m^3/h；

μ——流量系数；

F——缝隙面积，m^2；

Δp——缝隙两端的静压差，Pa；

ρ——空气的密度，kg/m^3。

对一固定的缝隙，其两侧的静压差 Δp 与 ρ 成正比，与 Q 的平方成正比。在工程实际中，缝隙较复杂，平方关系不再成立，而是 Q 与 Δp 的 1~1/2 次方成正比。

气密性高等级生物安全实验室负压梯度的意义体现在两个方面：（1）在门关闭情况下，保持各房间之间的压力梯度稳定（由外到内压力依次降低），形成由辅助工作区到防护区的气流流向，从而有效防止被传染性生物因子污染的空气向污染概率低的区域及外环境扩散；（2）在门开启时，保证有足够的气流向内流动，以便把带出的污染减小到最低程度。

许钟麟研究员在其文献中指出：越严密的结构，缝隙阻力越大，需要的 Δp 越大，较符合实际缝隙情况的理论最小压差可定为 3Pa，在关门状态下，房间压差是影响平面内污染物外（或内）泄的唯一因素的结论是成立的，并且 3Pa 的压差就足以防止这一情况的发生，不存在其他影响因素。所以从这一意义上说，一味追求大压差是没有必要的。但是在开门状态下，开门的动作、人的行走和温差则成为影响平面内房间污染物外（或内）泄的重要因素。

目前国家标准对相邻房间的静压差一般要求为10Pa或15Pa，实际上是考虑了一定的安全系数给出的数值，安全系数的初衷是考虑风机、风阀、压力传感器等仪器设备的误差(或正负偏差因素)。实验室大部分情况下是处于关门的静止状态，对于开门等压力扰动因素，GB 50346—2011 第7.3.1条规定“空调净化自动控制系统应能保证各房间之间定向流方向的正确及压差的稳定”，GB 19489—2008 第6.3.8.12条规定“中央控制系统应能对所有故障和控制指标进行报警，报警应区分一般报警和紧急报警”，即开门状态虽然静压差丧失，但此种状态只允许短时存在（一般情况下正常开关门动作不会超过30s)，对污染物外泄的影响并不是很大，可通过房间自净予以控制。

B 门的开关和人的进出作用

当室内为正压，门突然向内开时，门内一部分区间空气受到压缩，造成门划过的区间出现局部暂时的负压，在开门瞬间将室外空气吸入。当室内为负压，门突然向外开时，门外一部分区间空气受到压缩，造成门划过的区间出现局部暂时的比室内更低的负压，在开门瞬间使室内空气外逸，以上现象可称为开关门的卷吸作用。美国的沃尔夫（Wolfe）在1961年就注意到这一点，并指出正压室开门一次可吸入的空气量约为0.17m^3/s，开门时卷吸作用引起的气流流向如图6-8所示。

图6-8 开门卷吸作用

当人进、出房间时，会有一部分空气随着进、出，这也是造成污染的一个因素。美国的沃尔夫（Wolfe）也注意到这一现象。人进出的带风作用如图6-9所示。

C 温差的作用

室内外存在温差几乎是普遍现象，在开门瞬间，在热压的作用下，将有空气从房间上部或下部进入或流出，这是一个未被充分认识的造成污染的因素。许钟麟研究员从理论上对温差促进污染外泄的作用做了详细讨论，指出“只要有温差，不论压差多大，对流气流就存在，也就是空气传播的污染就存在，气流方向主要服从于温差对流方向”。图6-10

给出了温差作用下门洞进、出气流示意图。

图 6-9 人进、出的带风作用

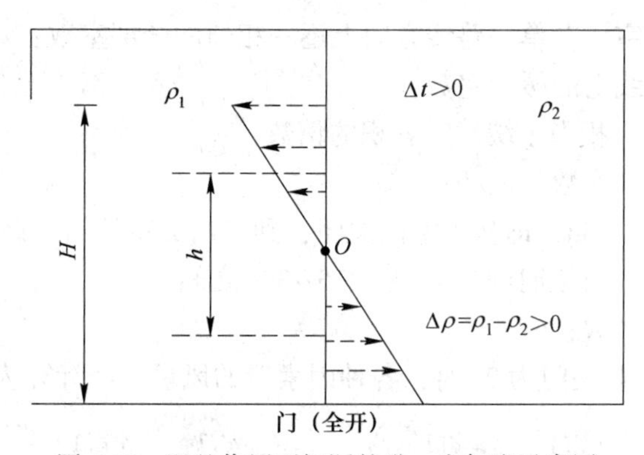

图 6-10 温差作用下门洞的进、出气流示意图

D 缓冲间的动态隔离作用

在门开关、人进出的动态条件下，缓冲间可起到重要的隔离作用。生物安全实验室常用“三室一缓”“五室两缓”的模式，如图 6-11 和图 6-12 所示。

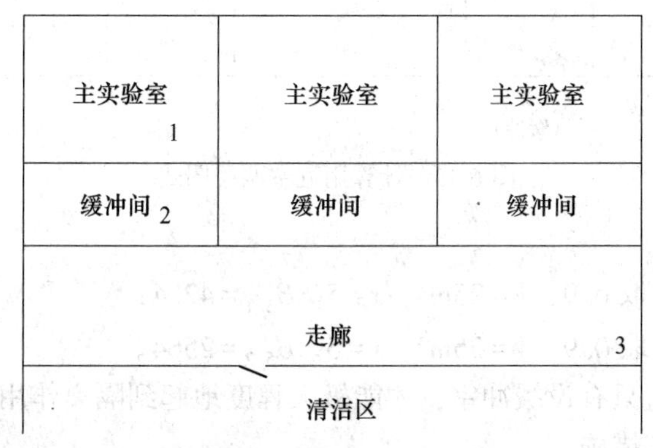

图 6-11 生物安全实验室“三室一缓”布置

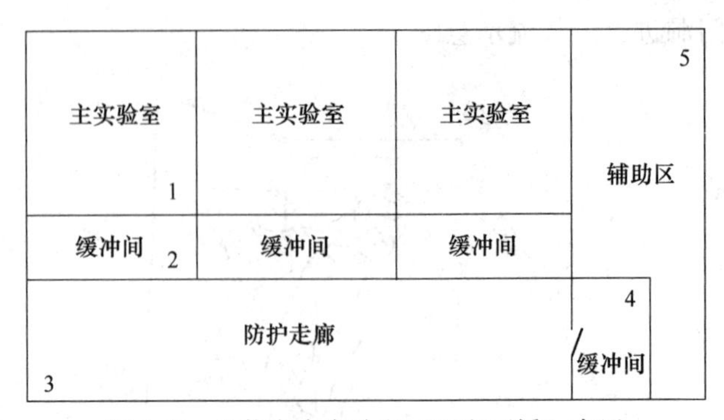

图 6-12 生物安全实验室“五室两缓”布置

图 6-13 是计算用图式，图中 1~5 为室编号，V 为室容积（m^3），N_1 为 1 室或 1 室门口区域污染浓度（个/m^3），Q_1 为开门后因压差未能抵消的由 1 室进入 2 室（缓冲）的风量（m^3）。定义原始的污染和有缓冲室时开门带来的室内污染原始浓度之比称为总隔离系数，以 β 表示，则有：

$$\beta_{km} = \frac{V^{k-1}\alpha^m}{x^m Q^{k-1}\left(e^{-nt160}\right)^{k-2}} \tag{6-4}$$

式中 k——包括缓冲室，在单一路线方向上逐一相通的全部室数；

m——在单一路线上的缓冲室数；

x——病房容积 V 相当于缓冲室容积的倍数；

n——缓冲室换气次数，次/h；

t——自净时间，min，即从 1 室门关闭，到走向 2 室的门，该门开启瞬间之前的时间（含门的自锁时间），一般在 5~30s 之间；

α——每室混合系数；

Q——$\Delta t = 1$℃，开关门为 2s 时，各种因素泄的风量，经计算为 1.52m^3/s。

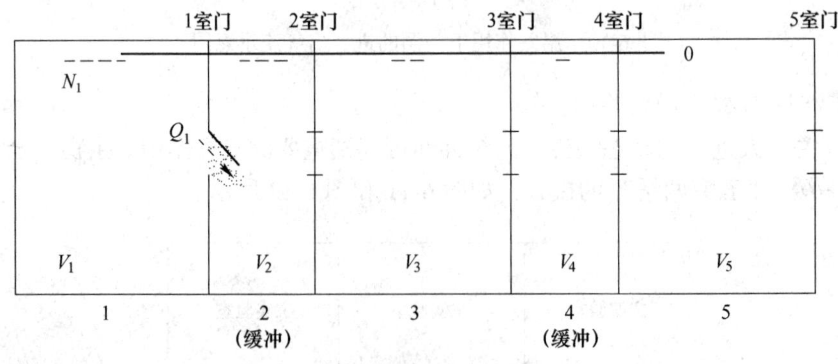

图 6-13 计算用五室两缓图式

计算结果如下：

（1）三室一缓，α 取 0.9，V=25m^3，x=5。$\beta_{3,1}$=42.4；

（2）五室两缓，α 取 0.9，V=25m^3，x=5。$\beta_{5,2}$=2564。

从上面计算可见，只有设缓冲室，才能极大程度地起到隔离作用，它是生物安全实验室中最重要的动态隔离措施。

E 定向气流的动态隔离作用

生物安全实验室的气流组织应有利于室内可能被污染空气的排出（定向流），即：房间之间的气流从污染可能性低的房间流向污染可能性高的房间；房间内，气流应该从低污染区向高污染区流动。室内送排风方式宜采用上送下排的定向气流。GB 50346—2011 相对于 GB 50346—2004 版标准，将生物安全实验室上送下排气流组织形式由“应”改为了“宜”，主要是考虑一些大动物实验室，房间下部卫生条件较差，需要经常清洗，不具备下排风的条件；另一个原因上排风比较容易实现排风高效过滤器的原位检漏和消毒功能。

房间风口布置时，通常是送风口靠近房间门口，排风口靠近房间的尽头；生物安全柜等一级防护屏障设备的上方或附近尽量不设置送风口，减少对生物安全柜入口气流形成干扰，如图 6-14 所示。

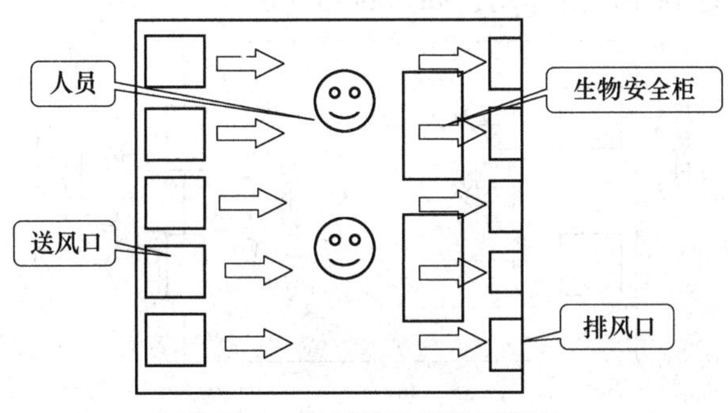

图 6-14 房间风口布置示意图

6.2.3 通风空调系统设计要点

通风空调系统是实现生物安全实验室防护功能的重要技术措施之一，由于一、二级生物安全实验室对通风空调系统没有很特别的要求（加强型二级生物安全实验室除外），这里主要探讨高级别生物安全实验室对通风空调系统的设计要求。高级别生物安全实验室通风空调系统设计的四项基本原则是：全新风系统、排风无害化处理、合理的气流组织、防护区绝对负压。

6.2.3.1 全新风系统

二级生物安全实验室可以采用带循环风的空调系统。如果涉及化学溶媒、感染性材料操作和动物实验，则应采用全排风系统。三、四级生物安全实验室应采用全新风系统，且送、排风总管应安装气密阀门。防护区内不得安装普通的风机盘管机组或房间空调器。

通风空调系统是实现生物安全实验室防护功能的重要技术措施之一，其系统的划分应根据操作对象的危害程度、平面布置等情况经技术经济比较后确定，应采取有效措施避免污染和交叉污染。空调净化系统的划分应有利于自动控制系统的设置和节能运行。

6.2.3.2 排风无害化处理

高等级生物安全实验室的排风必须经过高效过滤器过滤后排放，高效过滤器的效率不低于 B 类。排风高效过滤器应设在室内排风口处。四级生物安全实验室除在室内排风口处设第一道高效过滤器外，还必须在其后串联第二道高效过滤器，两道高效过滤器的距离不宜小于 500mm。必要时，可采用高温空气灭菌装置代替第二道高效过滤器。

第一道排风高效过滤器的位置不得深入管道或夹墙内部，应紧邻排风口。过滤器位置与排风口结构应易于对过滤器进行安全更换。排风管道的正压段不应穿越房间，排风机宜设于室外排风口附近。排风机组必须一用一备。排风量必须进行详细的设计计算。总排风量应包括围护结构漏风量、生物安全柜、离心机和真空泵等设备的排风量等。

三级和四级生物安全实验室排风高效过滤器的安装应具备现场检漏的条件。如果现场不具备检漏的条件，则应采用经预先检漏的专用排风高效过滤装置。排风气密阀应设在排风高效过滤器和排风机之间。排风机外侧的排风管上应安装保护网和防雨罩。

6.2.3.3 合理的气流组织

气流组织方式直接影响通风防护效果，在一定的通风量下，采取不同的气流组织方式，通风效果也不同，合理的气流组织方式可起到良好的作用，如图 6-15（a）所示，不合理气流组织方式将起到相反的作用，如图 6-15（b）所示。

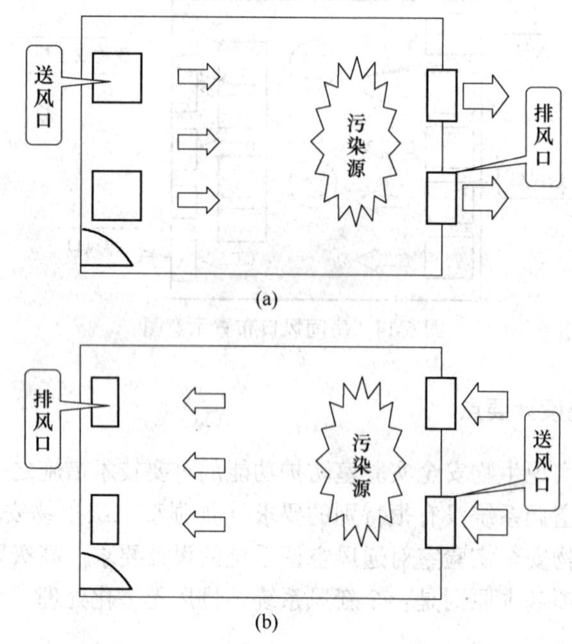

图 6-15 生物安全实验室气流组织示意图

（a）起良好作用的气流组织；（b）起反作用的气流组织

6.2.3.4 防护区绝对负压

生物安全实验室安全的核心措施是通过排风保持负压，高等级生物安全实验室压差防护的原则为：对于有气溶胶污染可能性的房间均应设计成相对大气负压。高等级生物安全实验室除了防护区要求负压，暖通设计时还应注意：高压灭菌器主体所在房间要求设计为负压，考虑灭菌设备的散热并设计局部排风系统；考虑到污水泄漏意外事故的发生，污水处理间通常也设计为负压。

以生物安全四级实验室为例，根据国家标准《实验室生物安全通用要求》（GB 19489—2008）和《生物安全实验室建筑技术规范》（GB 50346—2011）的要求，防护区核心工作间和相邻的缓冲间（通常为化学淋浴间）负压差至少为-25Pa；核心工作间的缓冲间和室外方向相邻相通房间的最小负压差为-10Pa。图 6-16 为生物安全四级实验室防护区压差典型示意图。

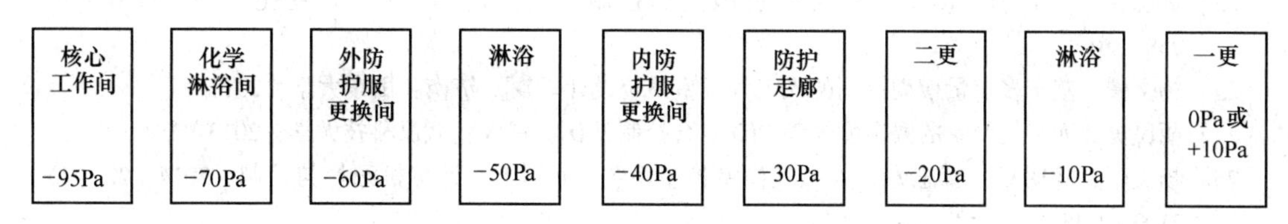

图 6-16 生物安全四级实验室防护区压差典型示意图

参 考 文 献

[1] 蒲亮，徐俊，王斯民，等．人工环境室内部多参数交互影响规律初探［J］．制冷与空调，2007（3）：25~28.

[2] 薛殿华．空气调节［M］．北京：清华大学出版社，1991.

[3] 胡民勇，方康玲．基于人工气候室的温湿度控制［J］．电子设计工程，2013，21（9）：134~136.

[4] Philips Semimnductoxs. Stand—alone CAN controller［M］．1. SJA1000，1992.

[5] 梁加山，袁艳，张泰山．人工气候室温度专家模糊控制系统的设计与实现［J］．计算机测量与控制，2003（4）：8~11，20.

[6] 吴延鹏．建筑材料与结构耐久性实验小型人工气候室设计［J］．建筑热能通风空调，2001（2）：63~64.

[7] 李果，袁迎曙．建筑材料气候条件对混凝土碳化速度的影响［J］．混凝土，2004（11）.

[8] 吴庆．人工气候环境下锈蚀混凝土梁的结构性能退化研究［J］．中国矿业大学学报，2007（4）：441~445.

[9] 卢振永，金伟良，王海龙，等．人工气候模拟加速试验的相似性设计［J］．浙江大学学报（工学版)，2009，43（6）：1071~1076.

[10] 曹国庆，刘华．人工气候模拟加速试验的相似性设计［J］．暖通空调，2007（10）.

[11] 吕京，王荣，祁建城，等．生物安全实验室通风系统 HEPA 过滤器原位消毒及检漏方案［J］．暖通空调，2011，41（5）：79~84.

[12] 中国建筑科学研究院. GB 50346—2011 生物安全实验室建筑技术规范［S］．北京：中国建筑工业出版社，2012.

[13] World Health Organization. The Laboratory Biosafety Guidelines.［M］. 3rd Edition. Geneva，2004

[14] 中国合格评定国家认可中心. GB19489—2008 实验室生物安全通用要求［S］．北京：中国标准出版社，2008.

[15] 曹国庆，唐江山，王栋，等．生物安全实验室设计与建设［M］．北京：中国建筑工业出版社，2019.

[16] 曹国庆，王君玮，翟培军，等．生物安全实验室设施设备风险评估技术指南［M］．北京：中国建筑工业出版社，2018.

[17] 曹国庆，张彦国，翟培军，等．生物安全实验室关键防护设备性能现场检测与评价［M］．北京：中国建筑工业出版社，2018.

[18] 中国合格评定国家认可中心. RB/T 199—2015 实验室设备生物安全性能评价技术规范［S］．北京：中国标准出版社，2016.

[19] 许钟麟．隔离病房设计原理［M］．北京：科学出版社，2006.

[20] 许钟麟．空气洁净技术原理［M］．4 版．北京：科学出版社，2014.

［21］丁肇红．温度模糊控制系统的设计［J］．上海应用技术学院学报（自然科学版），2006（3）：163~165，171．
［22］戴忠达，张曾科，汤俭．一种改进的模糊控制器及其应用［J］．自动化学报，1990（3）：258~261．
［23］杨文豪．基于多变量模糊控制的人工气候室系统设计［D］．济南：山东大学，2015．
［24］胡民勇．人工气候室的温湿度模糊 PID 复合控制［D］．武汉：武汉科技大学，2013．
［25］杨文豪，林明星，管志光．人工气候室控制系统设计［J］．计算机测量与控制，2014，22（7）：2109~2111．
［26］方康玲．过程控制系统［M］．武汉：武汉理工大学出版社，2008．
［27］Zhang Ming-guang，Li Wen-hui，Liu Man-qiang. Adaptive PID control strategy based on RBF neural network identification［C］//The 2005 International Conference on Neyml Networks and Brian，Vol3：854~1857．
［28］贾秀荣，张新政．基于给定系统的模糊 PID 控制［J］．微型机与应用，2011，30（2）：79~81．
［29］王述彦，师宇，冯忠绪．基于模糊 PID 控制器的控制方法研究［J］．机械科学与技术，2011，30（1）：166~172．

7 矿井环境

煤炭在我国一次能源生产和消费构成中所占的比例较高。我国煤矿大多都是井工开采，井下空间狭小，光线不足，空气质量不佳，工作地点经常处于变动之中，与地面作业相比，有许多不安全的因素。随着开采深度的加深，高温矿井越来越多，岩温逐渐升高，高温热害不可避免，高温热害和瓦斯、炮烟、粉尘等有毒有害物质严重地威胁着矿工的健康和安全，高温热害还会诱发深部工程岩体塌方事故和瓦斯爆炸事故，因此如何营造适宜的矿井环境，改善矿工的工作条件，保护矿工的安全和身体健康是研究的重点。我国是产煤大国，受开采工艺、井下地质条件、人员素质等多方面的影响，矿难事故时有发生，在党中央、国务院的高度重视下，煤矿事故虽然有所减缓，但是总体形势仍然不容乐观，因此研究开发适合我国国情的矿井避难与救援系统，创造一个应急的、用于灾难发生时的安全健康的小型人工环境也是目前研究的热点。除了煤矿以外，我国金属矿山的热害问题也比较突出，深热金属矿井环境控制技术在我国深井开采技术中占有很重要的地位，相关的新工艺和新技术仍需要进一步深入开发。

7.1 矿井空气

7.1.1 矿井空气成分

矿井空气是指地面空气进入井下后发生的一系列物理、化学变化，但主要成分仍为地面空气，由氧气、氮气和二氧化碳等组成，是井巷内新鲜空气和污浊空气的总和。通常将用风地点以前的风流称之为新鲜空气，用风地点后的风流称之为污浊空气，新鲜风和污浊风的分布情况见图 7-1。矿井空气同地面大气相比，空气成分和比例不同，如氧气浓度降低、二氧化碳浓度升高、混入各种有毒有害气体和矿尘等。另外井下的大气压力高于地面的大气压力，湿度大，气温波动幅度小，矿内风速变化大，从 0.15m/s 到 15m/s 不等。《煤矿安全规程》规定采掘工作面的进风流中，氧气浓度不低于 20%，二氧化碳浓度不超过 0.5%。

矿井内空气中有害气体主要有一氧化碳、硫化氢、二氧化硫、二氧化氮、氨气等。

(1) 一氧化碳。最主要来源是井下煤尘、瓦斯爆炸、井下爆破以及煤的缓慢氧化。要避免煤炭自燃发火、瓦斯爆炸，在爆破时喷适量水以此防止一氧化碳中毒。

(2) 硫化氢。含硫矿物与水分解、坑木的腐蚀、井下爆破，以及废旧巷东涌水或煤层、围岩中都会放出硫化氢气体，且当硫化氢浓度达到 0.1%，就会使人在短时间内立即死亡。除了加强通风，向煤层内注入石灰水可防止硫化氢中毒。

(3) 二氧化硫。含硫化合物的缓慢氧化或自燃、含硫矿物中进行爆破以及煤层或岩层中都会产生二氧化硫，二氧化硫遇水后生成亚硫酸、硫酸，这些物质对眼睛和呼吸道黏

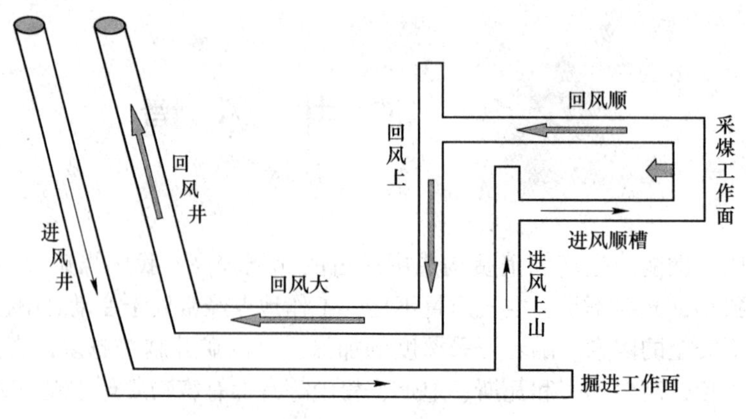

图 7-1 新鲜风和污浊风的分布情况

膜有强烈刺激作用，可能引起喉炎和肺水肿。矿工们称 SO_2 为“瞎眼气体”。应当加强通风，及时监测 SO_2 浓度。

(4) 二氧化氮。主要来源于井下爆破工作。二氧化氮溶于水后形成硝酸，对眼睛、呼吸道和肺部有强烈刺激及腐蚀作用，而且中毒有潜伏期。喷雾器和水炮泥爆破后产生的水雾能溶解二氧化氮。

(5) 氨气。井下煤炭自燃发火时，煤炭在高温干馏状态下能产生出大量氨气；在用水灭火时，部分岩层中也会有氨气涌出。氨气可引起喉头水肿，尤其在接近高温火源时，要预防氨气中毒。

(6) 瓦斯。主要成分是 CH_4，虽然无毒，但浓度较高时会引起窒息，高温时能引起爆炸。采用抽放的方法可以减少煤层或围岩中瓦斯涌出。

《煤矿安全规程》中矿井空气中有害气体安全浓度标准如表 7-1 所示。

表 7-1 井下空气成分的安全浓度标准

名　　称	按体积最高允许浓度/%
一氧化碳	0.0024
氧化氮（换算成二氧化氮）	0.00025
二氧化硫	0.0005
硫化氢	0.00066
氨	0.004
甲烷	采掘工作面的进风流为 0.5
	采区回风巷、工作面回风巷风流为 1.0
	矿井总回风巷或一翼回风巷中为 0.75

7.1.2 矿井气候

矿井气候是指矿井空气的温度、湿度和风速三个参数的综合作用状态。这三个参数的不同组合，构成了不同的矿井气候。矿井气候对井下作业人员的健康和劳动安全有重要影响。

7.1.2.1 井下空气温度变化规律

影响井下空气温度变化的主要因素是：地面空气温度、围岩温度、机电设备散热、地下涌水散热、空气的压缩与膨胀、水分蒸发吸热以及其他热源。井下空气温度的变化规律如图7-2所示。

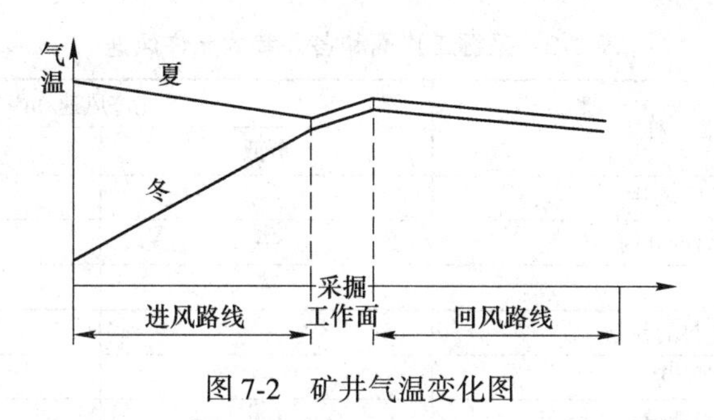

图7-2 矿井气温变化图

《煤矿安全规程》规定：进风井口以下的空气温度（干球温度，下同）必须在2℃以上，生产矿井采掘工作面空气温度不得超过26℃，机电设备硐室的空气温度不得超过30℃。采掘工作面的空气温度超过30℃、机电设备硐室的空气温度超过34℃时，必须停止作业。图7-2揭示出井下气温的大致变化规律。在进风路线上（进风口到采掘工作面）冬季冷空气进入井下，冷风与地温进行换热，地温随深度增加且风流下行受到压缩，沿线空气温度会逐渐升高。夏季和冬季正相反，沿线空气温度会逐渐降低。在采掘工作面内，由于物质的氧化程度大、机电设备多、人员多以及爆破工作等，会产生比较多的热量，空气温度逐渐升高。在回风路线上，因地温逐渐减小，风流向上流动体积膨胀，风流汇合，风速增加，空气温度会逐渐降低。

7.1.2.2 井下空气湿度变化规律

相对湿度能影响人体蒸发散热的效果。若相对湿度过大，汗液就难以蒸发，不能起到蒸发散热的作用，人体就会感到闷热。井下空气湿度的变化规律如图7-3所示。一般情况下，在矿井进风路线上，冬季冷空气进入井下，气温逐渐升高，容积逐渐增大，沿途会吸收井巷中的水分，湿度逐渐增大。夏季热空气进入井下，气温逐渐降低，容积逐渐减小，一部分水蒸气沿途损失，于是进风路线上可能会出现冬干夏湿的现象（进风井巷有淋水除外）。在采掘工作面上，考虑回风淋水、采空水汽等，湿度略有增加。在回风路线上，湿度几乎常年不变，接近100%，水蒸气随着矿井的污风排出，每昼夜可以从矿井内带走数吨甚至上百吨的地下水。

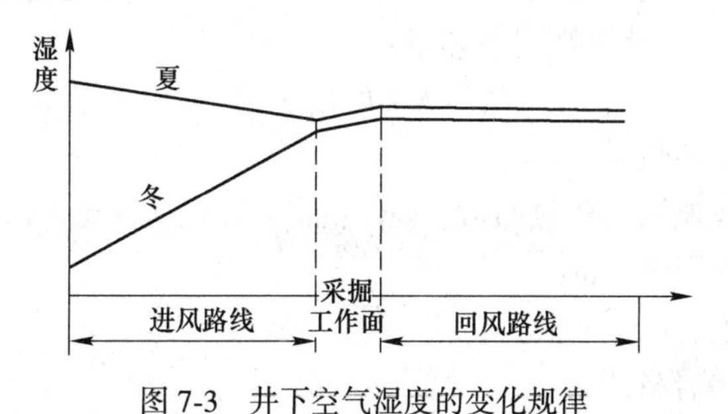

图7-3 井下空气湿度的变化规律

7.1.2.3 风速

风速会影响人体的对流散热和蒸发散热的效果。对流换热强度随风速而增大，风速越大，对流散热量越大，蒸发越大，同时湿交换效果也越强。矿井内各处的允许风速如表7-2所示。

表 7-2 采掘工作面和各井巷的允许风速

井巷名称	允许风速/$m \cdot s^{-1}$	
	最低	最高
无提升设备的风井	—	15
专为升降物料的井筒	—	12
风桥	—	10
升降人员和物料的井筒	—	8
主要进回风巷	—	8
架线电机车巷道	1.0	8
运输机巷、采区进回风巷	0.25	6
采煤工作面、掘进中的煤巷	0.25	4
掘进中的岩巷	0.15	4
其他通风人行巷道	0.15	—

7.2 高温矿井热量计算

矿井内各种热源的散热直接导致矿井内气温升高，形成高温矿井，矿井内热源主要分为两种：一种是相对热源，包括高温围岩和高温热水等；另一种是绝对热源，包括机电设备、各种化学反应以及风流自压缩等。

7.2.1 相对热源

7.2.1.1 围岩传热

围岩原始温度是指井巷周围未被通风冷却的原始岩温，井下原始岩温随着与地表距离的增加而上升，其温度的变化是由地心径向向外的热流造成的，高温围岩传热是导致矿井热害的重要原因之一。

A 围岩传热的稳态算法

围岩传热量与周围环境的温湿度有关。围岩与风流的热交换过程十分复杂，常用近似于稳定传热的式（7-1）来计算围岩散热量：

$$Q_r = K_r PL(t_m - t) \tag{7-1}$$

式中 Q_r——井巷围岩传热量，kW；

K_r——围岩与风流间的传热系数，$kW/(m^2 \cdot ℃)$；

P——井巷断面周长，m；

L——井巷长度，m；

t_m——平均原始岩温，℃；

t——井巷中风流的平均温度，℃。

B 湿壁巷道传热传质

围岩的传热主要是通过巷道壁传热，实际中矿山巷道多是潮湿的。忽略水平巷道质量力，假定在无限长水平巷道内的黏性不可压缩流体的定常层流流动中，不可压缩牛顿流体运动的连续性方程和动量方程在柱坐标中的表示如式（7-2）～式（7-5）所示。能量方程如式（7-6）所示，扩散方程如式（7-7）所示。最后得到对流性热传质综合效应的能量方程如式（7-8）所示。

连续性方程

$$\frac{\partial v_r}{\partial r} + \frac{1}{r}\frac{\partial v_\varphi}{\partial \varphi} + \frac{\partial v_z}{\partial z} + \frac{v_r}{r} = 0 \tag{7-2}$$

动量方程

$$\frac{\partial v_r}{\partial t} + v_r\frac{\partial v_r}{\partial r} + \frac{v_\varphi}{r}\frac{\partial v_r}{\partial \varphi} + v_z\frac{\partial v_r}{\partial z} - \frac{v_\varphi^2}{r} = -\frac{1}{\rho}\frac{\partial p}{\partial r} + g_r + v\left(\nabla^2 v_r - \frac{v_r}{r^2} - \frac{2}{r^2}\frac{\partial v_\varphi}{\partial \varphi}\right) \tag{7-3}$$

$$\frac{\partial v_\varphi}{\partial t} + v_r\frac{\partial v_\varphi}{\partial r} + \frac{v_\varphi}{r}\frac{\partial v_\varphi}{\partial \varphi} + v_z\frac{\partial v_\varphi}{\partial z} + \frac{v_r v_\varphi}{r} = -\frac{1}{\rho r}\frac{\partial p}{\partial \varphi} + g_\varphi + v\left(\nabla^2 v_\varphi - \frac{v_\varphi}{r^2} + \frac{2}{r^2}\frac{\partial v_r}{\partial \varphi}\right) \tag{7-4}$$

$$\frac{\partial v_z}{\partial t} + v_r\frac{\partial v_z}{\partial r} + \frac{v_\varphi}{r}\frac{\partial v_z}{\partial \varphi} + v_z\frac{\partial v_z}{\partial z} = -\frac{1}{\rho}\frac{\partial p}{\partial z} + g_z + v\,\nabla^2 v_z \tag{7-5}$$

能量方程

$$c_p\frac{\partial t}{\partial \tau} + c_p v_r\frac{\partial t}{\partial r} + c_p\frac{v_\varphi}{r}\frac{\partial t}{\partial \varphi} + c_p v_z\frac{\partial t}{\partial z} = -\frac{\lambda}{\rho}\nabla^2 + \dot{q} + \phi \tag{7-6}$$

扩散方程

$$\frac{\partial c}{\partial \tau} + v_z\frac{\partial c}{\partial z} = D\left(\frac{\partial^2 c}{\partial r^2} + \frac{1}{r}\frac{\partial c}{\partial r} + \frac{\partial^2 c}{\partial z^2}\right) \tag{7-7}$$

对流传热传质综合效应的能量方程式

$$\rho c_p\left(\frac{\partial t}{\partial \tau} + v_z\frac{\partial t}{\partial z}\right) + rv_z\frac{\partial t}{\partial z} = \lambda\left(\frac{\partial^2 t}{\partial R^2} + \frac{1}{R}\frac{\partial t}{\partial R} + \frac{\partial^2 t}{\partial z^2}\right) + Dr\left(\frac{\partial^2 c}{\partial R^2} + \frac{1}{R}\frac{\partial c}{\partial R} + \frac{\partial^2 c}{\partial z^2}\right) \tag{7-8}$$

初始条件：在 $\tau=0$ 时，$t|_{\tau=0}(r,\ z) = t_{gu}$，$c|_{\tau=0}(r,\ z) = c_0$，$0 < R < D/2$

边界条件：在 $R = \frac{D}{2}$ 处，$-\lambda\frac{\mathrm{d}t}{\mathrm{d}R}|_{R=\frac{D}{2}} - Dr\frac{\mathrm{d}c}{\mathrm{d}R}|_{R=\frac{D}{2}} = \alpha(t_w - t_f) + \beta r(c_w - c_f)$

C 围岩热质交换主要影响因素

（1）矿内风流的流动状态。对于矿内巷道而言，根据巷道尺寸以及关于井巷最低风速的规定，矿内通风巷道中的风流流动状态均应为湍流流动状态。

（2）不稳定传热系数。井巷围岩与风流之间的热交换属于对流传热，该系数表征的是固体壁面与流体之间热量交换的强弱，在一般工程实践中可采用常用对流换热系数进行热量计算，但根据不稳定换热系数基于岩石的非稳态导热可得到更精准的围岩换热量。

7.2.1.2 热水放热

高温矿井中涌出的热水放热是导致矿井热害的另一重要原因，且其放热量与周围环境温湿度有关。热水在流经巷道时通过热传导和蒸发吸热与空气发生热湿交换，且推动总热交换的动力是焓差而不是温差。因此，在计算风流和热水的换热时，总换热量为湿热交换量与潜热交换量之和：

$$Q = Q_x + Q_q = [a(t - t_b) + r\sigma(d - d_b)]A \tag{7-9}$$

式中　Q——热水和空气间的总热交换量，W；

Q_x——热水和空气间的湿热交换量，W；

Q_q——热水和空气之间的潜热交换量，W；

a——空气与水表面的湿热交换系数，W/(m² · ℃)；

t——周围空气的温度，℃；

t_b——边界层内空气的温度，℃；

r——水的汽化潜热，J/kg；

σ——水与空气间按含湿量差计算的传质系数，kg/(m² · s)；

d——周围的含湿量，kg/kg；

d_b——边界层内空气的含湿量，kg/kg；

A——空气与水的接触表面积，m²。

当热水大量涌出时，将对附近区域的温度造成很大的影响，应该予以集中，用隔热管道或加盖板的水沟将其排走，尽量避免热水在巷道里漫流。

7.2.2　绝对热源

7.2.2.1　机电设备散热

机电设备的散热量包括从电动机转化为热量的部分和在机械运行中转化为热量的部分，可按式（7-10）计算：

$$Q_C = \psi N \tag{7-10}$$

式中　Q_C——机电设备散热量，kW；

ψ——采掘设备运转放热中引起的风流温升的吸热比例系数；

N——采掘设备实际耗热功率，kW。

7.2.2.2　矿物及其他有机物的氧化放热

井下矿物以及其他有机物的氧化放热是一个十分复杂的过程，一般采用式（7-11）估算其放热量：

$$Q_0 = q_0 v_0^{0.8} U_0 L_0 \tag{7-11}$$

式中　Q_0——氧化放热量，kW；

v_0——风流的平均风速，m/s；

q_0——单位面积氧化放热量，kW/m²；

U_0——氧化壁断面周长，m；

L_0——氧化壁断面的长度，m。

7.2.2.3　人员放热

在人员比较集中的采掘工作面，人员放热是局部温度升高的原因之一。人员放热量与劳动强度和个人体质有关，按式（7-12）进行计算：

$$Q_{wo} = nq \tag{7-12}$$

式中　Q_{wo}——人员放热量，kW；

n——工作面的人员数；

q——每个人的发热量，静止取 0.09~0.12kW，轻度的体力劳动取 $q=0.12\text{kW}$，中等体力劳动取 $q=0.275\text{kW}$，繁重体力劳动取 $q=0.47\text{kW}$。

7.2.2.4 井下爆破放热

井下爆破具有双重放热性：一方面在爆破时期内迅速向空气及围岩放热，形成一个较高的局部热源；另一方面炸药爆炸时传向围岩中的热又以围岩放热的形式在一个较长的时期内缓慢地向矿内大气释放出来。井下爆破过程的放热现象比较复杂，一般认为每千克炸药的生热量为 6500~13000J。

除上述热源外，井下还存在无轨柴油设备放热、岩层移动摩擦放热、辅助工序中的摩擦空气放热、进风井筒中的压风管放热、因空气静压头的损失而放热等热源，这些热源的散热量很小，一般忽略不计。

7.3 金属矿山热害[1]

随着金属矿山采掘深度的增加，地温逐渐升高，再加上矿内热源的散热作用，在一些含硫量很高的有色金属矿山中，在高温环境下，硫化矿物氧化速度急剧增加，其氧化散热加剧了矿井热害程度，采场温度的急剧升高对围岩及围岩锚固系统会产生不可忽视的热效应，也容易产生高温有毒热浪、硫尘爆等严重事故。

金属矿山热源有井下普遍热源和井下典型热源。井下普遍热源指的是在矿山开采过程中普遍存在的热源，这种热源在各种矿山开采过程中都存在。井下典型热源是指在矿山开采过程中，金属矿山所独有的热源。金属矿山开采中的典型热源主要包括：矿体开采过程中采用爆破法采矿引起的开采工艺散热——爆破散热、采场胶结充填引起的充填体散热、无轨柴油设备散热以及具有氧化性矿石的氧化散热等。

7.3.1 开采工艺散热

金属矿山开采一般采用炮采工艺。在金属矿山井下爆破时，根据炸药种类、炸药用量以及炸药的爆力值系数可以计算出炸药爆炸过程的爆力和向环境直接散失的热量。炸药爆炸做功后直接向环境释放的热量为：

$$Q_{\mathrm{b}} = \frac{m_{\mathrm{b}} Q_{\mathrm{br}} (1 - k)}{\tau_{\mathrm{b}}} \tag{7-13}$$

式中 Q_{b}——每次爆破平均散热量，kW；

m_{b}——每次爆破炸药用量，kg；

Q_{br}——所用炸药的爆热，kJ/kg；

k——炸药的爆力值系数；

τ_{b}——两次爆破时间间隔，s。

7.3.2 填充工艺散热

对于地质条件复杂、经济价值高的金属矿山，一般采用胶结充填开采技术。常用的充

[1] 选自菅从光. 矿井深部开采地热预测与降温技术研究. 徐州：中国矿业大学出版社，2013.

填材料有：废石或专门开采的块石，选矿尾砂或自热堆积的细岩（风砂、河砂），戈壁积料和破碎加工的山岩，各种工业废料及各种胶结充填材料。胶结充填材料的散热主要为水泥的凝固散热。

7.3.2.1 水泥水化热

水泥的水化热为水泥在凝固过程中释放的热量。水泥水化热与龄期（水泥的凝固时间）有关，计算公式为：

$$Q(\tau) = Q_0(1 - e^{\psi}) \tag{7-14}$$

式中 $Q(\tau)$ ——从 0 到 τ 时间内的水泥水化放热量，kJ/kg；

τ——水泥的固化时间，d；

Q_0——水泥的最终水化放热量，kJ/kg；

ψ——水泥水化散热系数。

7.3.2.2 充填体绝热温升

矿山采场进路采矿完毕，进行胶结充填后，充填体即被封闭起来。充填体固化时间短，在固化过程中的温度下降梯度很小，可以认为充填体在固化过程中是一个绝热过程，则充填体的绝热温升为：

$$t(\tau) = t_0(1 - e^{\psi}) \tag{7-15}$$

式中 $t(\tau)$ ——从 0 到 τ 时间内的填充体的绝热温升，℃；

τ——水泥的固化时间，d；

t_0——充填体的最终温升，℃；

ψ——水泥水化放热系数。

7.3.2.3 充填体散热

金属矿山采场进路进行胶装充填完毕，等充填体固化后（一般充填体固化时间为 7d），采场进行下一步的开采。

充填体的散热量为：

$$Q_c = \beta S(t - t_a) \tag{7-16}$$

式中 β——充填体的表面放热系数，kW/(m^2·℃)；

S——充填体表面与风流的接触面积，m^2；

t——充填体表面的平均温度，℃；

t_a——经过充填体表面的风流温度，℃。

7.3.3 无轨柴油设备散热

金属矿山井下开采一般都采用无轨设备。随着矿山机械化的发展，大型无轨设备的推广应用越来越广泛，无轨柴油设备的使用率及功率越来越高。

在工作过程中，无轨柴油设备所消耗燃料的能量，一部分转化为有用功，其余部分能量则以热量的形式释放到矿内环境中去。无轨柴油设备散热量为：

$$Q_w = \frac{M_w}{\eta_w}(1 - \eta_w)\frac{\tau_w}{24} \tag{7-17}$$

式中 M_w——无轨柴油设备的功率，kW；

η_w——无轨柴油设备柴油机的效率；

τ_w——无轨柴油设备工作时间，h/d。

7.3.4 矿物氧化散热

在大型金属矿山开采过程中，采场矿石的出矿效率高，一般在崩矿后的2h内就会完全出矿，不会产生矿石长时间堆积问题，所以，对于采场只考虑矿体缓慢氧化，则矿体氧化向环境散失的热量为：

$$Q_{yh} = \rho Sl \cdot \sum_{i=1}^{n} \alpha_i Q_i \tag{7-18}$$

式中 ρ——矿石的密度，kg/m^3；

S——暴露于空气中的矿石面积，m^2；

l——矿石表面完全氧化后氧化膜的厚度，m；

α_i——矿石中某种易被氧化的硫化矿物的含量，%；

Q_i——矿石中某种易被氧化的硫化矿物完全氧化后的反应热，kJ/kg。

7.3.5 新开采矿体散热

新暴露矿体与风流散热可根据下式计算：

$$Q_k = \alpha_k S_k (t_k - t_f) \tag{7-19}$$

式中 α_k——矿体与风流的对流换热系数，$kW/(m^2 \cdot ℃)$；

S_k——矿体与风流的接触面积，m^2；

t_k——矿体壁面温度，℃；

t_f——流经矿体表面风流的平均温度，℃。

7.4 矿井通风

矿井必须有完整独立的通风系统，按需要风量供风。矿井通风的任务有：连续供给井下足够的新鲜空气；稀释并排除井下各种有害气体和粉尘；为井下创造一个良好的气候条件并提高矿井的防灾抗灾能力。

7.4.1 矿井通风方法

矿井宜采取机械通风，按主要通风机的安装位置不同，分为抽出式、压入式及混合式三种通风方法。

7.4.1.1 抽出式通风

抽出式通风是将矿井主要通风机安设在出风井一侧的地面上，新风经进风井流到井下各用风地点后，污浊风再通过风机排出地表，通风过程如图7-4所示。

抽出式通风在主要进风道不需安设风门，便于管理、运输以及行人；在瓦斯矿井采用抽出式通风，若主要通风机因故停止运转，井下风流压力提高，在短时间内可防止瓦斯从采空区涌出，比较安全。目前我国大部分矿井都采用抽出式通风方法。但是在开采煤田的上部第一水平时，若采用抽出式通风会把大量污浊有害气体吸入地下风道，还很容易引起煤炭自燃发火。

7.4.1.2 压入式通风

压入式通风是将矿井主要通风机设在进风井一侧的地面上，新风经主要通风机加压后送入井下各个用风地点，污浊风再经过回风井排出地表，通风过程如图7-5所示。

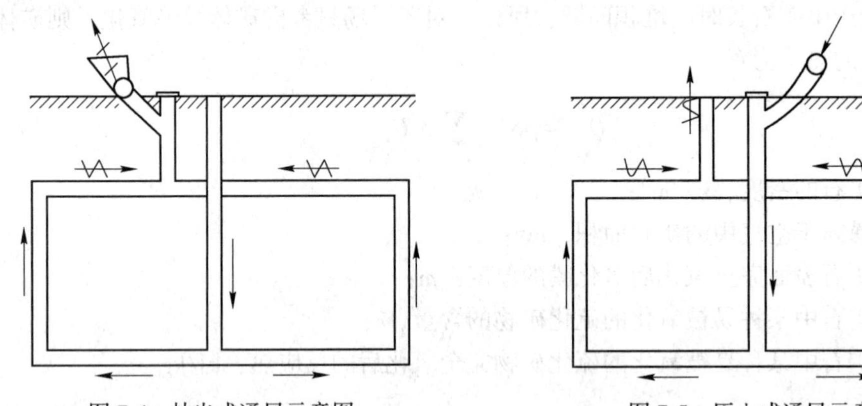

图7-4 抽出式通风示意图　　图7-5 压入式通风示意图

压入式通风矿井中在主要进风巷中安装风门，漏风较大，管理较困难；同时当矿井主通风机因故停止运转时，井下风流压力降低，可能增加采空区瓦斯涌出量，造成瓦斯积聚，对安全不利。因此，在瓦斯矿井中一般很少采用压入式通风。

7.4.1.3 抽压混合式通风

混合式通风是在进风井和回风井一侧都设矿井主要通风机，新风经压入式主要通风机送入井下，污浊风经抽出式主要通风机排出井外。混合式通风能产生较大的通风压力，通风系统的进风部分处于正压，回风部分处于负压，工作面大致处于中间状态，其正、负压均不大，矿井内部漏风小，但因使用的风机设备多，动力消耗大，通风管理复杂，一般很少采用。

7.4.2 矿井通风方式

矿井通风方式是矿井进风井与回风井的布置方式。按进、回风井的位置不同，分为中央式、对角式、区域式和混合式四种。

7.4.2.1 中央式

中央式是进、回风井位于井田走向中央，按进、回风井沿倾斜方向相对位置的不同，又分为中央并列式和中央边界式两种，如图7-6以及图7-7所示。

中央式通风方式初期投资少，投产快；地面建筑集中，便于管理；两个井筒集中，便

图7-6 中央并列式

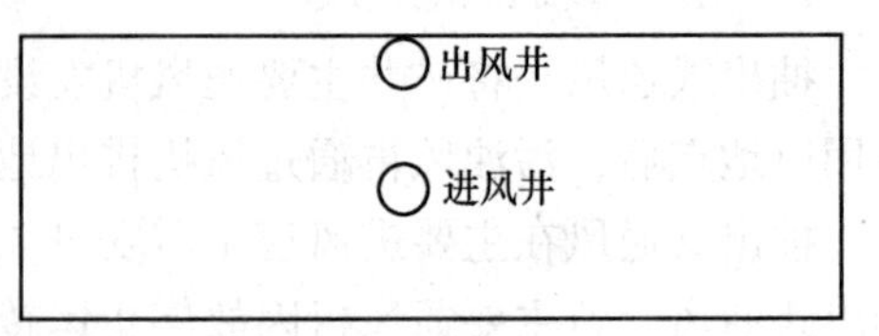

图7-7 中央边界式

于开掘和井筒延深；井筒安全煤柱少，易于实现矿井反风。但该方式通风路线是折返式，风路长，阻力大，边远采区可能因此风量不足；且由于进、回风井距离近，井底漏风较大，容易造成风流短路。它适用于井田走向长度小于4km，煤层倾角大，埋藏深，瓦斯与自然发火都不严重的矿井。

7.4.2.2 对角式

进风井仍然位于井田中央，出风井位于井田倾斜上部的不同位置，且出风井最少两个，最多时所有上山采区各一个。对角式有两翼对角式和分区对角式，如图7-8和图7-9所示。

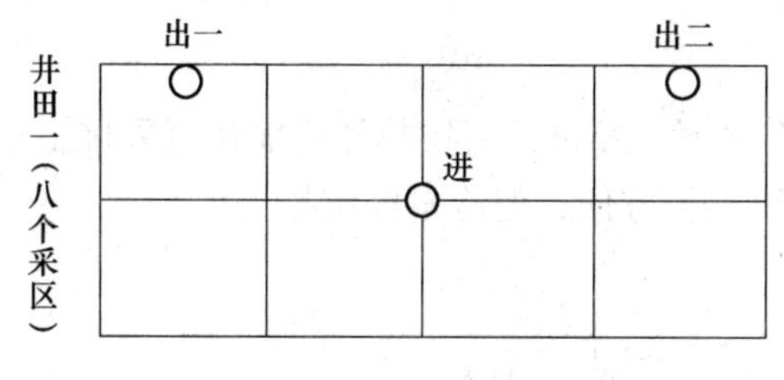

图7-8 两翼对角式

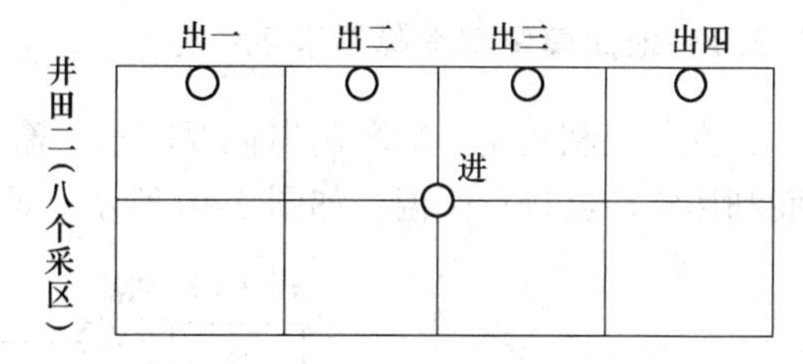

图7-9 分区对角式

对角式通风方式安全性好；通风阻力比中央并列式小，矿井内部漏风小，有利于瓦斯和自然发火的管理；但是会增加一个风井场地，占地和压煤较多；风流在井下的流动路线也为折返式，与中央式具有同样的缺点。它适用于井田走向长度小于4km，煤层倾角较小，埋藏浅，瓦斯与自燃发火都比较严重的矿井。

7.4.2.3 区域式

区域式是把一个较大的井田分成若干生产区域，在每一个区域内都单独开掘进风井和回风井，形成自己独立的生产系统。这种方式风流在井下的流动路线为直向式，风流路线短，通风阻力小；矿井内部漏风小；各采区间的风阻比较均衡，主要通风机的负载较稳定；安全出口多，抗灾能力强；但初期投资大，建井期长；管理分散；井筒安全煤柱压煤较多，只适用于井田范围特别大、需风量大、煤层厚、储量多而埋藏深度比较浅、开掘井筒不需要很大投资的情况，尤其适用于有煤和瓦斯突出的矿井。

7.4.2.4 混合式

混合式是将中央式与对角式结合起来布置，主要有中央并列与中央边界混合方式、中央并列与两翼对角混合方式、中央边界与两翼对角混合方式。

混合式通风方式各采区之间互不影响，便于风量调节；初期投资少，出煤快；安全出口多，抗灾能力强；进回风路线短，通风阻力小。但风井多，占地压煤多；主要通风机分散，管理复杂；矿井反风困难。适用于井田走向长、产量大、需要风量大、煤易自燃，有煤与瓦斯突出的矿井。

7.5 矿井降温技术[1]

深井金属矿山和煤矿均存在热害问题，矿井降温技术应运而生并不断发展，但目前仍

[1] 选自何满潮，郭平业. 深部岩石热力学及热控技术. 北京：科学出版社，2017.

然是研究难点和热点。矿井降温技术分为非人工制冷降温技术和人工制冷降温技术。非人工制冷降温技术如改善通风、优化采煤方法、控制热源、加强个体防护、利用隔热疏导技术将矿井热源与风流隔离或将热源引入矿井回风流中从而达到降温的目的等。人工制冷降温技术有水冷却系统、冰冷却系统和气冷系统等。水冷却系统包括地面集中制冷降温系统、地表排热井下集中降温系统、回风排热井下集中降温系统、地表集中热电联产降温系统、矿井涌水为冷源的降温系统。冰冷却系统是将制冰机制出的冰块撒向工作面，或者井下融冰后将冰浆喷洒到工作面。气冷系统是利用压缩空气进行降温。

7.5.1 地面集中制冷降温系统

在井上利用制冷循环制出低温冷水，输送至井下，经过井下换热器后输送至采掘工作面利用空冷器进行降温，如图 7-10 所示。该系统维护方便，但冷量输配损失大。

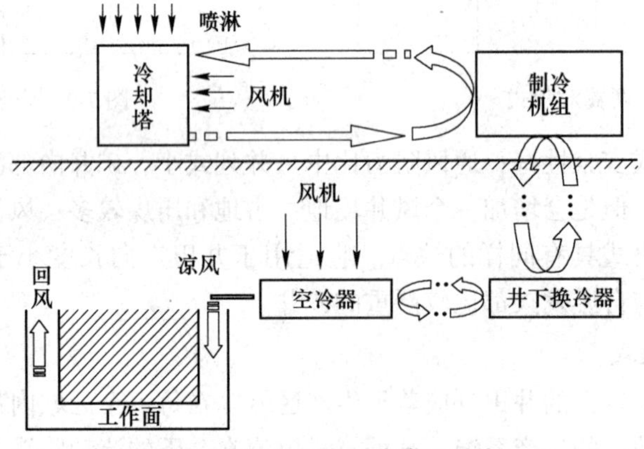

图 7-10 地面集中制冷降温系统

7.5.2 地表排热井下集中降温系统

将对蒸气压缩式制冷机组进行改造，使之适应煤矿井下条件，通过地面冷却塔进行散热，如图 7-11 所示。该系统缩短了冷量输运距离，减少了沿程损失和局部损失，但是该系统无法解决设备、管道的高压问题。

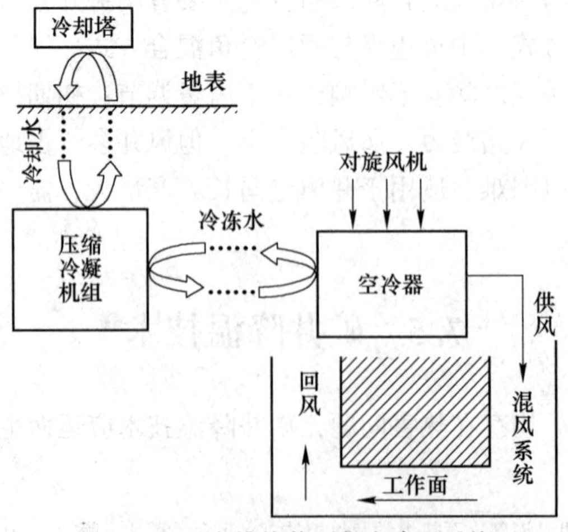

图 7-11 地表排热井下集中降温系统

7.5.3 回风排热井下集中降温系统

将地面集中制冷模式引用到矿井井下，机组冷却水出水通过喷淋设施在井下回风中进行冷却，利用空气与水的换热加强冷却效果，如图 7-12 所示。该系统将所有设备都放在井下，成功解决了上述系统存在的高压问题，但由于高温矿井回风温度高、湿度大引起冷凝排热困难，造成系统制冷量较小。

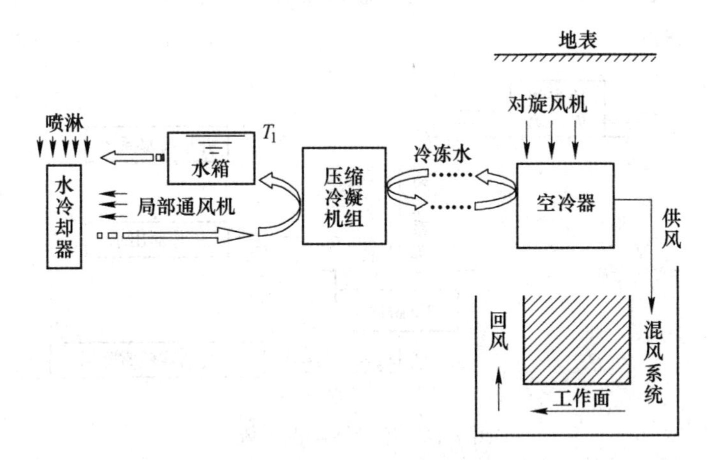

图 7-12　回风排热井下集中降温系统

7.5.4 地面热电联产降温系统

把电厂废弃余热输送到溴化锂吸收式制冷机里进行一级制冷，再进入乙二醇螺杆制冷机组进行二级制冷，制取-5～-3.4℃的乙二醇溶液。乙二醇溶液通过供冷管道送入井下换热器，被冷却的水经空冷器产生冷风，送入高温工作面，进行工作面降温，如图 7-13 所示。该系统充分利用矿井废弃余热，降低系统能耗，缺点是具有高压和沿途冷损失大的问题。

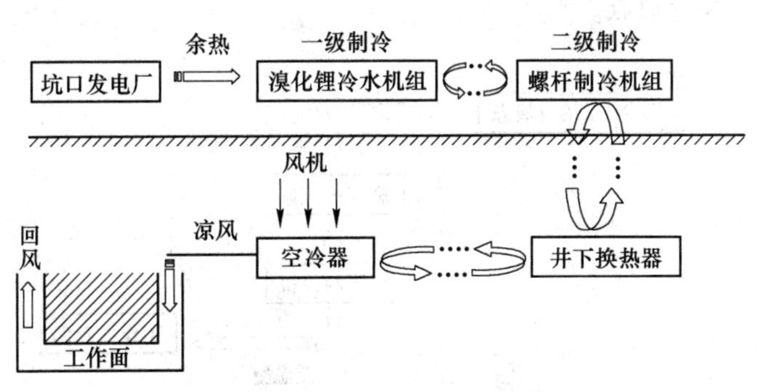

图 7-13　地面热电联产降温系统

7.5.5 矿井涌水为冷源的降温系统

该降温系统以矿井涌水为主要冷源，在井下通过提取矿井涌水中的冷量来进行降温，同时将降温系统冷凝热通过矿井涌水排至地表利用。

7.5.6 冰制冷降温系统

在井上利用制冰机制取粒状冰或泥状冰水混合物，通过风力或水力输送至井下的融冰池，在融冰池通过相变将冰中的所有以潜热形式存在的冷量释放出来，制成低温冷水，然后输送至工作面并利用空冷器或喷雾形式对采掘工作面进行降温，如图 7-14 所示。该系统主要设备在地面，具有维护方便、以潜热方式输送冷量大等优点，同时，由于冷量输运采用固液两相流形式，容易形成堵塞，且在输运工程中由于与外界温差大、路径长，造成沿途的冷量损失大。

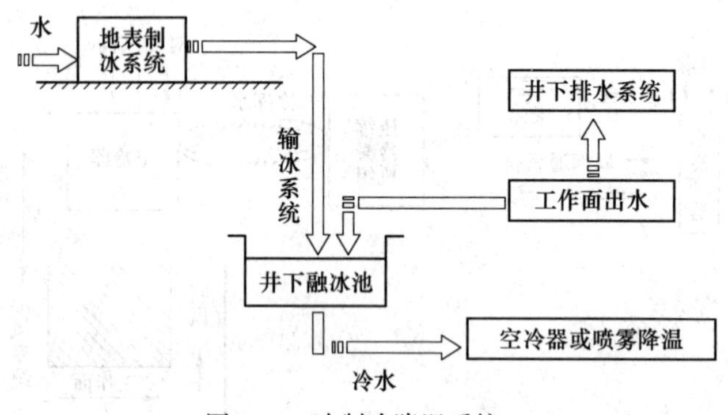

图 7-14 冰制冷降温系统

7.5.7 气冷系统

在地表将空气进行绝热压缩后变成高温高压的液态，此过程为等熵过程；然后进入冷却器对高温高压的液态空气进行冷却后变为常温高压的液态空气，此过程为等压过程；然后将常温高压的液态空气输送至井下，在井下进入膨胀机对常温高压的液态空气进行绝热膨胀后变为低温空气，最后低温空气换热后将冷量输送至工作面进行降温，如图 7-15 所示。该系统具有简洁方便、输运冷量管路较短等优点，但同时具有冷量小、高压液态空气对设备密封性要求高等缺点。

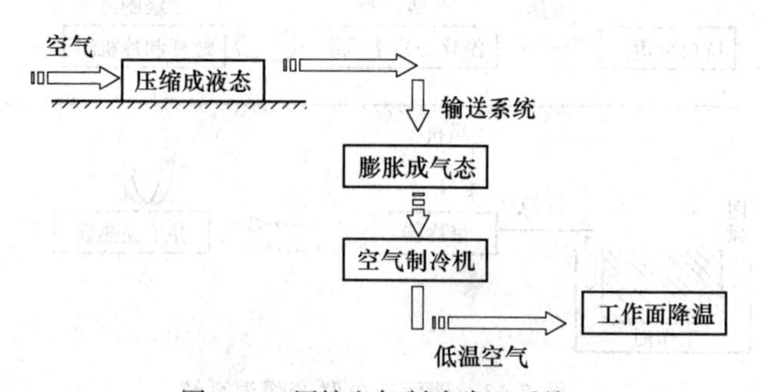

图 7-15 压缩空气制冷降温系统

7.6 矿井避难和救援系统

为提高矿山安全生产保障能力，国家强制要求全国煤矿及非煤矿矿山都必须建立和完善监测监控、人员定位、供水施救、压风自救、通信联络、紧急避险等安全避险六大系统。“六大系统”对保障矿山安全生产发挥重大作用，其中最为核心的是紧急避险系统。煤矿井下紧急避险系统是遇险人员安全撤至地面和安全避险的重要保障。煤矿井下紧急避险系统由压缩氧自救器、氧气呼吸器、逃生通道、避难硐室、避灾路线及指示（声、光、生命绳等）和应急预案等组成。救生舱和避难硐室为井下遇险人员提供一个安全避险的密闭人工环境。山西潞安集团与北京科技大学在国内率先联合研发成功矿用可移动式救生舱，在此基础上，北京科技大学进行了避难硐室的研究，并于2011年4月在潞安集团常村煤矿井下N3采区建设完成国内首个永久避难硐室。

7.6.1 煤矿井下避难硐室和救生舱建设原则

煤矿井下避难硐室和救生舱要求无大功率和大容量电源，无安全隐患，不影响矿井通风和安全生产，便于快速紧急避险，免维护或易维护，经济实用等。严禁将救生舱的生存舱与设备舱分离；救生舱不宜设置在巷道中；在一定的区域内宜分布设置多个中小型避难硐室或救生舱。

煤矿井下避难硐室和救生舱宜采用高压气体膨胀制冷；风机宜采用气动风机；宜利用制冷系统的热交换器表面凝水除湿；宜采用压缩氧供氧；不宜采用蓄电池或外接电源供电照明；宜配备便携式 O_2、CO、CO_2、CH_4、温度、湿度等检测仪；传感器及分站、人员位置监测分站、调度电话等，应选用用户已有系统的配套设备。救生舱的排气孔、连接压风自救、供水施救、安全监控、人员位置监测和通信等系统的管线，宜分两侧布置。

软体救生舱不宜在煤矿井下使用，除掘进工作面和临时作业场所外，煤矿井下其他巷道和作业地点均应有不少于2条步行安全撤至地面的通道。

7.6.2 降温与除湿

为防止外部CO等有毒有害气体进入避难硐室和救生舱内，避难硐室和救生舱通常采用气密和正压结构。当遇险人员进入气密的避难硐室和救生舱后，避难硐室和救生舱内的温度和湿度会逐渐上升。因此，必须对避难硐室和救生舱内进行降温和除湿，以满足温度不大于35℃、湿度不大于85%的要求。

高压气体膨胀制冷的原理是通过高压气体膨胀吸热制冷，具有无电源、维护量小、维护费用低等优点，适合煤矿采用。常用的制冷剂有液氨、氟利昂、二氧化碳等。液氨具有储藏设备体积小、蓄冷量大等优点，但要求储用设备防腐蚀等。液氨一旦泄漏将会对人体造成化学烧伤和中毒，氨气也会对人体造成伤害，废气需要处理，因此，液氨不宜用于避难硐室和救生舱。氟利昂具有不燃烧、不爆炸、几乎无毒、易储存等优点，但对臭氧层有破坏作用，储藏设备体积较大，遇明火和高温会分解出对人体有害的气体等，因此，氟利昂不宜用于避难硐室和救生舱。二氧化碳具有安全稳定、无毒等优点，但储藏设备体积较大、储存温度低，当其储存温度大于31.1℃时，液态 CO_2 气化的制冷效果大大降低，因此，二氧化碳可用于避难硐室和救生舱。

除湿的方法较多，利用制冷系统的热交换器表面凝水除湿，是一种简单有效的方法。

7.6.3 供氧方式

适宜人呼吸的O_2浓度在18.5%~22.5%之间，密闭空间中的O_2供应应满足三个条件：(1) 供气组分尽量接近空气组分，纯O_2应先经过混气再进入救生舱内供被困人员呼吸；(2) 能够持续不间断地供应O_2；(3) 能够调节O_2释放速率与救生舱中人员消耗速率达到一致，以稳定O_2的浓度。

具体供氧方式有三种：

(1) 压风供氧。压风供氧是通过地面钻孔或矿井压风管路向避难设施内部输送新鲜空气，实现氧气供给和有毒有害气体的置换处理。如图7-16所示，压风供氧系统利用压风管路的空气作为空气源，经过截止阀进入三级过滤器（过滤水、灰尘、油），再通过减压阀、消音器、管路，到达避难硐室内，最终连接硐室内压风控制和布气系统，实现硐室内的供氧。

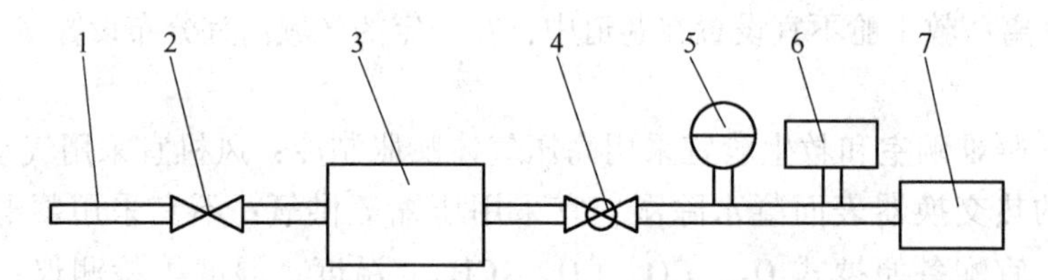

图7-16　避难硐室压风供氧原理图

1—井下压风管路；2—截止阀；3—三级过滤器；4—减压阀；5—压力表；6—消音器；7—硐室弥散布气系统

(2) 压缩氧气瓶供氧。压缩氧气瓶供氧是将储存在钢瓶中的医用压缩氧气，通过阀门、高压表、减压阀、低压表、截止阀，利用所布置的管道把压缩氧气运输到避难硐室内，实现供氧。压缩氧供氧原理如图7-17所示。

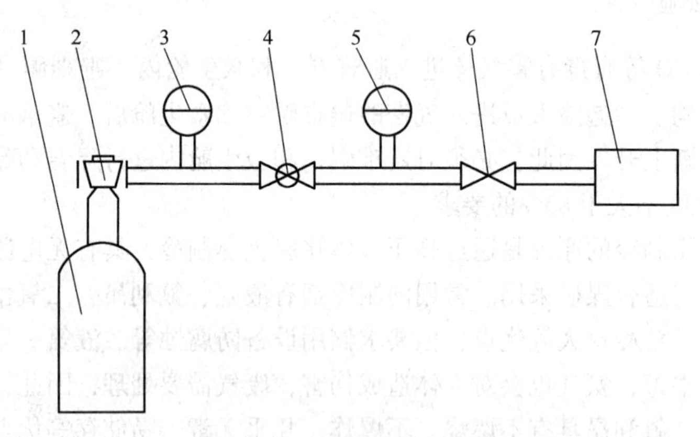

图7-17　压缩氧供氧原理图

1—氧气瓶；2—阀门；3—高压表；4—减压阀；5—低压表；6—截止阀；7—硐室弥散布气系统

(3) 化学制氧。避难硐室内化学制氧技术主要包括超氧化物制氧（再生药板生氧）技术和氧烛供氧技术（氯酸盐制氧），这两种技术在常温情况下便能发生反应，研究应用比较成熟。化学制氧具有储氧量大、体积小、使用过程中无需外加动力或动力消耗低等特点，适合一般中小型密闭空间，特别是在没有电力供应或电力供应不足的空间内，可作为首选的供氧方式。

1）超氧化物制氧（再生药板生氧）。超氧化物最主要是超氧化钾，制备工艺相对简单，且稳定性高、产氧效率高。一般超氧化钾制氧装置的药板是由超氧化钾和少量纤维压制而成的板状药片，在制氧装置中分层放置，便于药剂充分反应。

2）氧烛供氧。氯酸盐产氧剂主要以氯酸盐（如氯酸钠）为主，添加少量的催化剂、黏结剂和除氯剂，经机械混合，加压成型制成药柱，形似蜡烛，故被称为氧烛。药柱上端中心有体积很小的启动剂，用瞬间高温与启动剂接触，即可引发分解产氧反应。

7.6.4 二氧化碳和一氧化碳的处理

在矿井下发生事故后二氧化碳的处理是避难硐室和救生舱内空气净化系统的一项主要功能。北京科技大学金龙哲等对自行研制的 8.6m^3 救生舱空间内二氧化碳净化装置的功率、吸收效率、药剂床层厚度等因素进行了一系列试验，确定了救生舱二氧化碳的净化方式，并通过救生舱内真人生存试验对其进行了验证，得出救生舱内处理二氧化碳最佳反应条件为：药剂量 20kg，最佳功率为 100W；间歇式工作的运行时间与停机时间比例为 2∶3；在救生舱内 8 人生存模拟实验中，得出 8kg 药剂可供 8 人使用 6.1h，平均吸收速率为 1.34L/min。

煤矿井下避难硐室和救生舱内 CO_2 的净化技术有碱石灰吸附技术、LiOH 吸附技术、膜技术、乙醇胺吸附技术等。从经济上和占用救生舱内有效容积考虑，选用碱石灰吸附技术或 Na_2O_2 吸收法处理 CO_2 比较经济合理。

人体在救生舱内生存，自身代谢活动会产生微量一氧化碳气体，并随着时间的积累会危及人的生命安全。北京科技大学金龙哲通过某职业技术学校模拟巷道矿用救生舱（体积 8m^3）的实验表明：额定人数（8 人）情况下，舱内 5.5h 后达到矿井有害气体最高允许浓度 24×10^{-4}%（体积分数）。救生舱内人体一氧化碳代谢速率平均为每人 0.52×10^{-6}/h，每人一昼夜产生一氧化碳 15mg 左右，为救生舱内一氧化碳去除能力及要求提供了依据。救生舱内人体一氧化碳代谢速率与舱内有吸烟史者人数的个数相关，有吸烟史者代谢一氧化碳速率高于无吸烟史者。处理一氧化碳的技术较多，常用的方法是铜氨溶液吸收法、液氨洗涤法和二氧化碳变化催化剂法。

参 考 文 献

[1] 刘靖．矿井空气调节［M］．北京：机械工业出版社，2013.
[2] 何满潮，郭平业．深部岩石热力学及热控技术［M］．北京：科学出版社，2017.
[3] 国家安全生产监督管理总局，国家煤矿安全监察局．煤矿安全规程［M］．北京：煤炭工业出版社，2016.
[4] 周福宝，王德明，陈开岩．矿井通风与空气调节［M］．徐州：中国矿业大学出版社，2009.
[5] 王德明．矿井通风与安全［M］．徐州：中国矿业大学出版社，2012.
[6] 袁东升，侯建军，靳建伟．高温矿井热源分析及计算［J］．河南理工大学学报（自然科学版），2009，28（3）：278~281.
[7] 石建中，刘堂文．高温矿井空调冷负荷计算［J］．工业安全与防尘，2001（3）：24~25.

[8] 姬建虎，廖强，胡千庭，陈孜虎．热害矿井冷负荷分析［J］．重庆大学学报，2013（4）：125~131.
[9] 范剑辉，魏宗武．高温矿井风流热湿交换预热害控制［M］．北京：电子工业出版社，2018.
[10] 姬建虎．热害矿井围岩散热研究．第五届全国煤炭工业生产一线青年技术创新文集［M］．北京：煤炭工业出版社，2010.
[11] 左金宝，程国军．高温矿井热源分析与制冷降温技术应用［J］．煤矿安全，2008（11）：46~49.
[12] 王伟．矿井热水放热量及治理［J］．煤矿安全，2012，43（1）：30~33.
[13] 菅从光．矿井深部开采地热预测与降温技术研究［M］．徐州：中国矿业大学出版社，2013.
[14] 杨艳国，张大明，李晓丹，等．矿井通风与安全［M］．徐州：中国矿业大学出版社，2016.
[15] 王文才．矿井通风学［M］．北京：机械工业出版社，2015.
[16] 程卫民．矿井通风与安全［M］．北京：煤炭工业出版社，2019.
[17] 胡汉华．深热矿井环境控制［M］．长沙：中南大学出版社，2009.
[18] 辛嵩．矿井热害防治［M］．北京：煤炭工业出版社，2011.
[19] 王树刚，徐哲，张腾飞，等．矿井热环境人体热舒适性研究［J］．煤炭学报，2010（35）：97~100.
[20] 金龙哲，黄志凌，汪澍．矿井避难与救援系统［M］．北京：煤炭工业出版社，2018.
[21] 孙继平．煤矿井下避难硐室与救生舱关键技术研究［J］．煤炭学报，2011，36（5）：713~717.
[22] 孙瑞科．井下矿用救生舱空气调节系统研究［D］．西安：西安科技大学，2013.
[23] 吴钰晶．浅析矿井避难硐室安全供氧方式的选择［J］．煤矿机电，2019，40（4）：79~81.
[24] 杜焱，金龙哲，汪声等．矿用救生舱内二氧化碳净化特性研究［J］．中国安全生产科学技术，2012，8（7）：20~23.
[25] 栗婧，金龙哲，汪声，等．矿用救生舱中人体自身代谢一氧化碳规律分析［J］．煤炭学报，2010，35（8）：1303~1307.

8 载人航天器环境

中国进行载人航天研究的历史可以追溯到20世纪70年代初，在中国第一颗人造地球卫星“东方红一号”上天之后，当时的国防部第五研究院院长钱学森就提出，中国要搞载人航天。中国载人航天工程于1992年正式启动。至2016年，中国已将11名航天员送入太空，并实现了航天员舱外活动，已成为世界上继俄罗斯和美国之后第三个独立掌握载人航天技术、独立开展空间实验、独立进行出舱活动的国家。载人航天工程是当今世界高新技术发展水平的集中体现，是衡量一个国家综合国力的重要标志。我国载人航天事业取得了举世瞩目的伟大成就，航天工作者不仅创造了非凡的业绩，而且铸就了特别能吃苦、特别能战斗、特别能攻关、特别能奉献的载人航天精神。神舟载人飞船是我国自行研制的用于天地往返运输人员和物资的载人航天器，达到或优于国际第三代载人飞船技术，具有完全自主知识产权及鲜明的中国特色。载人航天器环境属于典型的密闭空间环境，内部产生的污染物不能像地球上的建筑物一样可以利用自然环境中的空气进行稀释，必须设置安全可靠、健康舒适的人工环境系统。载人航天器环境是各种先进人工环境技术的集大成者，技术难度最高、安全系数最大，不允许有任何差错，因此载人航天器环境控制与生命保障系统是载人航天器最重要、最核心的系统。

8.1 航天器中人工环境及控制参数

航天器是为执行一定任务，在地球大气层以外的宇宙空间（太空）基本按照天体力学规律运行的各类飞行器，又称空间飞行器或航天飞行器。航天器按照载人与否可分为无人航天器和载人航天器两大类。其中，载人航天器可分为：载人飞船、空间站、航天飞机及空天飞机等。

空间热真空环境、空间高能粒子辐射环境、空间碎片环境、空间污染环境、微流星环境、空间等离子体环境、磁层环境、空间磁场环境和空间微重力环境共同构成了航天器外部空间环境。针对航天器所处空间环境的特殊性，设计师们制定和完善了一系列的控制手段来降低环境对飞行器的影响，保障飞行器正常运行，主要包括：能源与供配电系统、结构系统、热控制系统、推进系统、制导导航与控制系统、测控与通信系统、有效载荷系统、生命保障与应急救生系统等。

航天器的重要分类——载人航天器，最主要的功能就是把人送到太空，需要在航天器密闭舱内创造一个适宜的环境条件，保证航天员在航天器内的正常生命活动及工作效率，因此环境控制与生命保障系统（环控生保系统）成为载人航天器最重要、最核心的系统，也是区别于非载人航天器的一个重要标志。

载人航天器环控生保系统关键技术大致包括建立能够维持航天员生活和工作所必要的最佳大气环境条件，如温度、湿度及有害气体的控制，同时供给生命活动所必需的物质如氧气、水、食物等，并能去除生命活动所产生的废物。为了实现上述目的，具体可通过以下技术实现：

（1）气体储存技术。航天器内部的供氧量需满足航天员新陈代谢耗氧量、座舱泄露损失以及复压的要求。储氧方法通常包括高压储存、深冷储存及化学储存等方式。

（2）供气调压技术。供气调压系统由气源组件、减压组件、供气开关组件和排气调压组件等主要模块构成。以接近地面正常大气的氧氮混合气作为载人航天器座舱的大气体制已逐渐成为国际惯例。因而，氧、氮双组元气体成为供气调压对象，供气调压技术即氧分压的控制和气体总压的控制。

（3）气体净化技术。航天员正常代谢和舱内非金属材料或仪器设备的挥发都可以污染舱内大气，尽管绝大多数污染物浓度均较低，但从座舱内检测出的各类化合污染物可达300多种。1）二氧化碳净化技术：通过氢氧化锂、有机胺吸收最为常用；2）水汽的清除技术：航天员的代谢导致环境中空气湿度不断增加，目前以冷凝法和吸附法最为常见；3）微量污染的控制技术：活性炭吸附舱内臭气和碳氢化食物类产生的微量有害气体，催化燃烧法去除一氧化碳、氢气、甲烷等低沸点的微量气体，催化氧化法通过合适的催化剂将有害物质或者是废气氧化为二氧化碳和水等，过滤法则用来消除舱内气体中的微尘和气溶胶等有害物质。

（4）温湿度控制技术。

1）温度控制。通过在适当温度下建立座舱的热平衡来提供一个舒适的座舱环境。其中热载荷来自于航天员的代谢热、舱内仪器散热、外部漏热即舱外辐射热与气动加热。目前，温控方式包括被动式与主动式两大类：被动式热控主要依靠航天器合理的总体布局，选用合适性质的材料、合理组织航天器的内外热交换过程，其本身没有自动调节温度的能力，但技术简单可靠、运行可靠性高、使用寿命长，包括热控涂层、多层隔热系统、热管、导热填料、相变材料等；主动式热控系统能主动调节工作状态，适应航天器内外热流状况的变化，具有较强的热控能力，但结构上更为复杂，常见包括热控百叶窗、热控旋转盘、接触式热开关、可控热管、气体循环热控回路、液体循环热控回路、两相流体回路、毛细抽吸两相流体回路、主动制冷等。

2）湿度控制。一般要求湿度控制在20%~70%的范围内，湿度控制由冷凝热交换器、水分离器、水收集器等主要部分构成。其中，冷凝热交换器用来实现冷凝除湿，座舱内湿热的空气被冷凝到露点温度以下、凝结为水，而干冷空气流回座舱；水分离器与水收集器实现了冷凝水的分离与收集。由于微重力环境，因而冷凝水的分离与收集较为困难，只能利用液体的表面张力、毛细力和惯性力等技术解决。

（5）废物处理技术。废气通过具有负压的收集器进行回收，进入密封系统；液体收集箱内充满吸湿材料，将气体分离，经净化后再进入舱内；固体废弃物的收集利用可更换的、底部通气的容器，卫生设备通常设在航天器的生活舱。

（6）食物与水管理技术。通常包括供水和供食两部分。储备式的水保障系统只适用于短期飞行，当时间延长时，需从生活中所产生的较清洁的液体中和从空气的冷凝液中分离出水。由于失重，因而饮用水的储存和供给通常采用增压式水箱，将水气分离，供水组件每日定量供给。对于食品保障，各类食品分装在食品柜中，按进餐顺序及人员分配固定式的罐子、食品软管、专用餐具等。

载人航天器人工环境的营造，与建筑环境与能源应用工程专业息息相关，尤其是在温湿度控制、气体组分调节两部分，更凸显了本专业的重要性与特殊性，因而以下讨论围绕温湿度与气分环境的营造展开。

8.2 载人航天器中热湿环境的营造

8.2.1 湿环境

8.2.1.1 载人航天器密封舱内湿度来源

为满足载人航天器密封舱内航天员的在轨热舒适性以及避免舱内设备低温表面结露，需要对载人航天器密封舱内湿度进行控制。根据湿度来源的不同，密封舱内湿度控制分为地面封舱前除湿和在轨密封舱除湿。

封舱前，载人航天器内部湿度与总装厂房内的湿度基本相同，为降低密封舱内湿度，防止在轨时结露，通常在封舱前采用干空气置换法，对舱内湿空气进行空气置换。载人航天器在轨时，由于航天员不断产湿并排放到密封舱内，因而密闭空间内相对湿度逐渐增大。如果舱体隔热措施不够好，在外热流较小的部位所对应的舱内区域将形成低于露点温度的低温区域。由焓湿图可知，低温区域附近的空气极易成为饱和湿空气，因而在低温设备表面易发生结露，因此在轨时需采用冷凝干燥装置对舱内空气进行除湿。

8.2.1.2 封舱前除湿

图8-1为空气置换示意图，假设将与密封舱同样体积的干空气分段注入到密封舱内。将干空气体积 V 分成 n 份，每次注入 $1/n$ 体积的干空气，在干空气与密封舱内湿空气充分混合后，从密封舱向外部排出与送风量等量的混合气体。

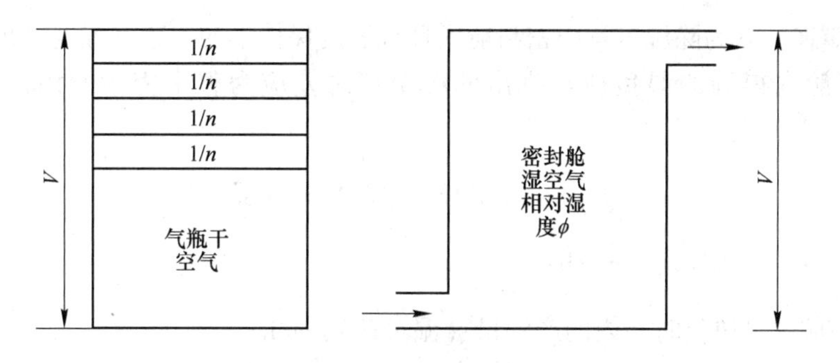

图8-1 空气置换示意图

密封舱内湿空气初始相对湿度为 ϕ_0，第1次输入体积为 $1/n$ 的干空气，排出 $1/n$ 体积的均匀混合气体，此时密封舱中空气的相对湿度为 $\phi_0\bigg/\left(1+\dfrac{1}{n}\right)$。

同理，第二次输入体积为 $1/n$ 的干空气，排出 $1/n$ 体积的均匀混合气体，此时密封舱中空气的相对湿度为 $\phi_0\bigg/\left(1+\dfrac{1}{n}\right)^2$。

当第 n 次输入体积为 $1/n$ 的干空气，排出 $1/n$ 体积的均匀混合气体后，此时整个气瓶

内体积为 V 的干空气使用完毕，密封舱内空气的相对湿度为 $\Phi_0\Big/\left(1+\dfrac{1}{n}\right)^n$。

当次数 n 趋于无穷时，也就是小流量连续对密封舱内空气进行置换时，密封舱内空气的相对湿度为

$$\lim_{n\to\infty}\frac{\Phi_0}{\left(1+\dfrac{1}{n}\right)^n}=\frac{\Phi_0}{\mathrm{e}} \tag{8-1}$$

定量说明干空气置换法的工作原理，以海南文昌航天发射场为例。在理想情况下，出风口无回流、舱内气体完全混合，假设置换前载人航天器密封舱内与厂房装配车间内的相对湿度同为60%，经过同体积干空气完全置换后，舱内空气相对湿度降为22.1%。

8.2.1.3 密封舱在轨除湿

密封舱在轨除湿技术可分为被动式和主动式两种，其中被动式湿度控制技术包括吸湿材料、可再生除湿装置、调湿涂层等，主动调湿控制技术主要为冷凝干燥装置。由于被动除湿技术已无法满足载人航天领域航天员增加、工作时间延长等新需求，因而以冷凝干燥技术为代表的主动除湿技术得以广泛应用。

A 冷凝干燥装置基本原理

冷凝干燥装置通过风机将密闭舱内的热湿空气吸入液体侧温度低于空气侧露点温度的冷凝-干燥换热器，使热湿空气降温到露点温度，过量水分凝结去除，将处理后的空气输送回密封舱内。另外，为满足密封舱内不同情况的控制要求，常采用旁路调节，将部分未经换热器的热湿空气与经过降温除湿的冷干空气混合，送回密封舱。

B 风机风量计算

在容积为 V 的密封舱内采用冷凝干燥装置降低舱内相对湿度，空气中含湿量为 d_1，由质量守恒定律，认为除湿过程中密封舱内环境温度保持不变，建立湿度平衡方程。时间间隔 $\mathrm{d}\tau$ 内，舱内得到的湿负荷与排出的湿负荷之差应为整个密封舱内湿负荷的变化量，即

$$\dot{Q}d_0\rho\mathrm{d}\tau+\dot{M}\mathrm{d}\tau-\dot{Q}d\rho\mathrm{d}\tau=V\rho\mathrm{d}d \tag{8-2}$$

式中 $\dot{Q}$——冷干风机风量，$\mathrm{m^3/h}$；

$\dot{M}$——航天员单位时间内的产湿量（湿负荷），g/h；

ρ——空气密度，$\mathrm{kg/m^3}$；

d——某时刻舱内空气中的含湿量，g/kg；

d_0——冷干送风的含湿量，认为此过程中 d_0 保持不变，g/kg；

$\mathrm{d}\tau$——某一无限小的时间间隔，h；

$\mathrm{d}d$——$\mathrm{d}\tau$ 时间内密封舱内含湿量的变化量，g/kg。

式（8-2）可变换为

$$\frac{\mathrm{d}\tau}{V}=\frac{\rho\mathrm{d}d}{\dot{Q}d_0\rho+\dot{M}-\dot{Q}d\rho} \tag{8-3}$$

$$\frac{\mathrm{d}\tau}{V}=-\frac{1}{\dot{Q}}\frac{\mathrm{d}\left(\dot{Q}d_0+\frac{\dot{M}}{\rho}-\dot{Q}d\right)}{\dot{Q}d_0\rho+\frac{\dot{M}}{\rho}-\dot{Q}d} \tag{8-4}$$

若在 τ 时间内，密封舱内含湿量由 d_1 变化到 d_2，则

$$\int_0^{\tau}\frac{\mathrm{d}\tau}{V}=-\frac{1}{\dot{Q}}\int_{d_1}^{d_2}\frac{\mathrm{d}\left(\dot{Q}d_0+\frac{\dot{M}}{\rho}-\dot{Q}d\right)}{\dot{Q}d_0+\frac{\dot{M}}{\rho}-\dot{Q}d} \tag{8-5}$$

$$\frac{\tau\dot{Q}}{V}=\ln\frac{\dot{Q}d_1-\frac{\dot{M}}{\rho}-\dot{Q}d_0}{\dot{Q}d_2-\frac{\dot{M}}{\rho}-\dot{Q}d_0} \tag{8-6}$$

$$\frac{\dot{Q}d_1-\frac{\dot{M}}{\rho}-\dot{Q}d_0}{\dot{Q}d_2-\frac{\dot{M}}{\rho}-\dot{Q}d_0}=\exp\left(\frac{\tau\dot{Q}}{V}\right) \tag{8-7}$$

冷干风机风量 $\dot{Q}$ 一定时，任意时刻密封舱内的含湿量为

$$d_2=d_1\exp\left(-\frac{\tau\dot{Q}}{V}\right)+\left(\frac{\dot{M}}{\dot{Q}\rho}+d_0\right)\left[1-\exp\left(-\frac{\tau\dot{Q}}{V}\right)\right] \tag{8-8}$$

将式（8-8）表示在 d-τ 曲线上，如图 8-2 所示。当 τ 趋于无穷时，$\exp(-\tau\dot{Q}/V)$ 趋于 0，舱内湿度 d_2 趋于稳定，则

$$d_2=d_0+\frac{\dot{M}}{\dot{Q}\rho} \tag{8-9}$$

上式表明，当时间足够长时，密封舱内含湿量与舱内初始含湿量 d_1 无关。

根据式（8-9），密封舱内目标含湿量 d_2 处于稳定状态时，所需的冷干风机风量为

$$\dot{Q}=\frac{\dot{M}}{\rho(d_2-d_0)} \tag{8-10}$$

对于式（8-10），可根据焓湿图获得相对湿度与含湿量间 d 的关系，通过调节冷干风门控制出口空气含湿量 d_0；航天员舒适环境的相对湿度通常为 28%~65%，通过焓湿图可以得到对应的含湿量 d_2。

至于航天员的产湿量 M，众多学者给出相关数值：姜军等人认为产湿量为 75g/h；黄家荣等人给出产湿量为 1.5kg/d，即 62.5g/h；程文龙等人给出 86g/h；范宇峰等人认为每位航天员的产湿量为 50~155g/h，具体如表 8-1 所示。

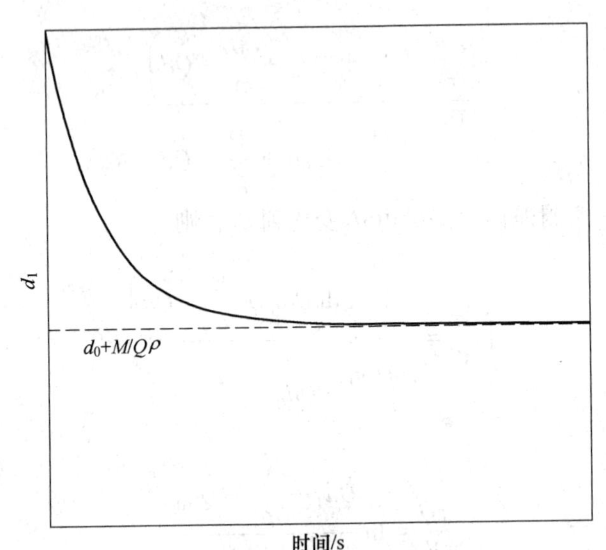

图 8-2 含湿量变化曲线

表 8-1 航天员产湿量

条 件	睡眠	静息	轻度活动	中度活动
产湿量/g·h^{-1}	50	60	80	155

8.2.2 热环境

在地球附近的圆形轨道上，对于一个球形卫星表面的辐射热流有太阳直接加热 Q_1，地球及其大气对太阳的反射加热 Q_2，地球的红外加热 Q_3，空间背景加热 Q_4，卫星的内热源 Q_5，单位时间内这五部分的加热量之和应等于卫星向宇宙辐射的热量 Q_6及其内能的变化 Q_7。因而航天器在宇宙空间的热平衡公式为：

$$Q_1 + Q_2 + Q_3 + Q_4 + Q_5 = Q_6 + Q_7 \tag{8-11}$$

8.2.2.1 薄壁稳态温度场的计算

A 背壁有限绝热的平板

对于如图 8-3 所示的无限大平板，背壁为厚度为 δ 、导热系数为 k 、吸收恒定外热流值为 q_2的热绝缘材料，面板为吸收恒定外热流为 q_1的薄金属蒙皮；两表面的热辐射率均为 ε 。

忽略薄金属蒙皮面板法向温度，金属面板的热平衡方程为

$$q_1 = \varepsilon\sigma T_1^4 + \frac{k}{\delta}(T_1 - T_2) \tag{8-12}$$

平板背面热平衡方程为

$$q_2 = \varepsilon\sigma T_2^4 - \frac{k}{\delta}(T_1 - T_2) \tag{8-13}$$

以上两式相减得

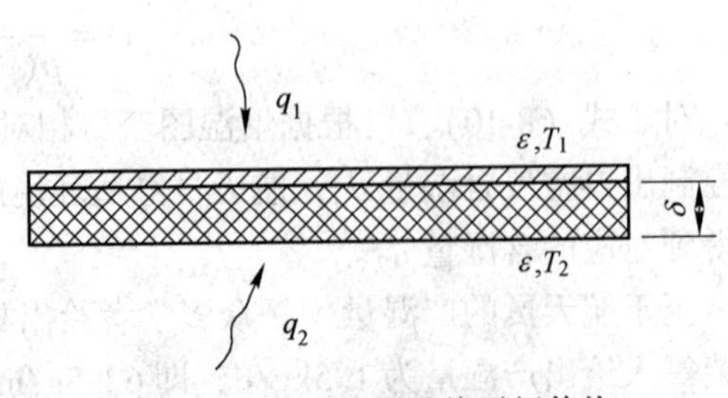

图 8-3 背壁有限绝缘平板传热

$$q_1 - q_2 = \varepsilon\sigma(T_1^4 - T_2^4) + \frac{2k}{\delta}(T_1 - T_2) \tag{8-14}$$

经整理后得

$$T_1 - T_2 = \frac{q_1 - q_2}{\varepsilon\sigma(T_1^3 + T_1^2T_2 + T_1T_2^2 + T_2^3) + \dfrac{2k}{\delta}} \tag{8-15}$$

作为近似，若令 $T_1^3 + T_1^2T_2 + T_1T_2^2 + T_2^3 = 4T_e^3$，并且用平均值 $\overline{T_e} = \left(\dfrac{q_1 + q_2}{2\varepsilon\sigma}\right)^{\frac{1}{4}}$ 代替 T_e，则有

$$T_1 - T_2 = \frac{q_1 - q_2}{2(q_1 + q_2)\left(\dfrac{2\varepsilon\sigma}{q_1 + q_2}\right)^{\frac{1}{4}} + \dfrac{2k}{\delta}} \tag{8-16}$$

对许多航天器部件实际计算表明，采用上式所得结果，误差较小且在允许范围之内。

B　具有横向导热的平板

对于图 8-4 所示的航天器热辐射器，散热板为宽度 $2l$、无限长的金属板，金属板的两端温度为 T_p，板厚为 δ，导热系数为 k，两面的热辐射率为 ε。金属板两面吸收的外热流分别为 q_1、q_1，则热辐射器金属板沿横向的温度分布可由以下求得。

根据能量守恒，列出金属板的热平衡微分方程为

$$k\delta\frac{d^2T}{dx^2} = 2\varepsilon\sigma T^4 - (q_1 + q_2) \tag{8-17}$$

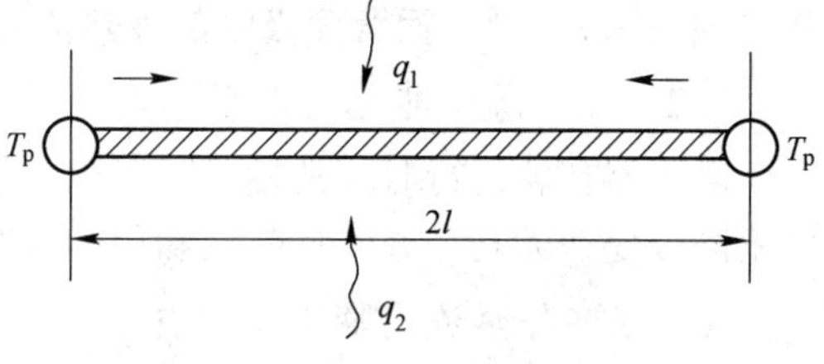

图 8-4　具有横向导热平板温度分布

令

$$p(T) = 2\varepsilon\sigma T^4 - (q_1 - q_2) = h_r(T - T_0)$$

式中　h_r——当量传热系数，W/(m² · ℃)；

T_0——等效环境温度，℃。

假定

$$q_1 + q_2 = 2\varepsilon\sigma T_0^4$$

则

$$T_0 = \left(\frac{q_1 + q_2}{2\varepsilon\sigma}\right)^{\frac{1}{4}} \tag{8-18}$$

$$\begin{aligned} p(T) &= 2\varepsilon\sigma h_r(T^4 - T_0^4) = 2\varepsilon\sigma(T^3 + T^2T_0 + TT_0^2 + T_0^3)(T - T_0) \\ &= 2\varepsilon\sigma \cdot 4T_e^3(T - T_0) \end{aligned} \tag{8-19}$$

此处

$$T_e^3 = \frac{1}{4}(T^3 + T^2T_0 + TT_0^2 + T_0^3)$$

作为近似，取 $\overline{T}_e^3 = \dfrac{1}{4}(T_p^3 + T_p^2T_0 + TT_0^2 + T_0^3)$ 代替上式的 T_e^3，则式（8-19）符合以下近似微分式：

$$dT = \frac{1}{h_r}dp \tag{8-20}$$

式中，$h_r = 8\varepsilon\sigma \bar{T}_e^3$。

因而式（8-17）可以近似地写成：

$$\frac{d^2p}{dx^2} = m^2 p \tag{8-21}$$

式中，$m = \frac{h_r}{\lambda\delta}$。

因而，式（8-21）的通解为

$$p = C_1 e^{mx} + C_2 e^{-mx} \tag{8-22}$$

据边界条件 $T_{x=0} = T_{x=2l} = T_p$，可求得常数 C_1、C_2。由此可求得沿金属板横向温度分布：

$$p(T) = P(T_p) = \frac{\cosh m(x-l)}{\cosh ml} \tag{8-23}$$

以 $x=l$ 代入上式，即可求得板中间的温度 T_l 如下：

$$\frac{2\varepsilon\sigma T_l^4 - (q_1 + q_2)}{2\varepsilon\sigma T_p^4 - (q_1 + q_2)} = \frac{1}{\cosh ml} \tag{8-24}$$

上式同样也适用于单面加热的情况。如金属板的背面理想隔热，则以上方程中的辐射散热项采用 $\varepsilon\sigma T^4$，而背面吸收的外热流 $q_2 = 0$。

8.2.2.2 薄壁非稳态温度场的计算

航天器在轨运行时，其相对于太阳、行星的位置不断变化，因而外热流的大小也将随之不断改变。尤其是处于日照区和阴影区时，这种变化将更加剧烈。

A 定值外热流周期交变加热

球形壳体在圆形地球轨道上运行，忽略仪器内部内能变化对壳体温度的影响，则球体的热平衡方程为

$$Q_1 + Q_2 + Q_3 + Q_p - F\varepsilon_e\sigma\bar{T}_s^4 = F\delta c\rho\frac{d\bar{T}_s}{d\tau} \tag{8-25}$$

式中 Q_1，Q_2，Q_3——球形壳体所吸收的太阳热流、地球反照、红外热流，W；

Q_p——内热源，W；

F——壳体的表面积，m^2；

δ——壳体的厚度，m；

c——壳体的比热容，J/(kg·K)；

ρ——壳体的密度，kg/m^3；

ε_e——壳体的外表面热辐射率；

T_s——壳体的绝对温度，K；

τ——时间，s。

在轨道的日照区 Q_1 为常数，Q_2 占比极小，Q_3 假定不变，为简化问题分析用日照区的平均值代替，内热源 Q_p 为常数，令

$$Q_1 + Q_2 + Q_3 + Q_p = A \tag{8-26}$$

式（8-25）可简化为

$$A_s - \overline{T}_s^4 = C\frac{d\overline{T}_s}{d\tau} \tag{8-27}$$

式中

$$A_s = \frac{A}{F\varepsilon_e\sigma}, \qquad C = \frac{\delta\rho c}{\varepsilon_e\sigma}$$

积分式（8-27）得

$$\int_{\tau_1}^{\tau_2} d\tau = C\int_{T_{s1}}^{T_{s2}} \frac{d\overline{T}_s}{(A_s - \overline{T}_s^4)} \tag{8-28}$$

或

$$\tau_2 - \tau_1 = \frac{C}{4A_s^{3/4}}\left[\ln\frac{(A_s^{\frac{1}{4}} + \overline{T}_{s2})(A_s^{\frac{1}{4}} - \overline{T}_{s1})}{(A_s^{\frac{1}{4}} - \overline{T}_{s2})(A_s^{\frac{1}{4}} + \overline{T}_{s1})} + 2\tan^{-1}\frac{\overline{T}_{s2}}{A_s^{\frac{1}{4}}} - 2\tan^{-1}\frac{\overline{T}_{s1}}{A_s^{\frac{1}{4}}}\right] \tag{8-29}$$

式中　τ_1, τ_2——卫星进出日照区的时间。

$\overline{T}_{s1}$，$\overline{T}_{s2}$——卫星进出日照区的温度。

上述为日照区的情况。同理，可求出地球阴影区的航天器壳体平均温度随时间的变化。

B　外热流连续变化的薄壁温度场

设平板绕地球轨道运动，其一面的法线指向地心，如图 8-5 所示。

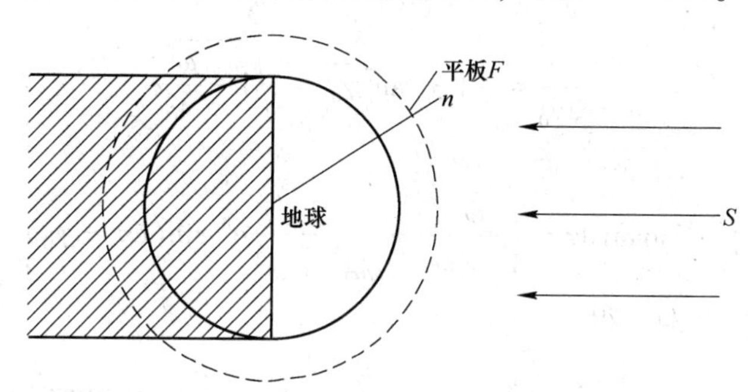

图 8-5　对地定向平板沿最大阴影圆形轨道运动

设轨道面与阳光平行，亦即最大阴影的轨道，则该板在轨道日照区的热平衡方程如下：

$$\alpha_s S\sin\omega\tau + q + q_i - 2\varepsilon\sigma T^4 = \rho\delta c\frac{dT}{d\tau} \tag{8-30}$$

式中　q，q_i——加在平板上某种恒定的外热流和内热源，W；

ω——平板绕地球运动的角速度，rad/s；

其余数学符号意义同前。

上式中当 $\tau = \frac{\tau_0}{2}$: τ_0, $S = 0$, τ_0 为平板绕地球运转轨道周期。假定平板温度 T 处于周期

的稳定变化状况，则整圈周期平均温度为

$$2\varepsilon\sigma\,\overline{T}^4=\frac{\alpha_s S}{\tau_0}\int_0^{\frac{\tau_0}{2}}\sin\omega\tau\mathrm{d}\tau+q+q_i \tag{8-31}$$

令 $\dfrac{q+q_i}{2\varepsilon\sigma}=T_c^4$，则方程（8-30）线性化后可得到

$$\alpha_s S\sin\omega\tau-8\varepsilon\sigma T_e^3(T-T_c)=\rho\delta c\frac{\mathrm{d}T}{\mathrm{d}\tau} \tag{8-32}$$

式中，$T_e=f(T,\ T_c)$，作为近似若以式（8-31）所求的 $\overline{T}$ 代入式（8-32）中的 T_e，则后者简化为

$$\frac{\mathrm{d}(T-T_c)}{\mathrm{d}\tau}+A(T-T_c)=B\sin\omega\tau \tag{8-33}$$

式（8-33）为非齐次一阶线性微分方程，起始条件 $\tau=0$，$T=T_0$。此方程的解为

$$T-T_c=\mathrm{e}^{-A\tau}\left[(T-T_0)+B\int_0^{\tau}\mathrm{e}^{A\tau}\sin\omega\tau\mathrm{d}\tau\right] \tag{8-34}$$

对上式右侧的积分式两次分步积分后得

$$\begin{aligned}\int_0^{\tau}\mathrm{e}^{A\tau}\sin\omega\tau\mathrm{d}\tau&=\frac{1}{A}\mathrm{e}^{A\tau}\sin\omega\tau-\frac{\omega}{A}\int_0^{\tau}\mathrm{e}^{A\tau}\cos\omega\tau\mathrm{d}\tau\\&=\frac{1}{A}\mathrm{e}^{A\tau}\sin\omega\tau-\frac{\omega}{A^2}(\mathrm{e}^{A\tau}\cos\omega\tau-1)-\frac{\omega^2}{A^2}\int_0^{\tau}\mathrm{e}^{A\tau}\sin\omega\tau\mathrm{d}\tau\end{aligned} \tag{8-35}$$

至此，为求形式上的简化，可求一个 γ_0，使得 $|\gamma_0|<\pi/2$，而又满足 $\tan\gamma_0=\omega/A$，则必有

$$\frac{1}{\cos\gamma_0}=\sqrt{1+\tan^2\gamma_0}=\sqrt{1+\frac{\omega^2}{A^2}} \tag{8-36}$$

从而得

$$\int_0^{\tau}\mathrm{e}^{A\tau}\sin\omega\tau\mathrm{d}\tau=\frac{\omega}{A^2+\omega^2}+\frac{1}{\sqrt{A^2+\omega^2}}\mathrm{e}^{A\tau}\sin(\omega\tau-\gamma_0) \tag{8-37}$$

将上式代入式（8-34）得

$$T-T_c=\mathrm{e}^{-A\tau}\left[(T_0-T_c)+\frac{\omega}{A^2+\omega^2}\right]+\frac{B}{\sqrt{A^2+\omega^2}}\sin(\omega\tau-\gamma_0) \tag{8-38}$$

如果平板为单面加热，对地的一面为理想隔热，则以上方程中 $A=4\varepsilon\sigma T_c^3/\rho\delta c$ 和 $q=0$。

8.2.2.3 密封舱在轨控热

对于具有密封舱的载人航天器而言，其传热方式除了一般航天器具有的导热和辐射之外，还存在密封舱内气体的对流换热。热控设计的主要目标包括：保证仪器设备和结构温度，在环控生保系统中实现对密封舱内温度、风速的控制，保证对整船热量的收集、传输和利用，实现废热向外部空间的排散。目前，尽管大型载人航天器中常用的热控设计方案基本仍以被动热控和主动热控相结合的方法，但仍有独特的设计特点：密封舱内部通过通风循环和流体回路，实现航天员代谢热和仪器设备热量的收集；采用流体回路和通风循

环，即通过冷凝换热器和流体回路之间的液/液式热交换器进行传递，将热量传递到热沉，整个航天器的热量通过舱外的热辐射器排散；在通风循环和流体回路中设立调节系统，根据热负荷的大小和温度情况，调节舱段和整体的散热量，进而控制内部温度水平；外部设备采用单独热设计；除辐射器外，航天器外部包覆多层隔热材料，最大限度减少航天器和外部空间的热交换。

载人航天器热设计的指导思想是最大限度地减少和外部空间不可控的热交换，将外部空间外热流的影响减少到最低程度，同时内部采用通风循环和液体回路，进行热量的收集和输运，最终通过辐射器排散到外部空间。对于内部和外部热负荷的变化，通过各种调节的方式，控制回路之间的换热量和辐射器向外部空间的散热量，进而控制不同的舱段在要求的温度水平上。由于流体回路对于分散热量的收集具有传热能力强、系统控温精度高、可实现热量远距离传输等特点。随着载人航天器功率不断增大、在轨时间延长，两相流体回路已成为研究热点，但由于其技术的复杂性，一些问题仍未解决，因而目前已发射的载人航天器，如“国际空间站”和“神舟”飞船等基本都采用单相流体回路技术。

如图 8-6 所示，为载人航天器密封舱热控流体回路示意图。

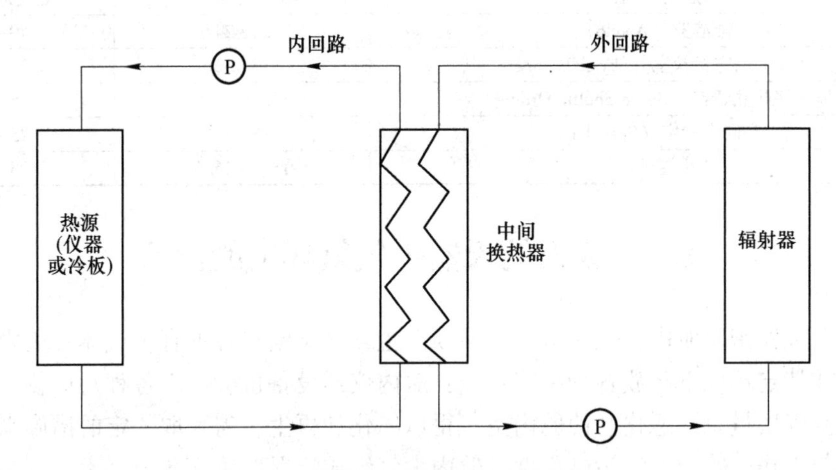

图 8-6　单相液体回路热控系统示意图

图中流体环路中工质通过冷板（或直接流过热源），吸收热量并使温度升高，然后在泵的驱动下流向环路冷端，或通过空间辐射器排向空间，或者通过换热器将热量传给温度较低的介质。热源温度可由下式计算：流体回路工质传递的热量可记为

$$Q_s = cm(T_{ho} - T_{hi}) \tag{8-39}$$

式中　Q_s——热源传递给流体的热量，W；

c——流体比热，J/(kg · K)；

m——流体的质量流量，kg/s；

T_{ho}，T_{hi}——流出和流进换热器（冷板）时的温度，K。

对于给定的系统，当冷端的温度给定时，可通过控制质量流量来控制热源的散热量 Q_s，并由此而控制热源（仪器或设备）的温度 T_s：

$$T_s = Q_s/(\alpha_f A) + T_{hi} \tag{8-40}$$

式中　A——回路与热源之间的换热面积，m^2；

α_f——工质液体的对流换热系数，W/(m^2·K)。

另外，由于载人航天器的特殊性，因而泵的选择、冷板与换热器以及辐射器的热设计，均与工业上常用的形式存在差异，需单独设计。例如，与工业上常用的列管换热器形式不同的是，在载人航天器中多采用经过特殊设计的板翅式换热器。

8.2.3　载人航天器中热湿环境的评价

对于舱内热湿环境的评价，常通过其内部温、湿度客观检测值与设计值的对比来实现。目前，航天员在轨冷热感觉主要用空气温度来衡量，因此载人航天器内部温度和湿度的设计值取决于人体的热舒适性。通常情况下，密封舱内大气温度为15~30℃、相对湿度为25%~70%、气流速度范围0.1~0.3m/s时，可使航天员舒适地工作和生活。因此，对于载人航天器密封舱内部热湿环境的评价，常通过舱内温、湿度客观测量值与设计参考值对比。美国载人航天器舱内温、湿度限值如表8-2所示。

表8-2　美国载人航天器舱内允许的温度和湿度范围

航　天　器	温度范围/℃	湿度范围/%
阿波罗（Apollo）	21~24	40~70
天空实验室（Skylab）	13~32	25~80
航天飞机轨道器（Space Shuttle Orbiter）	18.3~26.6	25~85
空间实验室（Spacelab）	18~27	25~70
国际空间站	18.3~26.6	25~70

8.3　载人航天器中气氛环境的营造

载人航天器密闭舱内，航天员代谢不断产生二氧化碳和各种有害气体；舱内的各种非金属材料在特定环境下释放各种有害物质；舱内仪器设备也会产生各种污染物。因而为了避免舱内空气质量急剧恶化、使舱内空气得以净化和再生，需采取一定的措施来保障航天员的生活与工作。舱内大气污染程度及舱内大气组成情况取决于两个因素：一是污染物的产生速率，与污染源及座舱环境密切相关；二是污染物的处理速率，采取切实有效的净化措施，将舱内大气污染水平控制在最高允许浓度之下。大气再生系统的功能包括二氧化碳的处理、还原，制氧，微量污染物监测与控制，微生物控制等，图8-7为系统示意图。

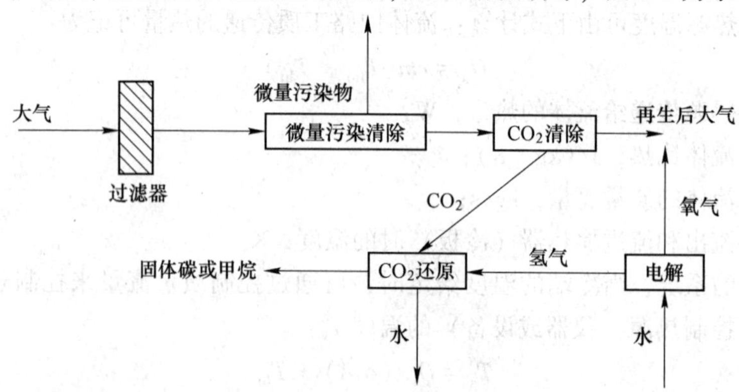

图8-7　大气再生与污染控制系统示意图

8.3.1 二氧化碳净化技术

作为人体代谢产物之一的二氧化碳，其浓度在密封舱内累积到一定程度后，会使人产生头晕眼花、思维混乱、恶心、呕吐等症状，当其浓度达到5%时，人的呼吸仅能维持30min，当达到10%以上时，可使人失去知觉甚至死亡。因而对于载人航天器内部二氧化碳浓度的控制，至关重要。

目前，净化二氧化碳的方法多种多样，有物理吸附、化学吸收、膜分离等。根据净化二氧化碳的材料能否再生，可分为可再生式和非再生式两类。

8.3.1.1 非再生式二氧化碳净化技术

在短期载人航天飞行中，一般采用非再生式二氧化碳净化技术，这种方式可在将体积、质量、成本造价都控制较低的情况下，提供较高的工作性能和可靠性。目前，较为成熟的方式有两种，分别利用超氧化物和氢氧化物吸收二氧化碳。

A 超氧化物净化二氧化碳

超氧化物通常为超氧化钾，主要被俄罗斯所使用。作为一种碱金属超氧化物，超氧化钾附着性较好，易于加压黏结，常温下密闭储存稳定性好，吸收二氧化碳的同时将产生氧气。但由于超氧化钾吸收二氧化碳、释放氧气的比例与人体吸入氧气、呼出二氧化碳的比例不一致，极易导致座舱内大气成分发生改变，因而可控性较差。

超氧化钾吸收二氧化碳的反应方程式为：

$$4KO_2 + 2H_2O = 3O_2 + 4KOH \tag{8-41}$$

$$4KOH + 2CO_2 = 2K_2CO_3 + 2H_2O \tag{8-42}$$

由于舱内大气中的湿度不同，可能生成 K_2CO_3，也可能生成 $KHCO_3$，因而对舱内湿度控制要求较高。为了使吸收的二氧化碳与产生的氧气与人体呼吸商相匹配，可使一部分 KO_2 按以下反应式进行：

$$4KO_2 + 2CO_2 = 3O_2 + 2K_2CO_3 \tag{8-43}$$

另一部分按照式（8-44）进行：

$$4KO_2 + 4CO_2 + 2H_2O = 3O_2 + 4KHCO_3 \tag{8-44}$$

另一种调节呼吸商的方法是用适量的超氧化物与水和二氧化碳反应释放氧气，保证航天员有足量的呼吸供氧，而将多余的二氧化碳用无水氢氧化锂进行处理。

B 氢氧化物吸收二氧化碳

采用碱金属或碱土金属的氢氧化物吸收净化二氧化碳，是最简单的方法。常采用的 $Ca(OH)_2$ 价格便宜，可大规模生产；但由于钙的相对原子量较大，因而单位质量的 $Ca(OH)_2$ 所吸收的二氧化碳的量相对较小，这也限制了该物质在载人航天系统中的应用。Li 的相对原子质量较小，LiOH 比 $Ca(OH)_2$ 更有效，对二氧化碳的吸附量能达到350~400L/kg，高于 $Ca(OH)_2$ 的130L/kg的吸附量。对于短期飞行而言，选用 LiOH 作为二氧化碳净化系统的基本方案是可行的，技术成熟、可靠性好、成本低廉。

氢氧化锂吸收二氧化碳的化学反应方程式为

$$2LiOH + 2H_2O = 2LiOH \cdot H_2O \tag{8-45}$$

$$2LiOH \cdot H_2O + CO_2 = Li_2CO_3 + 3H_2O \tag{8-46}$$

无水氢氧化锂首先吸收气流中的水汽，生成氢氧化锂的水化物 $LiOH \cdot H_2O$；然后 $LiOH \cdot H_2O$ 吸收气流中的二氧化碳生成 Li_2CO_3。此反应为放热反应，每吸收 1kg 的二氧化碳，释放出 2031.9kJ 热量。反应热可使反应生成的水汽化，水蒸气进一步使氢氧化锂水化。氢氧化锂的水化和 $LiOH \cdot H_2O$ 吸收二氧化碳的反应在同一反应带里进行。

与超氧化物相比，室温下，被水饱和的气流通入无水氢氧化锂反应床，吸收二氧化碳的反应也能很好地进行，且氢氧化锂反应床的内部不出现结块粘连现象，颗粒之间互不粘连。因此气流通过反应床的压降始终比较平稳，对入口气流湿度控制要求不高。

由于无水氢氧化锂颗粒质地轻软，易产生强碱尘埃，这对人的眼睛和呼吸道黏膜及皮肤都有强烈的刺激性和腐蚀性。因此，决不允许气流将氢氧化锂尘埃夹杂到座舱大气中。在氢氧化锂吸收罐中，设有过滤层，可过滤掉99%粒径大于7μm 的尘埃和粒径大于25μm 的全部尘埃。氢氧化锂净化系统流程如图 8-8 所示。

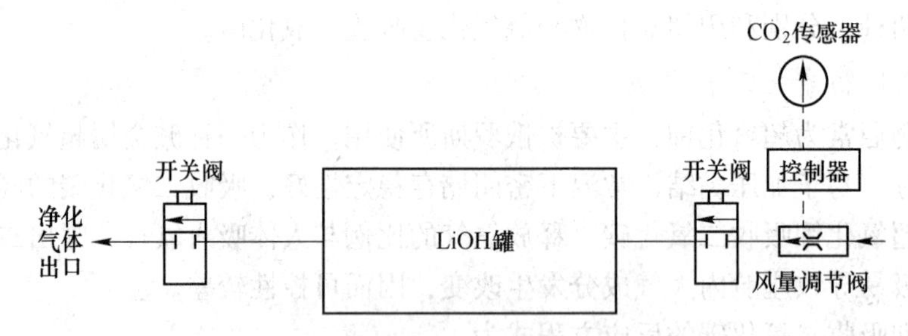

图 8-8　氢氧化锂净化二氧化碳系统流程图

8.3.1.2　可再生式二氧化碳净化技术

中长期载人航天飞行中，上述消耗性的非再生式二氧化碳净化技术便面临质量增加过快和再补给困难等问题，从而推动了再生式二氧化碳净化技术的发展。现有的收集技术包括分子筛吸附、固态胺吸附，电化学吸收，膜渗透等多种方式。其中分子筛吸附属于物理吸附；固态胺吸附属于化学吸附；电化学吸收方式在电池阴极侧利用被处理空气中的氧气与水反应生成氢氧根离子，二氧化碳与氢氧根离子反应生成碳酸根离子，然后碳酸根离子在阳极侧与水反应生成氢氧根和二氧化碳并析出，电池内也可使用碱性溶液如氢氧化钾溶液，不过需要解吸器；膜渗透利用对二氧化碳具有强选择性透过特性的膜材料实现对二氧化碳的分离收集[23]。

A　分子筛

分子筛是人造的多孔铝硅酸盐，根据其孔径的大小可分为多种类型，常见的5A 型分子筛的典型化学组成是 $0.7CaO \cdot Al_2O_3 \cdot 2SiO_2 \cdot 4.5H_2O$，13X 型的组成是 $Na_2O \cdot Al_2O_3 \cdot 2.5SiO_2 \cdot 6H_2O$。高孔隙率是吸附剂的重要特征，在诸多可再生式二氧化碳净化技术中，分子筛吸附分离法以其结构简单、使用方便等优点被认为是一种较理想的二氧化碳净化方案，已在美国航天飞机、和平号空间站以及国际空间站上得到实际应用。

分子筛净化二氧化碳是通过吸附分离将二氧化碳从大气中分离出来。吸附分离借助位阻效应、动力学效应、平衡效应来实现。位阻效应是根据分子筛的筛分性质，只有小的并具有适当形状的分子才能进入吸附剂，而其他分子都被阻挡在外面。动力学分离是借助不同分子的扩散速率之差来实现的。大多数分离过程都是通过混合气的平衡吸附来完成的，即吸附剂对不同气体平衡吸附量的差别，因此称为平衡吸附分离过程。

B 金属氧化物

与分子筛相比，金属氧化物吸收水但不影响其对二氧化碳吸收的能力，反而会促进二氧化碳的吸收。基本原理为：碱性的金属氧化物吸收酸性的二氧化碳气体，在高温下此反应逆向进行，从而完成解吸。以 Ag_2O 为例，可能的反应机理如下：

$$Ag_2O = Ag + AgO \tag{8-47}$$

$$AgO^- + H_2O = AgOH + OH^- \tag{8-48}$$

$$AgOH = Ag^+ + OH^- \tag{8-49}$$

$$CO_2 + OH^- = HCO_3^- \tag{8-50}$$

$$HCO_3^- + OH^- = H_2O + CO_3^{2-} \tag{8-51}$$

$$2Ag + CO_3^{2-} = Ag_2CO_3 \tag{8-52}$$

总反应方程式为

$$Ag_2O + CO_2 = Ag_2CO_3 \tag{8-53}$$

根据以上反应机理，认为合适的金属氧化物应具有以下化学特性：有水存在的液体环境，高 pH 值，生成的碳酸盐难溶，能产生足够的和碳酸根参加反应的金属离子，毒性小，再生温度下有热稳定性。

由于金属氧化物二氧化碳净化技术再生时间长，仅适合舱外活动，且使用寿命较短，所占质量和体积较大。金属氧化物二氧化碳净化技术的关键在于：优化材料，延长使用寿命，提高吸收性能；改善再生工艺，降低能耗，减小再生时的温度梯度。

C 固态胺水蒸气解析 SAWD（solid amine water desorption）

固态胺 SA（solid amine），是一种弱碱性阴离子交换树脂，其骨架结构是苯乙烯和二乙烯苯的共聚体。固态胺净化和收集二氧化碳是通过其对二氧化碳的吸收和解析来完成的：固态胺先与水反应生成胺的水合物，然后二氧化碳在与胺的水合物反应生成胺的碳酸氢盐类。其反应式如下：

$$NH_3 + H_2O = NH_3 \cdot H_2O \tag{8-54}$$

$$NH_3 \cdot H_2O + CO_2 = NH_3 \cdot H_2CO_3 \tag{8-55}$$

固态胺的再生通过蒸气加热或热真空的力量破坏固态胺的碳酸氢盐的键而释放出二氧化碳，其反应方程式如下：

$$NH_3 \cdot H_2CO_3 \xlongequal{\text{蒸气热(或热真空)}} CO_2 + H_2O + NH_3 \tag{8-56}$$

解吸出的二氧化碳送入储箱中储存，当需要进行还原时，由储箱送往还原系统进行处理。

固态胺法与其他方式相比，结构简单，更适合朝阳时耗能解吸、背阳时进行不耗能吸收的周期使用，无需复杂技术、研制成本低。但固态胺法也存在一些缺点：使用过程中，活性基团胺基游离丧失，材料有一定的寿命，需定期更换；降解产物三甲基苯有一定毒性，出口气体需进行一定的处理；受影响因素多、不易控制；需采用蒸气解吸，从而加重了湿度控制系统的负荷，同时也带来了蒸气处理的安全性问题。

D 电化学去极化浓缩 EDC（electrochemical depolarization concentration）

采用电化学去极化技术净化和收集二氧化碳的过程，是使含有二氧化碳的空气通过一个由数个电化学电池单元所组成的装置完成的。电池单元内发生的电化学和化学反应如下：

$$CO_2 + H_2 + 1/2O_2 = CO_2 + H_2O + 能量 + 热量 \tag{8-57}$$

二氧化碳在阴极与氢氧根离子发生反应，生成水和碳酸根离子，这就是二氧化碳净化过程。碳酸根离子替代了电池单元内作为电荷载体的氢氧根离子，并移向阳极，在此处由于 pH 值的变化使二氧化碳从溶液中释放出来，这就是二氧化碳的收集和浓缩过程。

在使用电化学去极化方法时，必须考虑氢、氧的消耗与补充，以及对温度进行控制。

E　膜扩散技术

膜是一种具有渗透性的高分子聚合物，作为一种新颖的气体分离途径，具有广泛的应用。膜用于气体分离的基本原理在于不同气体对同一种膜的渗透能力不同，当渗透能力差别足够大时，渗透力大的气体透过膜，而渗透力小的气体则阻滞在膜外，实现气体分离。膜扩散技术就是利用具有选择渗透功能的膜，以外界能量或化学位差作为推动力，对多组分的混合气或液体进行分离被净化空气中的二氧化碳通过选择性膜进行气体扩散，由于膜对二氧化碳具有较高的可渗透性，而对其他气体的通过性较差，从而可以达到筛分分离、纯化、浓缩的目的。

膜分离技术要应用于实际，其关键技术是膜材料的选择与制作，液体吸收剂种类和流量的选择。该技术具有以下特点：由于膜的存在，避免气体和液体的直接接触，使传统吸湿剂在微重力环境中得以使用；气路和液路互不影响，可以分别控制流量；膜式分离器不依赖其他系统，可独立工作；紧急情况，可在真空环境下解吸。但目前，尽管膜分离技术在航天领域应用前景广阔，但由于其研制成本较高，且在航天领域中技术并不十分成熟，从而限制了该技术的广泛应用。

8.3.1.3　二氧化碳还原技术

在二氧化碳还原前，都必须经过以上方式进行浓缩，目前常见的两种二氧化碳还原技术分别为博希反应和萨巴蒂尔反应，这两种技术都是通过 H_2 与 CO_2 的催化反应，将 CO_2 还原成 H_2O 和 CH_4 或 C。再将 H_2O 电解成 O_2 和 H_2，H_2 回收用于 CO_2 的催化加氢还原，O_2 供航天员呼吸。

博希二氧化碳还原方法的催化反应总方程式为

$$CO_2 + 2H_2 = C + 2H_2O,\ \Delta_r H_m^{\ominus} = 2.280\text{kJ/kg} \tag{8-58}$$

萨巴蒂尔二氧化碳还原法是一种较为成熟的二氧化碳还原技术，其催化反应总方程式为

$$CO_2 + 4H_2 = CH_4 + 2H_2O,\ \Delta_r H_m^{\ominus} = 10\text{kJ/kg} \tag{8-59}$$

$$CH_4 = C + 2H_2 \tag{8-60}$$

8.3.2　空间制氧技术

目前，密闭空间内常见的供氧方式有高压气瓶供氧、物理方法供氧、电解水供氧以及化学氧源供氧等方式。高压气瓶法的实用化技术主要有氧气瓶供氧法、压缩空气供氧法和液氧供氧法。物理方法供氧主要有深冷法供氧、变压吸附供氧、膜分离供氧。水电解制氧是指在水中插入两根电极，在直流电的作用下，在每根电极周围发生氧化还原反应放出氧气和氢气的过程，根据电解液和使用环境的不同，可分为电解纯水、电解稀酸溶液、电解

碱溶液、SPE 电解水。化学氧源制氧是指采用富氧化合物通过化学反应制取氧气的一种方法。

电解制氧技术是目前公认的最具合理性的空间站氧气补给技术，是物化再生环境控制和生命保障系统的核心技术之一，是实现中长期载人航天飞行的关键技术，本节主要围绕水电解技术进行展开：水电解生成氧气和氢气，氧气供给航天员呼吸用，氢气再供给二氧化碳还原系统作为催化还原反应的原料。相关技术已得到应用验证：俄罗斯电解制氧装置（Elektron）自 1986 年开始在和平号空间站进行在轨飞行试验，该产品累计在和平号空间站上运行了长达 17 年之久，积累了丰富的在轨运行经验和可靠性数据。国际空间站美国舱段的电解制氧装置直到 2006 年 7 月才通过航天飞机运送到美国实验舱进行在轨试验，2007 年 7 月进行唤醒试验。

8.3.2.1 固态聚合物电解质水电解系统

固态聚合物电解质是一种厚度仅为 0.3mm，并具有许多聚四氟乙烯物理特性的全氟磺酸聚合物离子交换膜。当这种聚合物浸满水时，具有良好导电性，是一种良好的离子导体，这是唯一的水电解所需要的电解质，不含自由酸或碱性液体，水是仅有的自由液体。在固体聚合物电解膜的两边接上两个电极，构成阳极和阴极。离子导电性由水合氢离子提供，离子从阳极通过固态聚合物、离子交换膜转移至阴极。水从阴极输入电解池，透过固态电解膜，从氢电极输送到氧电极，在氧电极进行电化学分解放出氧气、氢离子和电子。氢离子通过固态聚合物电解质而迁移，电子通过外电路并在阴极进行电化学反应而放出氢气，氢气同水流一起被排出，放出的氧不含自由水。氧和氢的产量与电流成比例，产生气体的压力通过简单的反压控制，即可达到所要求的水平。如图 8-9 所示，为固态聚合物水电解系统示意图。

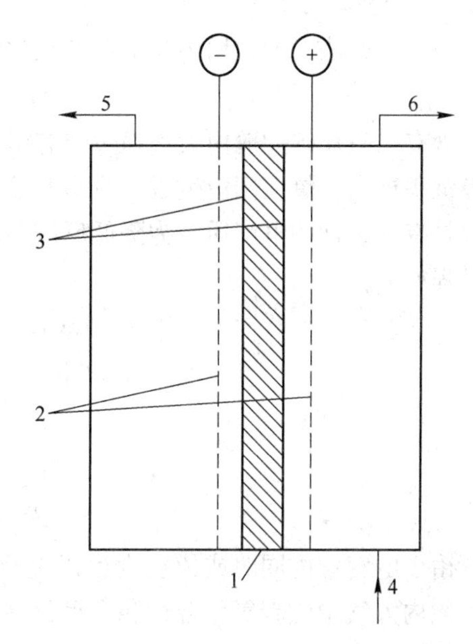

图 8-9 固态聚合物水电解系统示意图

1—离子交换膜；2—电流电池板；3—活性多孔电极；4—自由水蒸气入口；5—H_2 出口；6—O_2 出口

固态聚合物电解水的特点是：电解系统由一组固态聚合物电解质电解单元组成，每一电池单元的工作面积约为 213cm²，平均工作温度 356K，最大电流密度 297mA/cm²。

8.3.2.2 静态供水电解系统 SFWE

静态供水电解电池的工作原理是通过电化学反应将水分解成为氢和氧。阴极上，水被还原成氢和氢氧根离子，氢氧根在阳极氧化为氧和水。电化学过程中，阳极产生电子，在阴极消失。阴极和阳极的电化学反应式如下：

阴极反应：

$$2H_2O + 2e = H_2 + 2OH^- \tag{8-61}$$

阳极反应：

$$2OH^- = 1/2O_2 + 2e + H_2O \quad (8\text{-}62)$$

总电化学反应式：

$$H_2O + \text{电能} = H_2 + 1/2O_2 + \text{热} \quad (8\text{-}63)$$

产生上述电化学反应的基础是外加电源。当向电池供电时，电池芯体中水被电解，供水腔与电池芯体间产生浓度梯度，由此，供水腔中的水蒸气通过薄膜向电池芯体扩散，供水腔内部水的消耗导致外部水源不断地给予供水补偿。静态供水电解池具有以下特点：供水在原理上具有被动性，电解过程中进行补偿供水时系统无需运动部件；无需设置水/气分离器；供水无需预处理。

8.3.2.3 还原法制氧

利用人体代谢产物二氧化碳，回收还原制氧，可满足人体呼吸耗氧量的80%。

A 一步还原法

一步还原法，即使用溶盐电解二氧化碳的电解制氧技术。其电化学反应式为：

$$CO_2 = C + O_2 \quad (8\text{-}64)$$

含有二氧化碳的舱内大气通过装有溶解状电解质的电解槽时，二氧化碳被电离，碳在阴极沉积析出，氧在阳极生成，收集并输送到舱内大气供人员呼吸代谢。目前，碳酸锂是一种具有代表性的电解质，为降低反应温度通常加入一些氯化锂。二氧化碳与碳酸锂的反应过程如下：

$$LiCO_3 = 2Li^+ + CO_3^{2-} \quad (8\text{-}65)$$

$$Li^+(\text{阴极}) = Li \quad (8\text{-}66)$$

$$4Li + CO_2 = 2LiO_2 + C \quad (8\text{-}67)$$

$$LiO_2 + CO_2 = LiCO_3 \quad (8\text{-}68)$$

$$2CO_3^{2-} = 2CO_2 + O_2 \quad (8\text{-}69)$$

由于电解槽内同时或依次发生以上反应，进入电解槽的二氧化碳转变为碳和氧；同时，舱内大气中的碳氢化合物和一氧化碳等微量气体在电解槽中氧化。因此，这种技术还可以去除部分有害气体。

由于这种技术的工作温度达到1000K，并且溶解的碳酸盐对材料的腐蚀和碳在阴极上沉淀，相应问题难以解决，导致一步还原法短期内无法在飞行中应用。

B 二步还原法

所谓二步还原法，第一步将舱内大气中的二氧化碳收集并浓缩，浓度达到70%以上，浓缩的二氧化碳在固态电解质电解槽阴极发生电化学反应并进一步生成一氧化碳和氧离子。氧离子通过固态电解质迁移到阳极并在此放出氧气进入舱内大气。一氧化碳进一步进行氧化反应生成二氧化碳和碳，二氧化碳返回循环系统，再次参加电化学反应，碳沉积在钢棉上。二步还原法的表达式为：

$$2CO_2 = 2CO + O_2 \quad (8\text{-}70)$$

$$2CO = C + CO_2 \quad (8\text{-}71)$$

二步还原法所使用的固态电解质由锆、钪、钇等金属氧化物的混合物烧结而成。二步还原法需要在很高温度（约1100K）下工作，并且仍有复杂工艺问题需要解决。

8.3.3 载人航天器中气氛环境的评价

在确定载人舱内氧气浓度指标时，不仅要满足人员生理需求，还须考虑到预防载人舱内发生火灾。根据载人深潜方面的相关经验数据，可将载人航天器密封舱内部氧气浓度极限指标设计为17%~25%，结合人员舒适度，氧气浓度设计范围可设定在19%~22%之间，二氧化碳浓度设计指标为0.5%。

8.4 展 望

随着载人航天事业的发展，航天生命保障技术已从初期的开环生保系统，发展到几乎密闭的生保系统。再生氧气和再生水技术的发展，将减少对地球再供应的依赖性，增加了远离地球进行长期太空探索的可能性。但目前的物理/化学方法不能从废弃物中生产食品，成为载人航天事业发展的制约因素。NASA为应用生物再生生保技术做了很多工作，20世纪90年代研制几种植物生长大气控制系统并在国际空间站上进行空间飞行试验；1996~2000年曾有50种植物在轨道上进行生长实验。俄罗斯西伯利亚生物物理技术研究所曾进行长期密闭生态系统实验，该系统与外界完全隔绝，空气和水均实现全封闭循环，营养品实现部分闭路循环，完成“人—藻类”密闭系统实验、“人—高等植物—微藻”密闭生态系统实验，持续时间六个月，结果表明，该系统内部资源能够满足成员对氧气、食品和水等平均需求量的95%，只有盐类、植物营养素、动物制品需实验前放入。

采用生物方法，在航天器内营造一个类似地球生物圈的小生物圈、实现食品再生，将是未来环控生保系统发展的重要方向。完全密闭的生物再生生命保障系统将为人类定居火星或更远星球铺平道路。生命保障技术的突飞猛进将使人类更加深入探索太空的梦想变成现实。

参 考 文 献

[1] 张育林，吴建军．航天器 [M]. 北京：国防工业出版社，2006：1~2.

[2] 林贵平，王普秀．载人航天生命保障技术 [M]. 北京：北京航空航天大学出版社，2006：115~116.

[3] 赵建贺，张健，王鑫哲，等．载人航天器密封舱内除湿研究 [J]. 航天器环境工程，2015，32 (4)：381~384.

[4] 金岩．载人航天器密封舱内结露的原因及对策 [J]. 航天器环境工程，2013，30 (2)：184~187.

[5] 黄希．海南发射场破土动工 [J]. 中国航天，2009 (10)：17.

[6] 姜军，刘强．被动吸水材料在载人航天器湿度控制中的应用研究 [J]. 宇航学报，2008，29 (3)：1080~1083.

[7] 范宇峰，黄家荣，范含林．航天器密封舱湿度控制技术综述 [J]. 航天器工程，2007，16 (4)：89~93.

[8] 王磊，马重芳，贾宏．调湿涂层性能试验研究 [J]. 装备环境工程，2012，9 (3)：11~12，18.

[9] 季旭，梁新刚，任建勋．载人航天器通风除湿系统运行参数的优化分析 [J]. 航天医学与医学工程，2001，14 (4)：272~276.

[10] 徐济万，姜军，满天龙．国际空间站的热控系统方案 [J]. 载人航天，2003 (5)：33~37.

[11] 黄家荣，范含林．载人航天器生活舱内湿度场的稳态数值模拟 [J]. 宇航学报，2005，26 (3)：

349~353.

[12] 黄家荣，范含林．载人航天器生活舱内热湿环境的数值模拟［J］．中国空间科学技术，2004，24（6）：7~13.

[13] 程文龙，赵锐，黄家荣．载人航天器独立飞行时密封舱内流动换热及热湿分析研究［J］．宇航学报，2009，30（6）：2410~2416.

[14] 范含林，黄家荣．载人航天器地面热试验方法研究概述［J］．载人航天，2009（3）：1~4.

[15] 于新刚，黄家荣，张立，等．神舟九号热控设计及在轨工作评价［J］．载人航天，2013，19（2）：25~29.

[16] 范含林．载人航天器热管理技术发展综述［J］．航天器工程，2007，16（1）：28~32.

[17] 范含林．神舟飞船热设计及飞行温度数据分析［J］．航天器工程，2003，12（1）：31~35.

[18] 范含林．载人运输飞船流体回路方案研究［J］．中国空间科学技术，2007（5）：38~43.

[19] 彭灿，徐向华，梁新刚．载人航天器主动热控系统热负荷布局优化［J］．宇航学报，2015，36（8）：974~980.

[20] 闵桂荣，郭舜．航天器热控制［M］．2版．北京：科学出版社，1998：216~218.

[21] 于新刚，满广龙，范宇峰．载人飞船密封舱热舒适性评价［J］．载人航天，2014，20（5）：461~464.

[22] 袁之炎，付丽华，张洪彬．密闭环境空气污染源的控制［J］．舰船科学技术，1999（6）：59~64.

[23] 王忠伟．航天器舱内二氧化碳浓度控制研究［D］．南京：南京航空航天大学，2007.

[24] 贾彦翔．密闭空间人工环境气氛控制及反应动力学研究［D］．北京：北京科技大学，2014.

[25] 李俊荣，尹永利，周抗寒．空间站电解制氧技术研究进展［J］．航天医学与医学工程，2013，26（3）：215~220.

[26] Samsonov N M, Farafonov N S, Gavrilov L I, et al. Experiencein Development and Long-term Operation of Mir’s System for Oxygen Generation by Electrolysis [R]. SAE Technical Paper Series, 2000-01-2356.

[27] Samsonov N M, Kurmazenko E A, Gavrilov L I, et al. Operation Results Onboard the International Space Station and Development Tendency of Atmosphere Revitalization and Monitoring System [R]. SAE Technical Paper Series, 2004-01-2494.

[28] Kurmazenko E A, Samsonov N M, Gavrilov L I, et al. Off-normal Situations Related to the Operation of the Electron-VM Oxygen Generation System aboard the International Space Station [R]. SAE Technical Paper Series, 2005-01-2803.

[29] Erickson R J, Howe Jr J, Kulp W. International Space Station United States Orbital Segment Oxygen Generation System On-orbit Operational Experence [R]. SAE Technical Paper Series, 2008-01-1962.

[30] 沈力平，周抗寒．空间站座舱大气可再生技术实验研究［J］．空间科学学报，2000，20（增刊）：56~66.

[31] 姜磊，侯德永．载人深潜器供氧技术研究［J］．中国造船，2011，52（4）：130~138.

[32] 郭丰涛，刘忠权，陈国根，等．核潜艇舱室空气组分容许浓度GJB11—84的修订［J］．海军医学杂志，1999，20（1）：19~23.

[33] Hoehn A, Stodieck L S. Atmosphere Composition Control of Spaceflight Plant Growth Chambers [C] // 30th International Conference on Environmental Systems Toulouse, France, 2000.

[34] 王康，高峰．载人航天器环控生保系统50年研制回顾与展望［J］．航天医学与医学工程，2011，24（6）：435~443.

[35] 郭双生，董文平，杨成佳．空间受控生态生保技术发展现状与展望［J］．航天医学与医学工程，2013，26（3）：259~264.